AF558615

ELEKTRONIK

ganz leicht

Florian Schäffer

ELEKTRONIK
ganz leicht

impian

Genehmigte Lizenzausgabe für Impian GmbH, Hamburg, 2024

Lektorat: Katja Völpel
Sprachkorrektorat: Petra Heubach-Erdmann
Umschlaggestaltung: Nele Schütz Design
unter Verwendung von Shutterstock/AuraArt
Satz: DREI-SATZ, Husby
Druck: UAB BALTO print
Printed in Lithuania
ISBN 978-3-96269-033-5

Inhalt

1

Bevor es richtig losgeht

In diesem Kapitel lernst du:

- welche Dinge du für deine eigenen Elektronikexperimente benötigst
- welche wichtigen Sicherheitshinweise es gibt, damit keine Gefahr besteht
- was deine Eltern oder Erzieher über dieses Buch wissen sollten
- was ein Experimentiersteckboard ist und wie du es benutzen kannst
- welche Tipps es gibt, wenn ein Fehler auftaucht und ein Versuch nicht auf Anhieb funktioniert

Damit dir dieses Buch recht viel Freude bereitet und du als Entdecker auf dem Weg in die neue Welt der Elektronik nicht ins Straucheln kommst, sind (leider) ein paar ernste Worte notwendig. Um den »erhobenen Zeigefinger« kommen wir auch nicht herum, um dich vor Schaden zu bewahren. Trotzdem lass dich bitte nicht davon abhalten, die Texte aufmerksam zu lesen und zu beherzigen. Versprochen: Es wird noch richtig spannend!

Wenn etwas ganz besonders wichtig ist und deiner Aufmerksamkeit bedarf, dann steht das in einem solchen Kasten. Wenn du diese Texte aufmerksam liest, dann dürfte es keine Probleme geben.

Ich bin immer da, wenn es kniffelig wird oder ich noch einen echten Profitrick für dich habe. Manchmal will ich auch nur zeigen, wie schlau ich bin. Dann kannst du meinen Kommentar gerne lesen und staunen oder du hebst es dir für später auf, wenn du neugierig geworden bist.

Die Lösungen zu den Fragen und Aufgaben aller Kapitel gibt es unter *www.mitp.de/016.*

Ein Wort an die Eltern

Liebe Eltern, Erzieher oder sonst wie verantwortliche Leser: Dieses Kapitel ist speziell für Sie gedacht (natürlich darf auch Ihr Kind das hier lesen).

Obwohl sich das vorliegende Buch primär an Kinder und Jugendliche richtet, so dürfen Sie dabei nicht vergessen, dass die Materie recht anspruchsvoll ist. Der Umgang mit Elektronik kann gefährlich sein. Natürlich wird in diesem Buch nichts Gefährliches gezeigt und alle Experimente sind im Prinzip harmlos. Trotzdem sind einige Sicherheitshinweise erforderlich, die Sie beachten und mit Ihrem Kind besprechen sollten. Vielleicht fragen Sie sich auch, wie Sie und Ihr Kind am besten mit dem Buch umgehen sollen? Auch dazu kommen ein paar Vorschläge.

Lesen Sie die Sicherheitstipps bitte aufmerksam durch und besprechen Sie die Hinweise mit Ihrem Kind, bevor es selbstständig mit dem Buch arbeitet.

Sicherheitshinweise

1. Die verwendeten Bauteile sind **nicht für Kleinkinder geeignet!** Es besteht die Gefahr, dass die Teile verschluckt oder eingeatmet werden. Das empfohlene Mindestalter beträgt acht Jahre.
2. **Strom aus der Steckdose ist lebensgefährlich!** Es werden keine Experimente mit »Lichtstrom« gemacht. Achten Sie auch darauf, dass keine Drahtstücke in eine Steckdose gesteckt werden können.

3. **Keine Netzteile verwenden!** Auch wenn kleine Netzteile, wie Sie sie vielleicht von Ihrem Handyladegerät her kennen, praktisch sind und

eine an sich ungefährliche Spannung bereitstellen, sind diese für eigene Experimente ungeeignet.

Die auch spöttisch als »Wandwarzen« bezeichneten Geräte sind oft sehr billig produziert und genügen nicht den erforderlichen Sicherheitsstandards (auch wenn die entsprechenden Symbole wie das »CE« und VDE-Zeichen, TÜV-Siegel usw. aufgedruckt wurden). Bei einem (unsichtbaren) Defekt kann Netzspannung an der Ausgangsseite anliegen oder es kommt zur Überhitzung etc.

4. **Nutzen Sie eine Batterie und keinen Akku.** Auch wenn das nicht ökologisch sein mag, so kann ein Akku durch einen (versehentlichen) Kurzschluss stark beschädigt werden und explodieren etc. Es genügt eine billige Batterie, die im Doppelpack schon für weniger als einen Euro zu bekommen ist. Benutzen Sie auch keine Lithium-Batterien (zum Beispiel »Knopfzellen«), da diese ebenfalls explodieren können.
5. Unbedingt darauf achten, dass die beiden Pole der Batterie nicht versehentlich mit einem metallischen Gegenstand (Schlüssel, Schraubenzieher, Draht etc.) kurzgeschlossen werden. Es besteht die Gefahr der Überhitzung und Zerstörung.
6. Verformte, beschädigte oder ausgelaufene (weiße Säurerückstände an den Polen oder Kanten) Batterien sofort entsorgen.
7. Batterien gehören nicht in den Hausmüll. Jede Verkaufsstelle von Batterien nimmt Altbatterien kostenlos zurück.
8. Die Experimente sind für gesunde, normal entwickelte Kinder konzipiert und ungefährlich. Personen (einschließlich Kinder) mit eingeschränkten physischen, sensorischen oder geistigen Fähigkeiten oder mangels Erfahrung und/oder mangels Wissen und/oder mangels motorischer Fähigkeiten, müssen durch eine für ihre Sicherheit zuständige Person beaufsichtigt werden.
9. Einige Experimente produzieren Lichtblitze, akustische Töne oder physische Irritationen. Sollte die Personen, die das Experiment durchführt, hierauf übermäßig sensibel reagieren, beaufsichtigen Sie die Person bei der Durchführung.

Es mag kleinkariert sein und der ökologische Nutzen in Bezug auf die hier verwendeten Kleinstmengen darf durchaus kritisch hinterfragt werden, aber der Gesetzgeber will es so: Alle elektronischen und elektrischen Komponenten (sie werden etwas irritierend als »Geräte« bezeichnet) dürfen nicht über den Hausmüll entsorgt werden.

Die Verordnung zur Beschränkung der Verwendung gefährlicher Stoffe in Elektro- und Elektronikgeräten (Elektro- und Elektronikgeräte-Stoff-Verordnung – ElektroStoffV) legt fest, dass selbst Elektrokabel hierunter fallen und natürlich auch die einzelnen Bauteile, die für die Schaltungen hier im Buch benutzt werden. In der EU wird der Umgang mit Elektronikschrott durch die WEEE-Richtlinie geregelt, die in Deutschland im Elektro- und Elektronikgerätegesetz (ElektroG) umgesetzt worden ist. Im Rahmen der Elektronikentsorgung müssen gebrauchte Geräte in Deutschland von den Geräteherstellern (nicht aber den Verkäufern) zur Entsorgung und Beseitigung zurückgenommen werden. Üblicherweise werden die Teile aber bei den regionalen Recyclinghöfen (Müllsammelstellen) kostenlos angenommen. Das Symbol für die getrennte Sammlung von Elektro- und Elektronikgeräten stellt eine durchgestrichene Abfalltonne auf Rädern dar. Ein Balken unter der Tonne weist darauf hin, dass das Produkt (in Deutschland) nach dem 23.3.2006 in Verkehr gebracht wurde.

Wie Sie und Ihr Kind mit dem Buch arbeiten können

Können Sie Ihr Kind mit dem Buch allein lassen? Ja und nein. Von der Idee her ist das Buch natürlich so gedacht, dass ein Jugendlicher sich allein mit dem Thema befassen kann und alle Versuche auf eigene Faust ausprobiert. Allerdings setzt das ein recht hohes autodidaktisches Vermögen voraus. Haben Sie die Sicherheitshinweise gemeinsam besprochen und stellen Sie die Materialien bereit, kann es losgehen.

Früher oder später werden aber vermutlich Fragen und Probleme auftreten. Trotz aller Mühe kann nicht ausgeschlossen werden, dass sich ein Fehler in den Text eingeschlichen hat. Auch die Beschreibungen sind manchmal für den einen Leser leichter oder anders zu verstehen als für andere. Dann funktioniert die Schaltung vielleicht nicht wie gewünscht oder gar nicht. Oder es gibt Verständnisprobleme ganz allgemeiner Natur. Dann freut sich jeder Mensch, wenn er auf verständliche Hilfe hoffen kann. Wenn Sie Vorkenntnisse im Bereich Elektronik haben, ist dies sicher vorteilhaft – es ist aber keine Bedingung. Vielleicht haben Sie selber Spaß an der Materie und arbeiten den Stoff schon mal vor, um zu sehen, wie es funktionieren soll. Manchmal hilft auch schon ein entkrampfter Blick eines Außenstehenden, um zu erkennen, dass ein Bauteil falsch eingesetzt wurde oder ganz banal die Batterie alle ist. Wenn Sie als erwachsener Begleiter bei der Fehlersuche entspannt und vor allem systematisch vorgehen, sollten sich alle Fehler finden lassen.

- Lassen Sie sich von Ihrem Kind mit eigenen Worten erklären, was die Schaltung machen soll und was für ein Fehler oder Problem besteht. So sehen Sie, ob die Versuchsbeschreibung verstanden wurde, und Sie helfen dem Kind, zu lernen, wie man Fehler erkennt, eingrenzt, analysiert und letztendlich beseitigt.
- Lesen Sie selbst die Beschreibung durch.
- Lassen Sie sich zeigen, welche Schritte schon zur Eingrenzung und Behebung des Fehlers unternommen wurden.
- Prüfen Sie systematisch jede Verbindung und jedes Bauteil. Es kann hilfreich sein, die Bauteile auf den Abbildungen im Buch mit Bleistift abzustreichen.
- Bauteile können beschädigt werden. Tauschen Sie die Bauteile nacheinander einzeln gegen andere/neue aus. Prüfen Sie die Batterie.

Im Internet finden Sie weitere Hilfen. Es gibt zahlreiche Webseiten, die sich mit Elektronik befassen und auf denen viele Informationen unterschiedlich aufbereitet wurden. Vielleicht finden Sie dort eine Beschreibung, die Sie besser verstehen oder mit der Sie offene Fragen beantworten können. Elektroniker sind in der Regel sehr hilfsbereit und freuen sich, wenn sie Anfängern helfen können. Die nachfolgende Sammlung stellt nur eine (keinesfalls vollständige) Übersicht einiger populären Webseiten dar:

1. *http://www.blafusel.de/phpbb/index.php*
   Webseite und Forum des Autors. Im Forum können Sie mit anderen Lesern in Kontakt treten.
2. *http://www.mikrocontroller.net/*
   Eigentlich ein Forum für Mikrocontroller. Es gibt aber auch andere Unterforen und vor allem eine sehr große Teilnehmergemeinschaft.
3. *http://www.elektronik-kompendium.de/*
   Fachartikel und Forum rund ums Thema.
4. *https://groups.google.com/forum/#!forum/de.sci.electronics*
   Newsgroups waren früher (in Zeiten vor dem WWW) die beliebteste Form, mit anderen Leuten in Kontakt zu treten. Auch wenn dies nachgelassen hat, so findet man in diesen Gruppen noch viele hilfsbereite Fremde.
5. *http://www.dse-faq.elektronik-kompendium.de/*
   Die häufigsten Fragen »FAQ« aus der vorher genannten Newsgruppe. Hier gibt's viele Antworten zu immer wieder auftauchenden Fragen.

6. *http://www.strippenstrolch.de/menue-1.html*
   Beim Strippenstrolch gibt's viele Infos und Schaltungen für eigene Experimente.

Ohne Mathe geht es nicht

Um Elektronik richtig zu verstehen, sind ein paar einfache Berechnungen unumgänglich. Ohne diese wüsste man nicht, welche Bauteildimensionen notwendig sind oder wieso die Schaltung sich so verhält. Mathematik wirkt aber auf viele Menschen abschreckend. So weit wollen wir es hier gar nicht kommen lassen. Die Formeln sind einfach und werden immer ausführlich vorgestellt. Ihr Kind sollte lediglich die vier Grundrechenarten (Plus, Minus, Mal, Geteilt) kennen, Terme und Variablen kennen und die Grundrechenarten auf einem Taschenrechner beherrschen. Im Internet finden Sie hierzu zahlreiche Hilfen, wenn Sie selber noch einmal nachschauen wollen (z. B.: *http://de.wikibooks.org/wiki/Mathematik:_Schulmathematik*). Terme sind meistens Lerninhalt etwa ab Klassenstufe 5 bis 7.

Ein einfacher Schultaschenrechner wie der verbreitete Texas TI-30XA genügt vollauf. Sie können auch den Rechner benutzen, der beim Betriebssystem Microsoft Windows auf dem PC installiert wurde. Bei START|PROGRAMME|ZUBEHÖR finden Sie das Programm RECHNER.

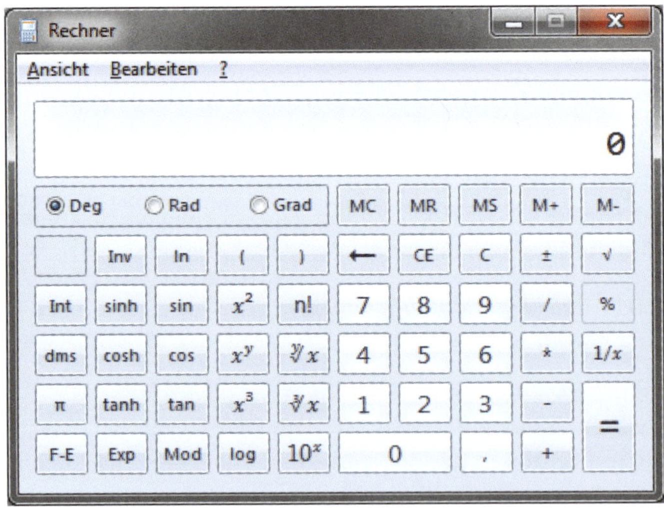

Der Windows-Rechner. Wählen Sie ANSICHT|WISSENSCHAFTLICH, um die gezeigte, sinnvolle Ansicht zu erhalten.

Was du für deine Versuche brauchst

Für die Durchführung der Experimente und den Aufbau der Schaltungen werden ein paar Bauteile und eine Grundausstattung an Werkzeugen benötigt. Im Buch werden ganz bewusst keine speziellen Bauteile verwendet, sondern so weit wie möglich Standardteile, wie sie auch jeder Hobbyanwender später für eigene Versuche im Heimlabor benutzt.

Die elektronischen Bauteile sind so gewählt, dass sie einfach zu beschaffen sind und es sich meistens um Centartikel handelt. So ist es leicht zu verschmerzen, wenn etwas verloren geht oder beschädigt wird. Es gibt eine Liste mit Bauteilen, die unbedingt vorhanden sein sollten, und eine optionale Ergänzungsliste.

Zusätzlich gibt es auch zwei Listen mit Werkzeugen: Wieder enthält die eine Liste solche, die unbedingt notwendig sind, und die Ergänzungsliste zeigt Material, das zusätzlich sinnvoll ist. Vielleicht gibt es das eine oder andere Tool ja auch schon sowieso zu Hause in der Werkzeugkiste. Grundsätzlich ist es so, dass gutes Werkzeug eine Menge Geld kosten kann. Einen Seitenschneider gibt es bereits für drei Euro, vom Markenhersteller kostet er dann gleich 15 Euro und mehr. Werkzeug (auch teures) aus dem Baumarkt ist nur selten geeignet für Elektroniker.

Es ist besser, bei einem Händler zu kaufen, von dem man auch die Elektronikteile bezieht. Für den Einstieg empfehle ich, sich mit billigem Werkzeug auszustatten. Es ist ansonsten doch ärgerlich, wenn der teure Seitenschneider gleich beim Abknipsen eines zu dicken Nagels ruiniert wird. Sollte sich die Elektronikbastelei zum Hobby entwickeln, dann bietet sich beim nächsten Geburtstag etc. die gute Gelegenheit, hochwertiges Equipment anzuschaffen, an dem man dann lange Freude hat.

Die Preisangaben in allen Listen sind nur als Orientierungshilfe zu verstehen. Je nach Abnahmemenge und Preisentwicklung können sich die tatsächlichen Marktpreise auch ändern. Ebenso dienen die Abbildungen und Bestellnummern für die Versender Reichelt (*http://www.reichelt.de/*) und Conrad (*http://www.conrad.de/*) nur der Orientierung und stellen keine spezielle Kaufempfehlung dar. Weitere gute Bezugsquellen sind zum Beispiel Segor (*http://www.segor.de/*) und Pollin (*http://www.pollin.de/*). Bewahre die Bauteile in den gelieferten und beschrifteten Tütchen auf, sodass später immer festgestellt werden kann, um welche Teile es sich handelt. Vor allem, wenn keine Bezeichnung auf dem Bauteil selber steht, ist das hilfreich.

Bauteile (Mindestanforderung)

Anzahl	Name	€/Stück	Bestellnummer	Beispielabbildung
1	Experimentier-Steckboard	3,-	R: STECKBOARD 1K2V C: 526819	
1	Drahtbrücken-Sortiment	4,-	R: STECKBOARD DBS C: 521530	
2	Batterie 9 V Block	1,-		
2	Batterieclip	0,50	R: CLIP HQ9V-T C: 650514	
1	Rolle Litze, ca. 5 m, 0,14 mm² Weitere Farben sind praktisch.	2,-	R: LITZE GE C: 605208	
1	Rolle Draht, isoliert, ca. 5 m, Ø 0,8 mm	3,-	R: KLINGELDRAHT C: 1180517	
1	Set Messleitungen mit Kroko(dil)klemmen (ca. 10 Stück)	3,-	R: MK 612S C: 108488	
2	LED Low Current, rot, 2 mA, 3 mm	0,10	R: LED 3MM 2MA RT C: 156225	
3	LED grün, 25 mA, 5 mm	0,10	R: LED 5MM ST GN C: 180183	
3	Glühlampe, 12 V, bedrahtet	0,80	R: L 3212 C: 727180	

Anzahl	Name	€/Stück	Bestellnummer	Beispielabbildung
1	Kurzhubtaster	1,80	R: T9141GN C: 707732	
je 5	Kohleschichtwiderstände, 5 %, 1/4 Watt 10 Ω, 22 Ω, 47 Ω, 100 Ω, 220 Ω, 470 Ω, 1.000 Ω, 2.200 Ω, 10 kΩ, 47 kΩ, 100 kΩ, 1 MΩ Alternativ zu den Einzelwerten kann auch ein Widerstandssortiment gekauft werden, wie es in der Ergänzungsliste steht.	0,10	Exemplarisch: R: 1/4W 10 C: 403016	
5	0,1A Feinsicherung, 5x20 mm, mittelträge	0,20	R: MTR. 0,1A C: 533220	
1	Trimmer/Potenziometer 1 kΩ	1,-	R: 76-10 1,0K C: 424927	
1	Trimmer/Potenziometer 100 kΩ	1,-	R: 76-10 100K C: 424986	
1	Fotowiderstand, 4...500 kΩ	1,-	R: LDR 07 C: 140370	

Anzahl	Name	€/Stück	Bestellnummer	Beispielabbildung
1	Relais 6 V DC, 2xUM	2,60	R: FIN 40.52.9 6V C: 503975	
1	Lautsprecher, 8 Ω, 0,2 W	1,10	R: BL 50 C: 710396	
2	1N4148 Diode	0,04	R: 1N 4148 C: 162280	
2	1N4004 Diode	0,05	R: 1N 4004 C: 162248	
1	SFH 4550 5 mm IR LED	0,50	R: SFH4550 C: 153805	
5	BC547 NPN Transistor	0,06	R: BC 547C C: 155955	
1	BC557 PNP Transistor	0,06	R: BC 557C C: 154970	
1	Fototransistor BPX81-3	1,30	R: BPX 81 C: 153175	

Bauteile (Ergänzungsliste)

Anzahl	Name	€/Stück	Bestellnummer
2	LED rot, 25 mA, 5 mm	0,15	R: LED 5MM ST RT C: 180141
2	LED gelb, 25 mA, 5 mm	0,15	R: LED 5MM ST GE C: 180224
1	LED blau, 30 mA, 5 mm	1,30	R: LED 5MM ST BL C: 180212
1	E12 Widerstandsreihe/ Sortiment	13,-	R: K/RES-E12 C: 418706
1	Elektro-Minimotor, 4–14 V	5,-	R: - C: 229021

Werkzeugliste (Mindestanforderung)

Anzahl	Name	€	Bestellnummer	Beispielabbildung
1	Elektronik-Seitenschneider	3,-	R: SCHERE570 C: 406634	
1	Spitzzange, klein	3,-	R: MAN10704 C: 817725	
1	Digitalmultimeter	10,-	R: PEAKTECH1070 C: 122999	

Anzahl	Name	€	Bestellnummer	Beispielabbildung
1	Feinmechaniker-Schraubendreherset (mind. 2 x Schlitz, 2 x Kreuz)	2,-	R: TS6N C: 813146	

Werkzeugliste (Ergänzungsliste)

Anzahl	Name	€	Bestellnummer	Beispielabbildung
1	manuelle Abisolierzange	4,-	R: KN1102160 C: 284356	
1	Widerstandsuhr	2,80	R: VITROHMETER C: 400009	

Lötzinn gibt es mit und ohne Blei und mit und ohne Flussmittel. Bleihaltiges Lötzinn ist für industrielle Anwendungen inzwischen verboten worden. Für private Anwender besteht das Verbot nicht. Bleifreies Lötzinn ist zwar etwas weniger gesundheitsschädlich, lässt sich aber deutlich schwerer verarbeiten und ist gerade für Anfänger deshalb weniger geeignet. Das Blei ist vor allem als Kontaktgift schädlich. Deshalb sollte auf ausreichende Handhygiene geachtet werden und das Lötzinn nicht in den Mund genommen werden. Beim Löten entstehen Dämpfe vor allem durch das notwendige Flussmittel (beispielsweise Kolophonium). Die Dämpfe und das Blei gelten in den Mengen, wie sie im Hobbybereich auftreten, nicht als gefährlich. Trotzdem sollte ein direktes Einatmen vermieden werden. Mit einem Lötdampfabsauger (ca. € 30,-) kann der Rauch aus der Atemluft abgesaugt werden.

Vom Buch zum eigenen Versuch

Jetzt soll's endlich langsam losgehen. Fangen wir damit an, dass du dein Werkzeug und deinen Laborplatz kennenlernst und erfährst, wie du die Beispiele aus dem Buch in der Praxis selber durchführst. Wichtig ist nämlich, dass du möglichst alle Experimente auch selber ausprobierst und nachbaust. Am besten lernt es sich nämlich, wenn man Dinge wirklich »begreift«. Also die Bauteile anfassen und sehen, was wirklich passiert.

In der Elektronik spricht man von einer (elektrischen) Schaltung. Auch wenn gar kein Schalter im Aufbau benutzt wird.

Alle Beispiele werden hier im Buch in drei verschiedenen Formen vorgestellt:

- Der Schaltplan ist eine technische Zeichnung. Zu Beginn wirst du mit ihm nicht viel anfangen können, aber mit der Zeit wird alles erklärt werden und dann wirst du verstehen, was die Symbole bedeuten. Zu einer Schaltung gehört immer ein Schaltplan, damit jeder Techniker – und zu denen wirst auch bald du gehören – sehen kann, wie die Schaltung funktionieren soll.

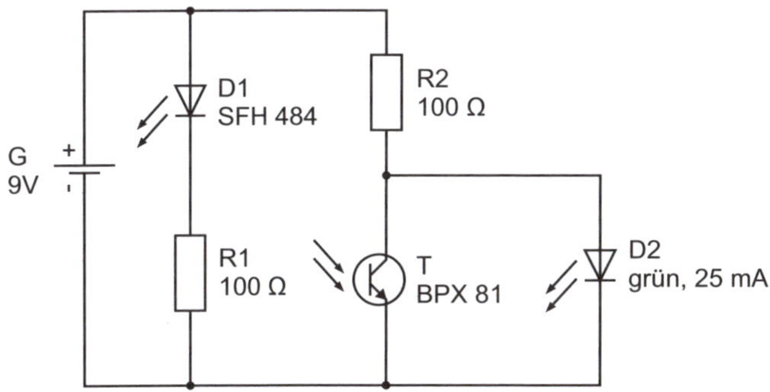

Im Schaltplan werden für alle Bauteile standardisierte Symbole benutzt.

- Eine grafische Darstellung des Experimentierboards. Die Bilder wurden mit der kostenlosen Software Fritzing (*http://fritzing.org*) erstellt. Sie zeigen dir, welche Bauteile, Drahtbrücken usw. an welcher Stelle in das Steckbrett zu setzen sind. Die Farben der Bauteile und der Drahtbrücken sind nicht zwingend genau so, wie sie bei dir aussehen. Wichtig ist, immer zu schauen, wo die grauen Anschlussbeine eines Bauteils im Board enden, also eingesteckt sind.

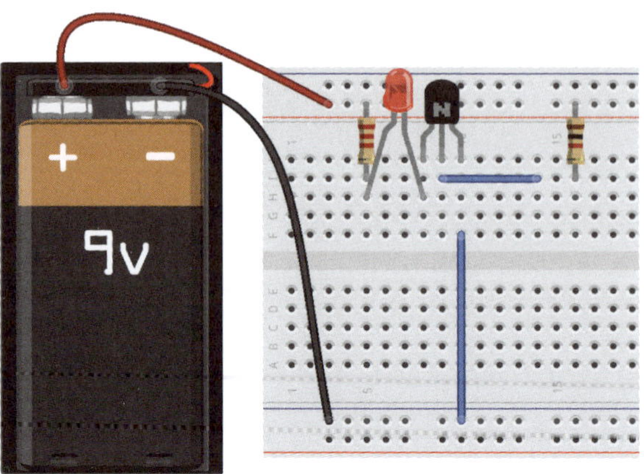

Beispiel für eine mit Fritzing erstellte Ansicht

- Ein oder mehrere Fotos zeigen dir den realen Aufbau. Auch hier sehen die Bauteile usw. vermutlich ein wenig anders aus als bei dir.

Foto von einem Musteraufbau

Kein Brotschneidebrett: das Experimentierboard

Ein Steckbrett mit Federkontakten wird im Deutschen als Experimentierboard oder Steckplatine bezeichnet. Im Englischen sagt man dazu einfach Breadboard (Brotbrett). Für unsere Versuche benutzen wir ein kleines einfaches Modell dieses Steckboards. Es gibt sie in verschiedenen Ausführungen und Größen. Um eine Schaltung zuerst einmal auszuprobieren, ist das eine praktische Sache, denn so kann man die Bauteile und Verbindungen jederzeit umstecken und probieren, ob alles funktioniert. Hat dann alles geklappt, kann die Schaltung auf einer Platine aufgelötet werden. Die Federkontakte nehmen die Bauteile auf und stellen die Verbindung her. Allerdings leiern sie mit der Zeit aus, wenn man immer wieder die gleichen Kontaktöffnungen benutzt oder mal ein Bauteil mit etwas dickeren Beinchen (mehr als ca. 0,8 mm Durchmesser) einsteckt. Das führt dann dazu, dass die Bauteile nicht mehr richtig sitzen und die Schaltung nicht funktioniert – oder nur, wenn man an den Teilen wackelt. Deshalb benutze dein Breadboard nicht länger, wenn du solche Probleme erkennst, sondern besorge dir ein neues – zum Glück kosten die kleinen Modelle nur sehr wenig.

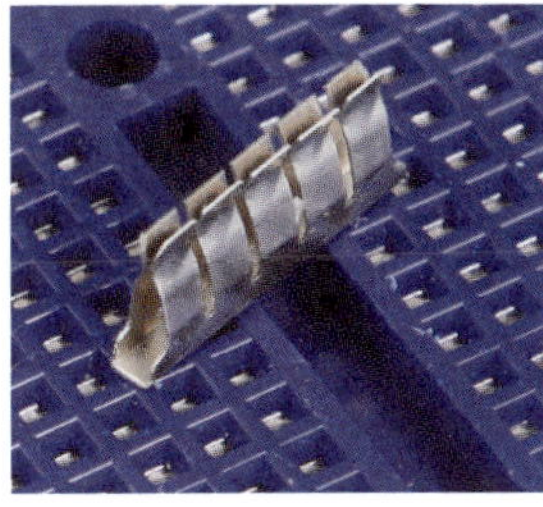

Fünfpoliger Federkontakt einer Buchsenreihe

Es gibt eine Vielzahl an preiswerten Entwicklungsboards. Die meisten verwenden Federkontakte mit fünf Löchern in einer Reihe je Element. Alle Bauteile, die du in eins dieser fünf Löcher steckst, sind miteinander verbunden, als würdest du die Beinchen direkt zusammenhalten. Später werden wir uns Verbindungen und deren Funktion noch genauer anschauen. Die Löcher und die Federleisten sind in einem standardisierten Rasterabstand zueinander angeordnet. Dieser beträgt 2,54 mm. Die meisten elektronischen Bauteile nutzen dieses Maß (oder ein Vielfaches wie z. B. 5,08 mm) für den Abstand der Anschlussbeinchen, sodass sie meistens passen und einfach eingesteckt werden können. Drähte mit einem Durchmesser von 0,8 mm (Querschnitt: 0,5 mm^2) passen am besten in die Federkontakte.

Weil auch Experimentierplatinen zum Einlöten von Bauteilen das gleiche Rastermaß verwenden, können die Experimente vom Steckboard später einfach auf einer Platine dauerhaft aufgebaut werden.

2,54 – sagt dir diese Zahl etwas? Vielleicht hast du schon mal gehört, dass nicht alle Menschen auf der Welt, so wie wir in Europa, mit Zentimetern rechnen. Beispielsweise in den Vereinigten Staaten von Amerika (USA) benutzt man Zoll beziehungsweise Inch. Unser deutsches Wort »Zollstock« erinnert daran, weshalb pingelige Leute meinen, man müsste deshalb zu dem Teil in Deutschland auch »Gliedermaßstab« sagen. Bitte, wer will, kann das ja machen. Für mich ist das ein Zollstock und Schrauben drehe ich nicht, sondern ich ziehe sie (»Schraubenzieher« ist eigentlich auch falsch und es müsste »Schraubendreher« heißen). Unser Zahlensystem nennt man *metrisches* System und das der Amerikaner wird als *imperiales* oder *angloamerikanisches* System bezeichnet. Um zwischen den beiden Systemen umzurechnen, muss man mit 2,54 multiplizieren beziehungsweise durch diese Zahl dividieren: 2,54 Zentimeter entsprechen 1 Zoll.

Ein Lineal mit Einteilungen in Zoll (oben) und Zentimetern (unten)

Etwas kniffelig ist zu erkennen, welche der Pins denn nun zu einem Federkontakt gehören. Die meisten Boards besitzen eine horizontal verlaufende Vertiefung in der Mitte. Darüber und darunter sind die Kontakte senkrecht nebeneinander angeordnet. Alle Kontakte einer Farbe (Grün, Blau, Orange) sind miteinander verbunden. Kontakte unterschiedlicher Farbe sind nicht miteinander verbunden.

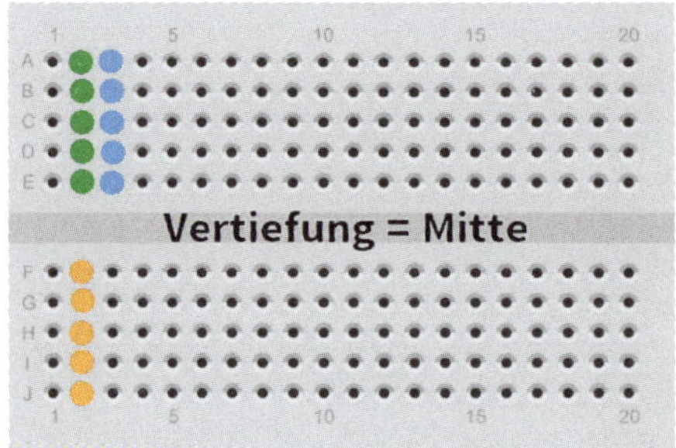

Kleines Steckboard mit zwei Reihen senkrechter Federkontakte. Die obere und die untere Reihe haben also jeweils 20 Federkontakte mit jeweils fünf Stecklöchern.

Etwas größere Boards haben oben und unten eine waagerecht verlaufende Leiste aus Kontakten. Diese sind zwar auch in Fünfer-Abschnitten ausgeführt, besitzen aber eine Verbindung zueinander (rote und blaue Reihe). Manchmal gibt es auch zwei parallel verlaufende Reihen. Die Löcher sind dann nur mit den Nachbarn nebeneinander verbunden. Zwischen den beiden Reihen gibt es keine Verbindung. Diese horizontalen Verbindungen eignen sich hervorragend, um über diese Leisten die zwei wichtigen Anschlüsse Plus und Minus von der Batterie zu verteilen. Was es genau damit auf sich hat, kommt bald. Für die Beispiele in diesem Buch wird ein solches Board benutzt.

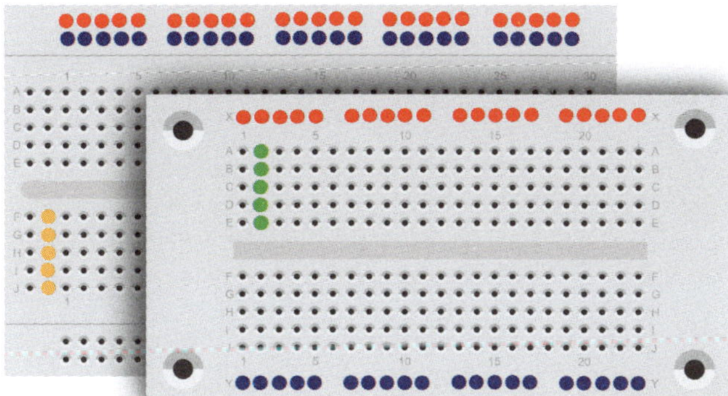

Steckboard mit parallel verlaufenden Reihen oben und unten (Blau und Rot). Die vier Löcher in den Ecken des vorderen Breadboards sind einfach nur Löcher, um Schrauben durchzudrehen, um das Board zu befestigen.

In der nächstgrößeren Liga an Steckboards ändert sich nicht mehr viel. Es gibt einfach mehr Kontakte. Allerdings gibt es einige Varianten mit einer echten Gemeinheit: Die horizontale Verteilerleiste ist nicht durchgehend, sondern in der Mitte unterbrochen. Zwischen der linken und der rechten Reihe besteht keine Verbindung. Im Grunde handelt es sich um zwei kleine Boards, die einfach nebeneinander geklebt wurden. Das ist leider oft nur schwer zu erkennen. Die farbigen Linien am Rand des einen Boards zeigen deutlich, dass die ganze Reihe von links bis rechts verbunden ist. Die Farben sind praktisch, weil sie den gebräuchlichen Farben für Plus und Minus entsprechen – nur Geduld, das kommt bald! Bei längeren Boards sind die Verteilerleisten am Rand also mit Vorsicht zu genießen und es ist gut, bei einem neuen Board erst einmal zu prüfen, wie und ob die Leisten verbunden sind.

Hast du ein Breadboard mit durchgängigen Reihen oben und unten, die aber nicht farbig markiert sind, dann mache das am besten gleich selber mit einem wasserfesten Filzstift. Die Farben sind nämlich sehr praktisch, um Verwechslungen zu vermeiden. Später wird in den Aufbauten immer ein Steckboard benutzt, das oben und unten je zwei dieser Reihen hat.

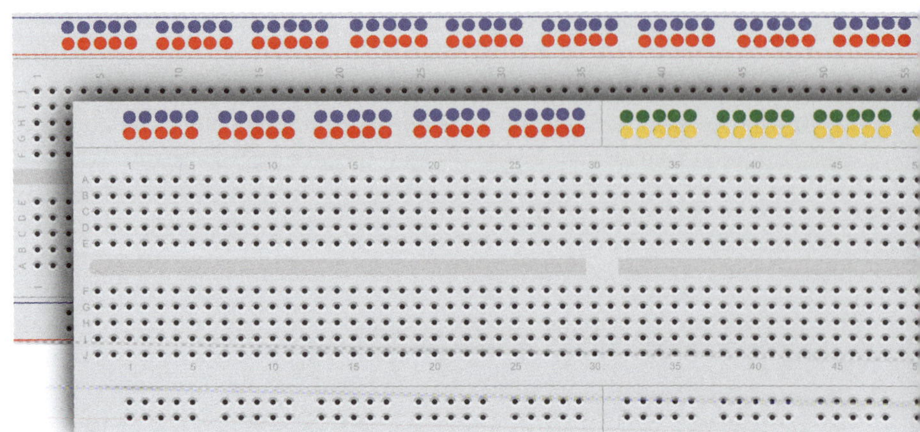

Bei dem vorderen großen Experimentierbrett sind die horizontal verlaufenden Verteilerkontakte oben und unten ab der Hälfte unterbrochen. Es gibt also vier voneinander unabhängige Reihen (Blau, Rot, Grün, Gelb). Beim hinteren Board mit der farbigen aufgedruckten Linie sind alle Pins einer Reihe verbunden.

Bauteile in die Zange nehmen

Willst du ein Bauteil oder einen Draht in das Experimentierboard einstecken, so solltest du darauf achten, dass die Anschlussbeinchen oder Drähte dabei nicht verbogen werden. Viele Bauteile passen dank des schon erwähnten 2,54-mm-Rasters direkt in die Löcher. Einige Bauteile gibt es aber auch in der sogenannten axialen Bauweise: Bei dieser liegen das eigentliche Bauteil und die zwei Anschlüsse in einer Achse. Aber auch ein einfacher Draht ist erst einmal nur ein gerades Stück Metall.

Ein Kondensator mit radialen Anschlüssen und ein Kondensator sowie ein Widerstand mit axialen Anschlüssen

Willst du diese einsetzen, müssen die Beinchen zu einer Brücke gebogen werden. Das Bauteil einfach in der einen Hand halten und dann die Drähte biegen, ist allerdings nicht die beste Idee. Dabei treten nämlich Biegekräfte auf, die das Bauteil beschädigen können, was man aber nicht unbedingt sieht. Eleganter ist es, wenn du eine kleine Flachzange nimmst und damit den Draht greifst. Setze die Zange dicht am Bauteil an und halte es fest. Jetzt kannst du den Anschlussdraht, der gerade in der Zange klemmt, von Hand biegen, bis ein rechtwinkliger Knick entstanden ist. Mit dem anderen Drahtende machst du das Gleiche. Auf diese Weise wird das Bauteil nicht beschädigt und der Knick sieht zudem besser aus.

Greife zuerst das Bauteil am Anschlussdraht, den du verbiegen willst.

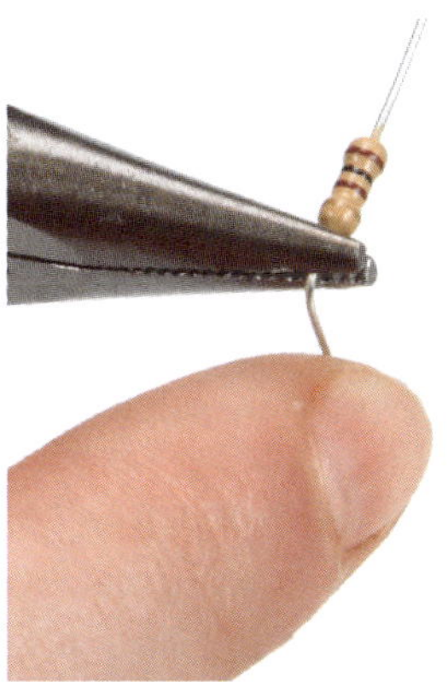

Halte das Bauteil fest und biege den Anschlussdraht nach unten. Mit der anderen Seite des Bauteils machst du dann noch einmal das Gleiche.

Je nachdem, wie nah du die Zangen am Bauteil ansetzt, entstehen Brücken, die eine unterschiedliche »Spannweite« haben und entsprechend viele Löcher auf dem Steckbrett zwischen den Beinchen überbrücken. Mit der Zeit wirst du so viel Routine entwickeln, dass du die Abstände ganz gut mit Augenmaß abschätzen können wirst. Für Profis und Faule gibt es auch Biegelehren. In diese kleinen Plastikkeile legt man das Bauteil ein und fixiert es mit einem Finger, während man die Beine abknickt. Das Bauteil wird vor Knickschäden geschützt und du kannst die Länge der Brücke beeinflussen, indem du das Bauteil mehr zum schmalen Ende hin einlegst oder an der breiteren Seite.

Zu einer der häufigsten Tätigkeiten des Elektronikers gehört es, einen Draht abzuisolieren. Die Isolierung ist das gummiartige (oft weiße, schwarze oder auch farbige) Material um den eigentlichen Metallkern. Damit du den Draht in einem Experiment verwenden kannst, müssen die Enden ca. 5 mm blank sein: Die Isolierung muss weg. Dazu gibt es verschiedene Methoden:

Ein (elektrisches) Kabel besteht aus einem metallischen Kern (meistens rötliches Kupfer) und einer Ummantelung aus einer Isolierung. Früher war das Stoff oder Papier, heute ist es Kunststoff. Der Kern kann entweder aus einem einzelnen Draht bestehen oder aus dünnen Drähten (sogenannte Litzen), die zu einer Ader verdreht wurden. Es gibt Kabel, die nur eine Ader haben (wird auch als »Volldraht« bezeichnet) oder mehradrige Kabel, bei denen jede der Adern für sich von einer Isolierung umgeben ist und alle Adern zusammen noch einmal von einer Isolierung (dem Kabelmantel). Je nach Anwendung können die Adern auch noch von einem Kupfergeflecht oder einer Alufolie umhüllt sein oder es befindet sich ein Stück Schnur dazwischen. Für manche Kabelarten haben sich Namen wie Klingeldraht, Telefonkabel, Steuerleitung oder Lautsprecherkabel eingebürgert. Das heißt natürlich nicht, dass man damit nur ein Telefon etc. betreiben darf. Klingeldraht sagt man meistens zu einem dünnen, einadrigen, massiv aufgebauten Kabel. Als Telefonkabel wird oft ein Kabel aus vieradriger recht dünner Litze bezeichnet. Bei einem zweiadrigen Kabel, dessen beide Adern nicht von einem zusätzlichen Mantel umgeben sind, sondern bei dem die Adern aneinanderhaften, spricht man oft von Lautsprecherkabel. Die Adern bestehen aus Litzen und sind von dünn bis dick erhältlich. Wenn du am Anfang zwischen den beiden Adern in Längsrichtung einen Schnitt setzt, kannst du die beiden Adern auseinanderziehen und bekommst so zwei einzelne Drähte.

Wenn du ein Kabel kaufen willst, dann sagt dir die Bezeichnung, aus wie vielen Adern das Kabel aufgebaut ist und wie dick eine einzelne Ader (ohne Isolierung) ist. Die Angabe »4 x 0,25« bedeutet zum Beispiel, dass es vier Adern gibt und jede davon besitzt einen Querschnitt von 25 mm². Beachte, dass der Querschnitt nicht das Gleiche ist wie der Durchmesser. Der Querschnitt ist eine Fläche und der Durchmesser ist ein Längenmaß.

1. Mit einem scharfen Messer wird vorsichtig ringförmig in die Isolierung geschnitten. Nur so tief, dass das Plastik angeschnitten wird, nicht aber das Kupfer. Dann kann der Mantel abgezogen werden. Vor allem bei dicken Kabeln ist dieses Vorgehen oft erforderlich.

Diese Methode mit dem Messer empfehle ich nicht für Kinder! Leicht schneidest du dir dabei in den Finger. Hartgesottene »Profis« schaffen es sogar, die Isolierung mit den Zähnen abzureißen. Auch das solltest du auf keinen Fall machen! Du könntest das Plastik verschlucken und es ist auch nicht gut für deine Zähne oder deine Zahnspange.

2. Mit einem kleinen Elektronikseitenschneider drückst du an der gewünschten Stelle ein wenig zu. Gerade so sehr, dass du die Isolierung festhältst, nicht aber das Kabelende abschneidest. Dann ziehe ruckartig Richtung Kabelende und reiße so die Isolierung weg. Dieses Vorgehen ist mit etwas Übung ganz praktikabel, da man als Elektronikbastler immer einen Seitenschneider in der Nähe haben wird. Am Anfang wirst du sicher immer das Kabel durchschneiden oder beschädigen (Teile der Litze mit abreißen) oder die Isolierung bleibt dran.

3. Am einfachsten geht es mit einer speziellen Abisolierzange. Es gibt automatische Zangen und manuelle. Bei den Automatikzangen muss man nur den Draht zwischen die Backen klemmen und am Abzug der

Zange ziehen. Billigmodelle haben aber oft Aussetzer. Eine manuelle Zange lässt sich recht einfach bedienen: Mit der Einstellschraube legst du fest, wie stark die Zange zusammendrücken soll. Im Grunde ist die Abisolierzange nämlich nichts anderes als ein Seitenschneider, der den eingestellten Abstand zwischen den Schneidebacken von sich aus einhält. Bei der Methode mit dem Seitenschneider musst du das im Gefühl haben. Löse die Rädelschraube (äußere Schraube) und drehe an der Einstellschraube (mittlere, längere Schraube). Drücke die Zange zusammen und schaue von vorne auf die Schneiden. Stelle jetzt mit der Einstellschraube den Abstand ein, der vom Kabel übrig bleiben soll. Der Abstand muss so groß sein, dass zwar die Isolierung zerschnitten wird, nicht aber der innere Kupferdraht. Jetzt kannst du diesen Abstand mit der Feststellschraube fixieren.

Vor allem bei Kabeln, die aus mehreren kleinen Drähten bestehen, wird meistens der Draht mit der Zeit abknicken und aufdröseln. Wenn du löten kannst, ist es schon mal sehr gut, wenn du die Enden einfach ein wenig verzinnst. Vielleicht können das auch deine Eltern für dich übernehmen. Ansonsten verdrille einfach die offenen Drahtenden: Halte das Kabel mit der einen Hand fest und zwirbele die offenen Litzen zwischen Daumen und Zeigefinger ein wenig. Für das Experimentiersteckboard eignet sich Litze nicht besonders gut. Besser du verwendest einen soliden Draht.

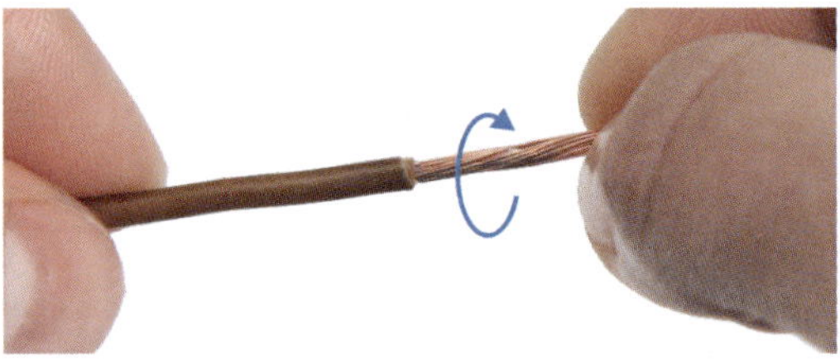

Wenn du bei einem Bauteil die Beinchen umgebogen hast, kannst du die langen Enden mit dem Seitenschneider abknipsen. Belasse aber immer ca. 1 cm lange Beinchen dran, damit du das Bauteil noch gut mit der Zange greifen und in einen Federkontakt einsetzen kannst. Achte darauf, dass die abgeschnittenen Enden nicht wild durch die Gegend fliegen. Meistens landen sie irgendwo, wo sie eher stören: zwischen den Tasten der PC-Tastatur, im Lüftungsschlitz eines Gerätes oder in deinem Auge. Wenn du beim Schneiden einen Finger leicht auf das abzuknipsende Ende legst, dann fliegt der Draht nicht so weit herum.

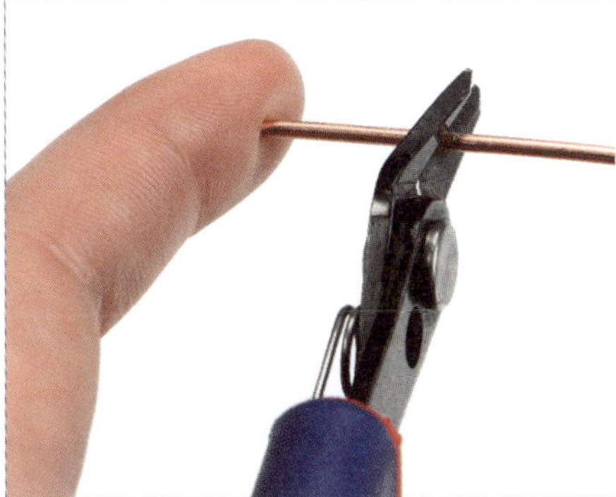

Beim Abknipsen das Drahtende mit dem Zeigefinger gegen Herumfliegen sichern.

Weil die Federkontakte auf dem Steckboard ein wenig schwergängig sein müssen, kann es manchmal etwas schwierig sein, ein Bauteil einzusetzen. Wenn du den Draht oder das einzusteckende Beinchen mit der Flachzange etwa 1 cm vom Ende entfernt greifst, kannst du es meistens ganz einfach in das Board einstecken.

Wenn's mal nicht so richtig klappt

Jeder Forscher kennt das Phänomen: Der schönste Versuch will einfach nicht so funktionieren, wie gewünscht. Da hast du dir ganz viel Mühe gegeben und das vorgestellte Experiment nachgebaut, aber nichts passiert. Das ist natürlich schade und kann schnell frustrierend sein. Aber sieh es von der positiven Seite: Auch aus Fehlschlägen kannst du eine Menge lernen. Du darfst dich nur nicht ärgern und den Mut verlieren. Manchmal steckt der Teufel im Detail oder es ist einfach »der Wurm drin«. Dann helfen nur ein ruhiger Kopf und etwas Ausdauer bei der

Suche nach dem Problem. Leider bist du dabei ziemlich auf dich allein gestellt, denn es ist nicht möglich, alle Fehler vorauszuerkennen und dir für alles eine Lösung anzubieten. Wenn du deine Eltern oder einen Lehrer fragen kannst, dann nutze dies und nimm die Hilfe an – das ist überhaupt keine Schande. Die folgenden Tipps zeigen dir, wie du vorgehen kannst, um das Projekt zum Laufen zu bekommen:

- Bleibe ruhig und schlucke den Ärger hinunter. Mache eine kleine Pause, um den Kopf freizubekommen, wenn du schon lange arbeitest und fast am Verzweifeln bist.
- Lies noch einmal den ganzen Text für das Projekt durch. Vielleicht hast du eine Anweisung übersehen.
- Prüfe, ob die Batterie noch voll ist. Dazu kannst du den Zungentest machen oder dein Multimeter nutzen. Im nächsten Kapitel wird die Batterie thematisch eingeführt und dir wird gezeigt, wie du sie prüfen kannst.
- Ist die Batterie verpolt?
- Prüfe alle Verbindungen auf dem Steckbrett. Wackle ein wenig an den Bauteilen und Drähten. Manchmal sitzen diese locker und es besteht kein Kontakt.
- Prüfe, ob es keine ungewollten Verbindungen gibt: blanke Drähte, die sich berühren, obwohl es nicht sein soll.
- Hast du die richtigen Bauteile benutzt? Vor allem bei Widerständen besteht Verwechslungsgefahr. Achte darauf, dass die Farbcodes stimmen und die Dimension: 10 Ω, 100 Ω, 10 kΩ usw. sind schnell mal verwechselt.
- Vergleiche deinen Aufbau mit den Abbildungen und schaue nach, ob du etwas vergessen oder falsch eingesetzt hast.
- Tausche die Bauteile durch Ersatzteile aus. Vielleicht ist etwas kaputt gegangen.
- Vielleicht hat sich auch ein Fehler ins Buch geschlichen. Im Abschnitt für deine Eltern steht, wo ihr weitere Hilfen im Internet findet.
- Bitte einen Erwachsenen, sich deinen Aufbau anzusehen und den Fehler zu suchen.
- Versteife dich nicht auf diesen Aufbau. Entferne alle Bauteile und beginne komplett von vorne.
- Mache einfach weiter. Es ist zwar keine Lösung, aber trotzdem ein guter Rat: Versuche zu verstehen, worum es bei diesem Experiment ging und schau dir die nächste Schaltung an. Hoffentlich klappt beim nächsten Versuch alles.

Zusammenfassung

Das war jetzt eine ganze Menge an Vorgeplänkel, ohne dass es wirklich was zu tun gab. Trotzdem hast du sicher das eine oder andere mitnehmen können und bist jetzt gut gerüstet für den Sprung ins kalte Wasser. Ausgerüstet mit dem wichtigsten Werkzeug, den Elektronikteilen und dem Experimentierboard hast du alles Wichtige beisammen.

Am Ende des Buches findest du einen Anhang, in dem die wichtigsten Formeln, Schaltzeichen und andere nützliche Kurzinfos zusammengefasst wurden, sodass du nicht erst lange blättern musst.

Die Lösungen zu den Fragen und Aufgaben auch der anderen Kapitel findest du unter *www.mitp.de/016*.

Ein paar Fragen ...

1. Nenne ein paar typische Bezeichnungen für elektronische Kabel, wie sie im Sprachgebrauch oft benutzt werden.
2. Mit welchen Werkzeugen kannst du ein Kabel abisolieren?
3. Aus welcher Energiequelle werden deine Elektroaufbauten versorgt?
4. Von welcher Energiequelle hast du die Finger zu lassen?
5. Warum darfst du keine Steckdose benutzen?

... und ein paar Aufgaben

1. Sortiere deine neu gekauften Bauteile. Vergleiche sie mit den Abbildungen in der Einkaufsliste. Am besten, du bewahrst sie in kleinen Plastiktütchen, alten Film- oder Kaugummidosen oder Sortimentskästen auf, wo du sie auch gleich beschriften kannst.
2. Übe das Abisolieren von Kabelenden mit dem Seitenschneider und der Abisolierzange, wenn du eine besitzt.
3. Schneide mit dem Seitenschneider ein paar Kabelstücke ab, die genau 2 cm lang sind.
4. Nimm ein Stück einfachen Draht mit einadriger Kupferleitung oder einen Widerstand und biege dir ein paar Brücken, die in das Raster des Steckboards passen.
5. Stecke probeweise ein paar Bauteile (aber nicht die Batterie) in das Experimentierbrett ein. Verwende dabei möglichst die Flachzange, um die Beine festzuhalten.

2

So geht dir ein Licht auf

In diesem Kapitel lernst du:

- dass Obst und Gemüse nicht nur zum Essen da sind
- wie praktisch eine Batterie ist
- ein Geschicklichkeitsspiel zu bauen
- wie du den Durchgangsprüfer einsetzt
- wie du einen Schaltplan »liest«
- die ersten Formeln kennen

Nachdem wir die ernsten Worte hinter uns gebracht haben, kann es jetzt mit den Experimenten losgehen. Für jede elektrische Schaltung benötigst du eine Energiequelle. Schauen wir mal, welche Möglichkeiten es da gibt und was du damit anfangen kannst.

Die Zitronen-Kartoffel-Batterie

Es ist Wochenende, alle Geschäfte haben geschlossen, du stehst mitten in der Pampa, weit weg von einer Tankstelle und ausgerechnet jetzt willst du mit Elektrizität arbeiten, aber hast keine Batterie zur Hand? Keine Frage: Was ein Akku oder eine Batterie ist, wirst du wissen. Immerhin sind das alltägliche Begleiter und du findest sie überall: in der Fernbedienung, deiner Uhr, im Handy, Gameboy, MP3-Player, Auto, in der Taschenlampe, Digicam und in vielem mehr.

Digitalkamera mit zwei Akkus

Baue dein erstes galvanisches Element

Für dieses Experiment benötigst du einige Dinge, die du sicher bei euch zu Hause in der Küche und der Werkzeug- oder Bastelkiste findest:

1. Zitronen, Kartoffeln oder Äpfel
2. Krokoklemmen
3. verschiedene Metallteile: Nägel, Schrauben, Münzen, Büroklammern, Alufolie usw.
4. Litze oder Draht

Da es gleich etwas klebrig wird, experimentiere lieber auf dem Küchentisch anstatt auf dem Schreibtisch. Mit welchem Obst beziehungsweise Gemüse du experimentierst, ist erst einmal egal.

Nach dem Versuch darfst du die Früchte aber nicht mehr essen, sondern du musst sie wegwerfen, da sie sich im Geschmack verändern werden und chemische Reaktionen in ihnen abliefen, die zu Ablagerungen im Inneren führen.

Experiment

- Schneide eine Frucht in zwei Teile. Du benötigst erst einmal nur eine Hälfte.
- Stecke einen verzinkten Nagel oder eine Schraube auf der einen Seite in die Hälfte. Die meisten matt-silbern glänzenden Metallteile sind verzinkt und eignen sich.

- Auf der anderen Seite der Frucht steckst du einen Metallgegenstand aus Kupfer. Dies kann eine Cent-Münze sein oder ein Stück blanker dicker Kupferdraht, den du beispielsweise aus einem Stück Elektroleitung gewinnst.
- Klemme an beide Metallteile je eine Krokoklemme.

Messleitungen mit Krokoklemmen (oder auch einfach nur in der Kurzform ohne das Wort »Messleitung«) sind oft relativ minderwertig. Die Kabel reißen irgendwann ab und die Klemmen greifen nicht mehr richtig. Wenn du einen Draht oder Metall mit der Klemme greifen willst, muss der zu greifende Draht immer fest von den Zähnen der Klemme gepackt werden. Wenn du nur die Isolierung eines Kabels einklemmst, wird dein Aufbau nicht funktionieren. Probiere auch, ob das Kabel wirklich hält und nicht noch lose in der Klemme wackelt.

1. Schließe die Low-Current-LED an die freien Enden der Krokoklemmen. Das lange Beinchen der LED kommt an die Krokoklemme, die mit dem Kupfer verbunden ist. Achte darauf, die spezielle LED zu benutzen, die als Low-Current-LED bezeichnet wird und so auf der Einkaufsliste steht. Es handelt sich dabei um die kleineren, roten Leuchtdioden.

Du hast soeben dein erstes galvanisches Element und dein erstes Experiment aufgebaut. Leider ist es so, dass du dabei kein Erfolgserlebnis haben wirst. Die LED wird nicht leuchten. Das liegt nicht an dir, sondern an der Technik. Trotzdem ist es wichtig gewesen, diesen Versuch aufzubauen. Bleib' bei der Stange und lies weiter: Es wird noch was passieren. Versprochen.

Was du nicht sehen kannst, kannst du messen

Obwohl du nicht sehen kannst, ob deine Zitronenbatterie funktioniert, kannst du es dennoch überprüfen. Das wird dir noch ganz oft passieren: Irgendwie scheint es, als würde die Schaltung nicht funktionieren. Aber arbeitet sie wirklich nicht oder kannst du nur nicht sehen, dass alles klappt? Wie viele andere Dinge auch kannst du Elektrizität nicht sehen. Menschen fehlt dafür ein Sinnesorgan.

Nur weil du Elektrizität nicht sehen kannst, heißt es nicht, dass du sie nicht wahrnehmen kannst. Später werde ich dir zeigen, dass du sie schmecken und fühlen kannst. Ein tödlicher Stromschlag aus der Steckdose (**nicht ausprobieren!**) ist übrigens auch im Grunde eine Sinneswahrnehmung.

Für (fast) alle Dinge (die wir nicht wahrnehmen können) haben Menschen sich Messgeräte ausgedacht. Das universelle Messgerät für den Elektroniker ist das Multimeter. Mit diesem kannst du Elektrizität sichtbar und messbar machen. Wie das funktioniert und was genau du dabei misst und beachten musst, wird später noch genauer geklärt. Jetzt soll nur die Zitronenbatterie untersucht werden.

Experiment

- Lege die Batterie in das Multimeter ein, wenn du es zum ersten Mal benutzt.
- Stecke die Messleitungen in die Buchsen des Multimeters. Die rote kommt in die (vermutlich auch rote) Buchse, die mit »V« gekennzeichnet ist. Die schwarze kommt in die (schwarze) Buchse mit der Bezeichnung »COM«.
- Schalte das Multimeter ein. Die meisten Geräte haben dazu einen großen Drehknopf, mit dem du gleichzeitig den Messbereich wählst. In dem Fall gehe gleich zum nächsten Schritt:
- Stelle den Messbereich für Spannungen bis 20 Volt ein. Drehe dazu den Schalter auf die Einstellung »20« im Bereich, der mit einem »V« und einem Gleichheitszeichen (»=«) oder ähnlichem Symbol gekennzeichnet ist. Benutze nicht den Bereich, bei dem neben dem »V« eine Wellenlinie (»~«) zu sehen ist. Wenn du ein Multimeter besitzt, das über eine automatische Bereichswahl verfügt, dann wähle einfach die Funktion Spannungsmessung, die mit einem »V« gekennzeichnet ist.
- Im Display wird jetzt eine Zahl angezeigt. Es ist völlig normal, wenn dies nicht genau 0,00 ist und sich der Wert ständig etwas verändert.

Die vier Pfeile zeigen dir am Beispielgerät, wo du das eben Genannte findest.

Anstatt eines Kommas zum Trennen der Dezimalstellen wird ein Punkt auf dem Display benutzt. Das liegt daran, dass diese Schreibweise im angloamerikanischen Raum üblich ist. Wenn du in Deutschland beispielsweise »2,43« schreibst, dann schreiben die Amerikaner »2.43«.

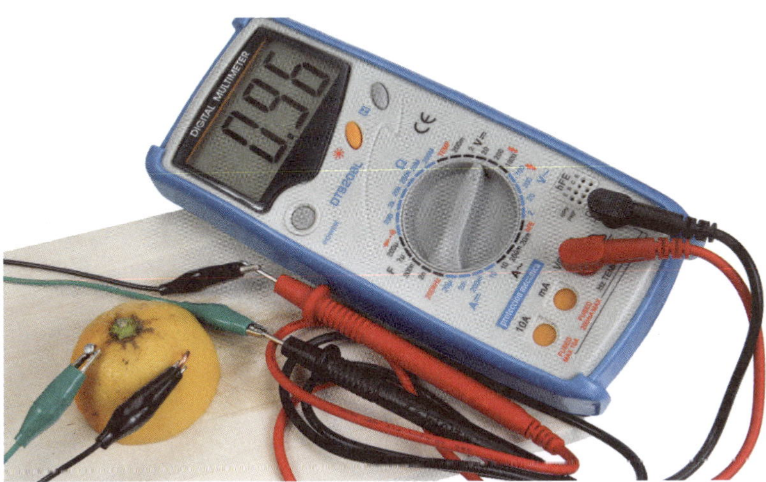

Ein durchaus beachtlich gutes Ergebnis: Dieser Aufbau liefert 0,96 Volt.

Mit dem Multimeter kannst du nun die Spannung messen, die dein galvanisches Element erzeugt: Verbinde die beiden Krokoklemmen nicht mehr mit der LED, sondern mit den Messleitungen. Es ist im Grunde erst einmal egal, welche Messleitung dabei mit welcher Krokoklemme verbunden wird. Im Display kannst du den Wert für die Spannung ablesen. Es werden etwa 0,7 bis 1,0 Volt angezeigt. Wenn vor dem Wert noch ein Minuszeichen steht, kannst du das vorerst ignorieren. Je nachdem, welche Frucht du verwendest und welche Metalle, wirst du abweichende Messwerte erhalten. Am Ende des Kapitels findest du dazu eine Aufgabe. Experimentiere mit verschiedenen Früchten und Metallen und notiere deine Ergebnisse in der Tabelle. Den ersten Messwert von mir und ein paar Vorschläge habe ich schon eingetragen.

Frucht	1. Metall	2. Metall	Spannung
Zitrone	verzinkter Nagel	Kupferdraht	0,96 Volt
Zitrone	verzinkter Nagel	2-Cent Münze	
saurer Apfel	verzinkter Nagel	Kupferdraht	
süßer Apfel	verzinkter Nagel	Kupferdraht	
Kartoffel	Alufolie	1-Cent Münze	
Zwiebel	Büroklammer		
Banane	Messing (Reißzwecke)		
	Blei (Lötzinn)		

Wie du siehst, kannst du verschiedene Lebensmittel benutzen und das galvanische Element liefert tatsächlich eine Spannung. Meistens wird eine Zitrone oder eine Kartoffel benutzt, aber du kannst auch anderes Gemüse probieren. Auch bei den Metallen besteht viel Spielraum. Ein echter Forscher wird nicht müde, sich Kombinationen auszudenken und die Ergebnisse in einem Protokoll festzuhalten. Nur so kannst du später nachsehen, was du daraus lernen kannst und anderen Interessierten zeigen, was du gemacht hast.

Benutze keine wertvollen Metalle. Je nachdem, welches andere Metall zum Einsatz kommt, kann sich das Metall unwiderruflich verfärben. Also Finger weg vom Besteckkasten, dem Ehering deiner Eltern oder der Münzsammlung.

Dass die LED bei deinem ersten Versuch nicht leuchtet, liegt daran, dass sowohl die Spannung als auch der erzeugte Strom eines einzelnen galvanischen Elements nicht ausreichen. Das Multimeter ist aber in der Lage, so kleine Werte zu messen und einen Wert anzuzeigen. Vorerst soll das als Erklärung genügen aber später wirst du noch erfahren, was du dir genau darunter vorzustellen hast.

Luigi Galvani entdeckt die Grundlagen für elektrochemische Zellen

Aber wie funktioniert so eine »Batterie«? Dazu kannst du ins Jahr 1780 zurückreisen und dir ein etwas ekliges Experiment anschauen: Der italienische Arzt Luigi Galvani, bemerkte, dass ein Froschbein, das in Kontakt mit Kupfer und Eisen kam, immer wieder zuckte. Galvani selbst erkannte damals noch nicht, welches Prinzip hinter seiner Beobachtung steckte. Trotzdem ehren wir ihn, indem wir heute von *galvani*schen Elementen sprechen, zu denen auch Batterien gehören.

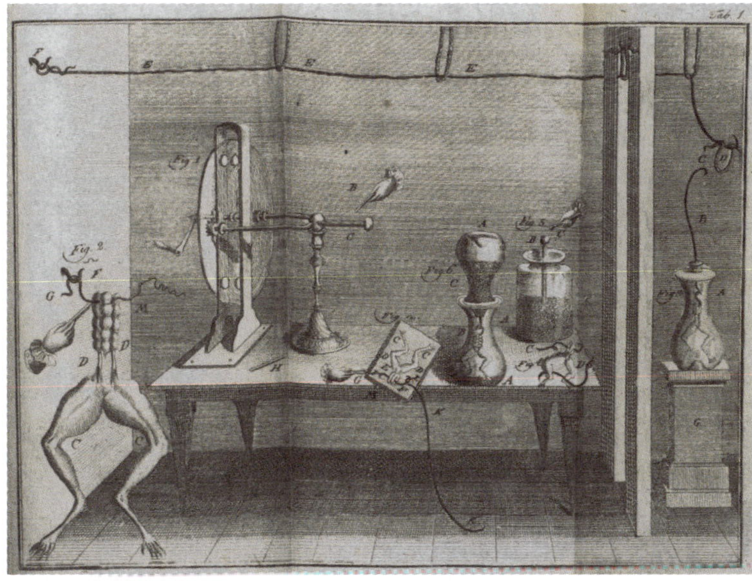

Versuchsanordnung für Luigi Galvanis Froschschenkel-Experiment

Ich nehme an, es ist klar, aber ich will es trotzdem noch mal betonen: Tierversuche sind nichts für Kinder und du darfst Galvanis Experiment auf keinen Fall selber ausprobieren. Auch wenn das Experiment auf den ersten Augenblick hin grausam erscheint, so darf nicht vergessen werden, dass die Frösche bereits tot waren und wir solchen Versuchen viele Erkenntnisse verdanken, die wir heute alltäglich anwenden.

Galvanis Beobachtungen gingen die von Benjamin Franklin (einem der Gründerväter der Vereinigten Staaten) voraus. Dieser experimentierte mit Elektrizität und Blitzen. Ein berühmtes Gemälde zeigt ihn, wie er einen Blitz einfängt, der in einen Schlüssel einschlägt, der an einer Drachenschnur hängt.

Die Szene mit dem Drachen und dem Schlüssel im Gewitter ist historisch nicht belegt. Zudem ist es lebensgefährlich, bei Gewitter einen Flugdrachen aufsteigen zu lassen, da der Blitz tatsächlich in den Drachen einschlagen und entlang der Drachenschnur laufen kann. Dadurch kannst du einen tödlichen Blitzschlag erleiden.

Gemälde von Benjamin West: Benjamin Franklin Drawing Electricity from the Sky (ca. 1816)

Bis zur ersten brauchbaren Batterie dauerte es aber nach Galvanis Entdeckung noch etwa 20 Jahre. Der Forscher Alessandro Volta teilte nicht die Schlussfolgerungen, die Galvani aus seinem Experiment zog. Er stellte eigene Experimente an und entwickelte die Volta'sche Säule, die als Vorläuferin aller heutigen Batterien gilt. Voltas Forschung war so bahnbrechend und bedeutend, dass auch sein Name in Ehren gehalten wird und für die Maßeinheit der elektrischen Spannung benutzt wird.

Volta'sche Säule, Urheber: Luigi Chiesa, CC BY-SA 3.0

Volta hat genau das Gleiche gemacht, was auch du in deinem Zitronenbatterieexperiment aufgebaut hast: Er baute sich galvanische Zellen. Eine einzelne Zelle besteht dabei aus drei Teilen: zwei Metalle (Elektroden genannt) und einem Elektrolyt.

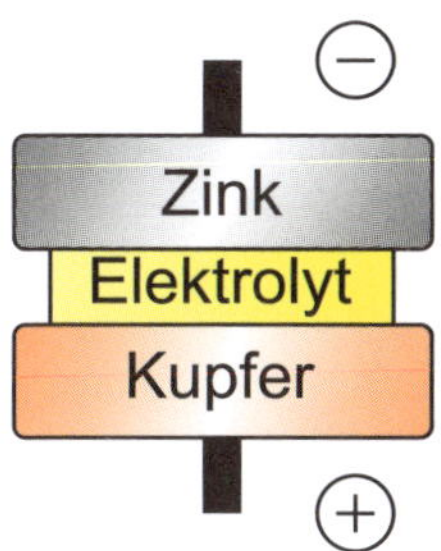

Eine einzelne galvanische Zelle

So wie bei dir die LED mit nur einer einzelnen Zelle nicht zum Leuchten gebracht werden konnte, hatte auch Volta das gleiche Problem. Aus diesem Grund besteht seine Säule auch aus mehreren Elementen. Das probieren wir im Anschluss auch noch aus.

Zellenspannung berechnen

Als **Elektrolyt** bezeichnet man eine chemische Verbindung, die im festen, flüssigen oder gelösten Zustand positiv oder negativ geladene Teilchen (Ionen) verschiedener chemischer Elemente enthält. Im Experiment war dies die Säure beziehungsweise Feuchtigkeit in der Frucht. Die zwei Metalle müssen unterschiedlicher Natur sein, damit aus dem einen Ionen herausgelöst werden können. Das Metall, aus dem die Ionen gelöst werden, nennt man **unedles Metall**. Der Anschluss an diesem Metall wird als **Elektrode** bezeichnet. Wenn du dein galvanisches Element eine Weile aufgebaut lässt, wirst du sehen können, dass sich das unedle Metall (z. B. der verzinkte Nagel) verfärbt: Es oxidiert. Das Zink löst sich auf und jedes Zinkatom, das als Zink-Ion in Lösung geht, gibt zwei Elektronen ab. In der Zinkelektrode entsteht so ein Elektronenüberschuss, weshalb sie den negativen Pol bildet. Die Elektronen bewegen sich vom negativen Pol zum positiven Pol. Im Kupfer werden durch die chemische Reaktion gleichzeitig Kupfer-Ionen reduziert (es findet eine Reduktion statt). Diese fehlenden Elektronen werden durch die vom Zink kommenden Elektronen ausgeglichen. Bei einer galvanischen Zelle nennt man den Pol, an dem die Oxidation stattfindet **Anode**. Die Elektronen fließen von der Anode zum Pol, bei die die Reduktion stattfindet, der sogenannten **Kathode**.

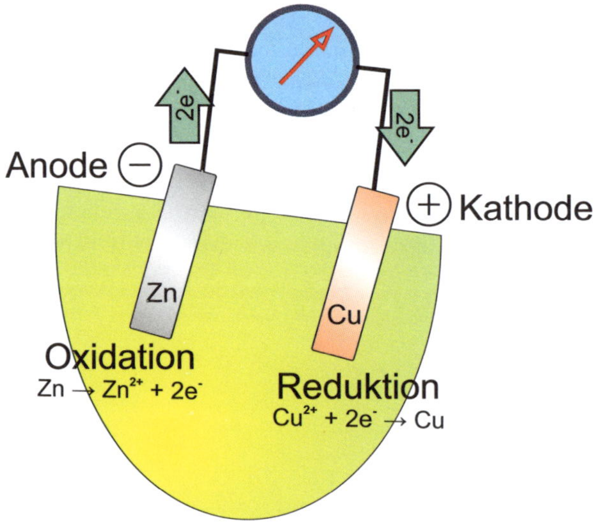

Die chemische Reaktion und der Elektronenfluss in der Zitronenbatterie

Atome sind die Bausteine, aus denen alle festen, flüssigen oder gasförmigen Stoffe bestehen. Früher ging man davon aus, dass ein Atom nicht weiter geteilt werden kann und somit das kleinste Teilchen überhaupt ist. Diese Annahme ist inzwischen widerlegt worden.

Moleküle sind Teilchen, die aus mehreren Atomen bestehen und die durch chemische Bindungen zusammengehalten werden.

Atome und Moleküle haben im gewöhnlichen, neutralen Zustand genau so viele **Elektronen** wie **Protonen**. Besitzt ein Atom oder Molekül jedoch ein oder mehrere Elektronen weniger oder mehr als im Neutralzustand, hat es dadurch elektrische Ladung und wird als **Ion** bezeichnet. Die Ordnungszahl im Periodensystem der Elemente gibt an, wie viele Protonen im Atomkern vorhanden sind. Bei einem ungeladenen Atom entspricht dies auch der Anzahl der Elektronen in der Atomhülle. Die Anzahl der Neutronen muss errechnet oder nachgeschaut werden und ist nicht zwangsläufig identisch mit der Anzahl der Protonen. In einer Formel wird ein Elektron mit e^- (Buchstabe »e« mit einem hochgestellten Minuszeichen) angegeben. Zwei Elektronen schreibt man als $2e^-$. Fehlen Elektronen in dem Ion, dann hat das Ion eine positive Ladung (positive Protonen sind in der Überzahl). Sind mehr Elektronen als Protonen vorhanden, ist das Ion negativ geladen.

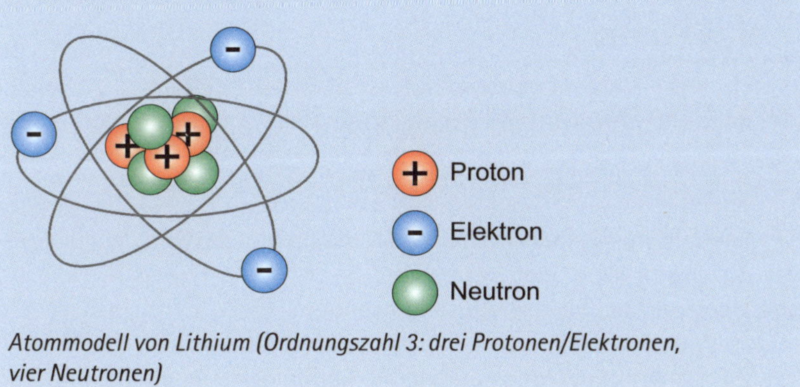

Atommodell von Lithium (Ordnungszahl 3: drei Protonen/Elektronen, vier Neutronen)

Je nachdem, welche zwei unterschiedlichen Metalle du verwendest, ergeben sich unterschiedliche Spannungen, die das galvanische Element bereitstellt. Die elektrochemische Spannungsreihe gibt für Metalle an, wie hoch ihr jeweiliges Spannungspotenzial ist. Die folgenden Tabellen listen ein paar gängige Metalle auf:

edles Metall (Reduktion)	Standardpotenzial E °
Gold	+1,40 V...+1,69 V
Silber	+0,80 V
Eisen	+0,77 V
Kupfer	+0,16...+0,35 V
Zinn	+0,15 V

unedles Metall (Oxidation)	Standardpotenzial E °
Eisen	-0,04 V
Zinn	-0,14 V
Zink	-0,76 V
Aluminium	-1,66 V
Lithium	-3,04 V

Wie du siehst, kann ein und dasselbe Metall (z. B. Eisen) sowohl als edles (Anode) als auch als unedles (Kathode) Metall verwendet werden. Es kommt darauf an, mit welchem anderen Metall du es kombinierst. Meistens wird Kupfer und Zink verwendet, da beide Metalle leicht zu beschaffen und ungefährlich sind. Wenn du die Differenz der Standardpotenziale der zwei verwendeten Metalle bildest, kannst du die Spannung berechnen, die du theoretisch maximal mit deinem galvanischen Element erzeugen kannst.

$$\Delta E^\circ = E^\circ_{red} - E^\circ_{ox}$$

Das sieht jetzt etwas verwirrend aus, ist aber ganz einfach anzuwenden. Für Kupfer und Zink sieht die Rechnung so aus:

$$+0{,}35\,V - (-0{,}76\,V) = 0{,}35\,V + 0{,}76\,V = 1{,}11\,V$$

Dein galvanisches Element liefert also maximal 1,11 Volt. In der Praxis wirst du diesen Wert nicht erreichen, da du keine reinen Metalle und keine hochwertige Elektrolytlösung (sondern »nur« Zitronensäure etc.) benutzt. Wie du vielleicht bemerkt hast, liefert Lithium einen sehr hohen Wert. Zusammen mit Mangandioxid als Kathode erreichen die verbreiteten Lithium-Mangandioxid-Batterien ($LiMnO_2$) ca. 3,0 bis 3,5 Volt.

Der größte Nachteil aller galvanischen Zellen, die auch **Primärzellen** genannt werden und bei denen es sich um nichts anderes als eine einfache Batterie handelt, ist, dass sie irgendwann »verbraucht« sind. Das kennst du von deiner Taschenlampe: Die Helligkeit nimmt langsam ab und irgendwann leuchtet sie gar nicht mehr. Auch die Batterie in deinem Multimeter gibt irgendwann auf. Deshalb schalte das Gerät immer aus, wenn du es nicht mehr brauchst und es nicht eine automatische Abschaltung besitzt. Das Problem mit den leeren Batterien liegt daran, dass ein chemisches Gleichgewicht in der Zelle erreicht wurde. Es ist nicht möglich, weitere Elektronen herauszulösen. Weil durch die chemische Reaktion das Elektrodenmaterial zerstört wurde (Verfärbung der Zinkelektrode), kann die Batterie auch nicht wieder aufgeladen werden.

Jetzt lassen wir die LED wirklich leuchten

Was Volta konnte, schaffst du auch: Baue dir eine Volta'sche Säule. Wenn eine galvanische Zelle nicht ausreicht, die LED zum Leuchten zu bringen, dann müssen es halt ein paar mehr sein. Anstatt wie Volta eine Säule aus Scheiben aufzubauen, gehen wir in die Breite und nutzen unsere bewährten Zitronen oder Kartoffeln.

Experiment

- Baue drei oder vier galvanische Zellen auf: Jede einzelne Zelle besteht wie bisher aus einer Frucht, in die du zwei verschiedene Metalle steckst. Wie du vielleicht schon durch eigene Experimente herausgefunden hast, eignen sich Kartoffeln sehr gut. Zusammen mit Kupferdraht und verzinkten Nägeln ergeben sich gute Resultate. Aber du kannst nehmen, was gerade verfügbar ist.
- Verbinde die drei Elemente mithilfe von Messleitungen mit Krokoklemmen. Von der ersten Kartoffel verbindest du die Zinkseite mit dem Kupfer der zweiten Kartoffel.
- Das Zinkmetall der zweiten Kartoffel verbindest du mit dem Kupfer der dritten Kartoffel.
- An der ersten Kartoffel bildet die Kupferseite die Kathode (Pluspol) deiner Batterie. Schließe diese Kupferfläche an das lange Beinchen der Low-Current-LED.
- An der dritten Kartoffel ist noch die Zinkfläche frei. Diese bildet den Minuspol (Anode) der Batterie. Verbinde das Zinkelement mit dem kurzen LED-Beinchen.

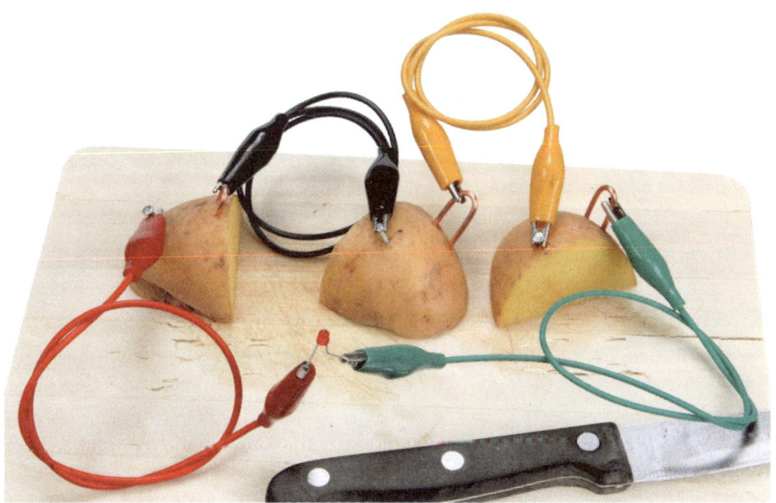

Wenn alles klappt, sollte die LED nun (sehr) schwach leuchten. Schatte sie eventuell mit deinen Händen ab, damit du es besser sehen kannst. Wenn die LED noch nicht leuchtet, kannst du noch eine vierte Kartoffelzelle aufbauen und sie in die Linie der anderen Zellen einreihen. Verbinde dazu die Zinkfläche der dritten Kartoffel mit der Kupferfläche der vierten und schließe das kurze Beinchen der LED an die Zinkfläche der vierten Kartoffel.

Experiment

Miss mit deinem Multimeter die Spannung an deinen galvanischen Elementen. Schließe dazu die beiden Messleitungen anstelle der LED an und wähle wie schon vorher den Spannungsbereich bis 20 V. Du wirst vermutlich einen Wert um die 2,50 Volt erhalten.

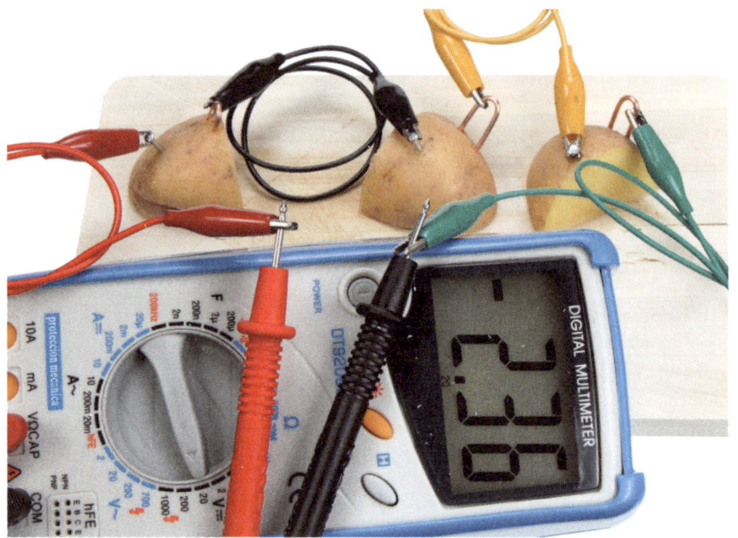

Drei galvanische Elemente aus Kartoffeln bringen hier 2,36 Volt. Kannst du es besser und mehr Spannung herausholen?

Batterien statt Gemüsegarten

Die Versuche mit den galvanischen Elementen waren ja ganz nett und haben dir gezeigt, wie einfach die Sache mit der Elektrizität sein kann. Praktisch sind Kartoffelbatterien aber sicher nicht. Es ist eine ziemliche Schweinerei, mit tropfenden Früchten zu hantieren und besonders zuverlässig und langlebig ist das Ganze auch nicht. Gut, dass es deshalb Batterien gibt. Wie du gelernt hast, steckt darin nichts anderes als ein galvanisches Element. Das Ganze ist nur so optimiert, dass die Batterie viel mehr »Kraft« liefert, langlebiger und vor allem viel praktischer ist.

Eine spezielle Form stellen Akkus dar: Dabei handelt es sich im Grunde um wieder aufladbare Batterien. Ist der Akku leer, dann kannst du ihn in einem Ladegerät wieder aufladen. Wenn du ein Handy ans Ladegerät anschließt, dann wird der Akku im Telefon aufgeladen.

Du darfst auf keinen Fall normale Batterien in ein Ladegerät für Akkus einlegen. Die Batterie kann dabei zerstört werden und Schaden anrichten. Damit du nicht in die Verlegenheit kommst, zwischen Akkus und Batterien zu entscheiden, werden in diesem Buch auch nie Akkus verwendet.

Für jeden der richtige Typ

Es gibt viele verschiedene Bauformen für Batterien und Akkus. Wenn du bei dir zu Hause ein wenig suchst, findest du sicher überall kleine und große Modelle. Manche sind eckig, andere rund, einige sehen aus wie silberne Knöpfe und im Handy sind es meistens schwarze flache Teile. Wenn die Batterie an der Fernbedienung vom Fernseher leer ist, dann geht meistens die Suche nach passenden Ersatztypen los. Irgendwie hat man immer nur die falschen Batterien zur Hand. Das ist eins von Murphys Gesetzen.

9-Volt-Block, Mignon, Micro, Baby und Knopfzellen

Murphys Gesetz lautet: »Alles, was schiefgehen kann, wird auch schiefgehen«. In der langen Version: »Wenn es mehrere Möglichkeiten gibt, eine Aufgabe zu erledigen, und eine davon in einer Katastrophe endet oder sonst wie unerwünschte Konsequenzen nach sich zieht, dann wird es jemand genau so machen.« Von diesem Satz gibt es viele Abwandlungen. Eine davon ist, dass man nie die Batterie zur Hand hat, die man gerade benötigt.

Wieso gibt es aber so viele verschiedene Typen? Früher waren Batterien groß und klobig. Nur so konnte man erreichen, dass die Batterie eine Weile hielt und genügend Spannung lieferte. Mit der Zeit wurden immer bessere Batterien entwickelt. Vor allem, weil man immer mehr forschte und wirksamere Metallverbindungen und Elektrolyte für die galvanischen Elemente in der Batterie erfand. Dadurch konnten die Batterien kleiner werden. Außerdem lieferten die Batterien dann auch Spannungen, die bisher nicht möglich waren. Steckt man in ein Gerät aber eine Batterie, die zu viel Spannung liefert, dann kann das Gerät beschädigt werden. Damit das nicht passiert, gibt es die verschiedenen Bauformen.

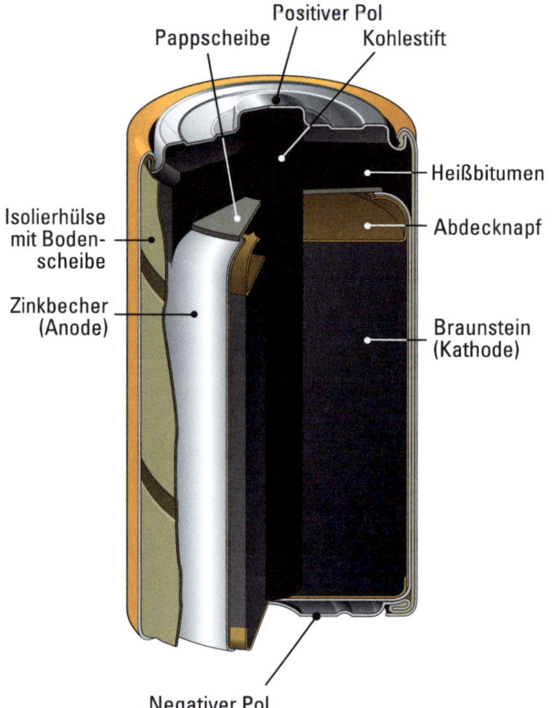

Aufbau einer Zink-Kohle-Batterie. Mit freundlicher Genehmigung von VARTA Consumer Batteries GmbH & Co. KGaA

Die Tabelle zeigt dir ein paar der bekanntesten Batterien und wie sie genannt werden. Es gibt verschiedene Bezeichnungen, die zwar nicht alle wirklich offiziell, aber dennoch sehr verbreitet sind.

Nennspannung in Volt	Abmessungen in mm, ca.	IEC	ANSI	inoffiziell
1,5	61 x Ø 34	(L)R20	D	Mono
1,5	50 x Ø 26	(L)R14	C	Baby

Nennspannung in Volt	Abmessungen in mm, ca.	IEC	ANSI	inoffiziell
1,5	50 x Ø 14	(L)R6	AA	Mignon
1,5	44 x Ø 10	(L)R03	AAA	Micro
9	48 x 26 x 17	6F22/6LR61	9V	9-Volt-Block
1,35...3,0				Knopfzelle

Im Inneren von größeren Batterien stecken oft einfach nur andere kleine Batterien, die miteinander verbunden wurden. Die Abbildung zeigt dir, wie ein 9-Volt-Block aussehen kann, wenn der äußere Mantel entfernt wurde. Das darfst du aber auf keinen Fall selber machen.

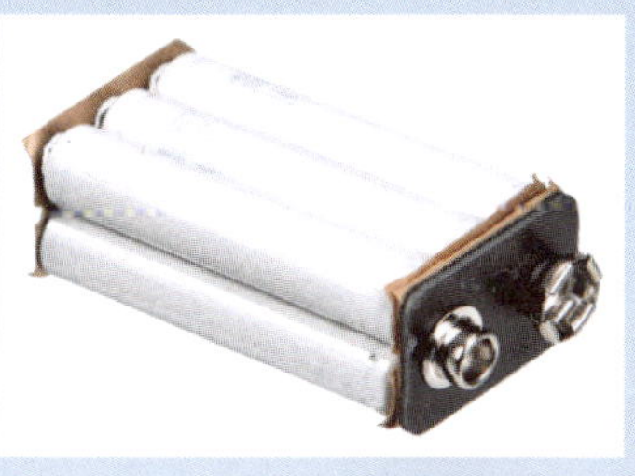

Vor allem die runden Batterien sind sehr verbreitet. Je dicker und größer die Batterie ist, desto mehr Leistung beinhaltet sie. Vereinfacht kann man sagen, dass sie dann bei der gleichen Anwendung länger hält als eine kleinere Batterie. Da die 1,5 Volt für die meisten Elektronikversuche viel zu wenig sind, brauchen wir eine Batterie, die mehr Spannung liefern kann. Bis vor wenigen Jahren gab es noch die Flachbatterie mit 4,5 Volt. Die wäre für uns eigentlich gut geeignet. Da sie aber zu sperrig ist, hat sie immer mehr an Bedeutung verloren und ist inzwischen kaum noch erhältlich. Deshalb benutzen wir den praktischen 9-Volt-Block.

Sind Batterien ungefährlich?

Vielleicht denkst du, dass Batterien immer ungefährlich sind. Immerhin wirst du fast täglich mit ihnen umgehen, sie sind überall im Alltag zu finden und auch hier im Buch werden sie benutzt.

Wenn du Batterien richtig verwendest, geht von ihnen auch keine Gefahr aus. Trotzdem ist natürlich Vorsicht geboten und du darfst nicht alles mit ihnen machen.

Besonders große Batterien wie sie beispielsweise als Starterbatterie in jedem Auto zu finden sind, können sogar tatsächlich gefährlich sein. Wieso und wie werde ich dir natürlich nicht verraten, denn ich will dich nicht auf dumme Gedanken bringen.

Experiment

Bist du richtig mutig, kennst keine Angst und bist ein echter Forscher? Dann zeige mal, was du draufhast: Nimm einen 9-Volt-Block und halte die beiden Anschlusskontakte an deine Zunge.

Mit dem 9-Volt-Block ist die Sache ungefährlich. Zahnspangenträger achten bitte darauf, die Zunge zu benutzen und nicht die Batterie an die Metallteile der Zahnspange zu halten. Halte die Batterie nicht als Mutprobe oder so längere Zeit an die Zunge. Verwende nie einen anderen Batterietyp (mehr Spannung, mehr Strom) für diesen Eigenversuch.

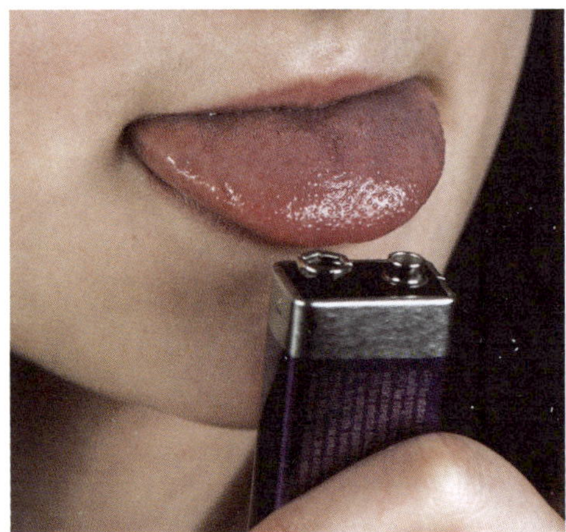

Tabea testet die Batterie mit der Zunge. Traust du dich auch?

Keine Angst: Der Versuch ist nicht wirklich gefährlich und nach dem ersten Schreck kannst du deine Erkenntnisse auswerten. Was hast du bemerkt? Es kribbelte und du hattest einen merkwürdigen Geschmack? Je nachdem, wie frisch, also unverbraucht die Batterie ist, desto ausgeprägter sind diese beiden Empfindungen. Auch wenn es etwas unangenehm sein mag: Der Zungentest ist ein durchaus brauchbarer einfacher Test, ob eine Blockbatterie noch halbwegs voll ist. Wenn du gar nichts wahrnimmst, ist die Batterie vermutlich leer.

Experiment

Strecke die Zunge heraus und trockne deine Zunge mit einem Küchentuch ab. Halte die Batterie an die trockene Zunge. Du wirst vermutlich ein schwächeres Kribbeln spüren als mit der feuchten Zunge.

Wie du feststellen konntest, kann auch eine scheinbar harmlose Batterie durchaus etwas bewirken und Feuchtigkeit wirkt sich irgendwie auf die Wirksamkeit der Batterie aus.

Den 9-Volt-Block anschließen

Jede Batterie hat einen Plus- und einen Minuspol. Wie du bei den Versuchen mit den galvanischen Elementen gesehen hast, ergibt sich das aus den zwei verschiedenen Metallen und der Elektronenbewegung. An den Batterien ist einer der beiden Pole immer markiert und gekennzeichnet. Beim 9-Volt-Block gibt es zwei Anschlüsse, die wie Druckknöpfe funktionieren. Der größere Kontakt mit dem aufgerollten Rand, der wie eine Kontaktfeder funktioniert, ist der Minuspol. Der glatte Anschluss ist Plus.

Um die Batterie für die weiteren Experimente zu benutzen, müssen die zwei Metallkontakte mit einem Batterieclip verbunden werden. Diese Batterieclips sind meistens recht billig und von schlechter Qualität. Beim Aufstecken und Abziehen solltest du vorsichtig sein, um den Clip nicht zu beschädigen. Vor allem beim Abziehen nicht an den Kabeln reißen und nicht ruckartig ziehen, da ansonsten die Kabel abreißen oder die (schwarze) Kappe reißt. Wenn der Clip besonders hartnäckig festsitzt, greife ihn mit einer kleinen Flachzange. Dabei aber unbedingt darauf achten, dass du nicht gleichzeitig die beiden Anschlüsse an der Batterie berührst und so die Batterie kurzschließt.

Die Anschlusskabel am Batterieclip sind meistens zweifarbig: rot und schwarz. Diese beiden Farben haben sich bewährt, um die Polarität zu kennzeichnen. Rot ist der Pluspol und der Minuspol ist schwarz. Für die nächsten Versuche ist die Polarität noch unwichtig, sodass es keine Rolle spielt, wenn die Farben bei deinem Batterieclip anders sind. Du wirst rechtzeitig erfahren, wie du herausfinden kannst, wie die Kabel belegt sind.

Kleine Eselsbrücke zum Merken der Farben gefällig? Wenn du traurig bist, wirkt alles grau, trüb und schwarz – so sagt man zumindest. Wer traurig ist, hat oft etwas Schlechtes, etwas Negatives erlebt. Negativ = schwarz.

Von der Taschenlampe zum »heißen Draht«

Fangen wir gleich mit einem relativ einfachen Aufbau an, den wir dann zu einem kleinen Spielchen erweitern, mit dem du die Geschicklichkeit deiner Freunde testen kannst.

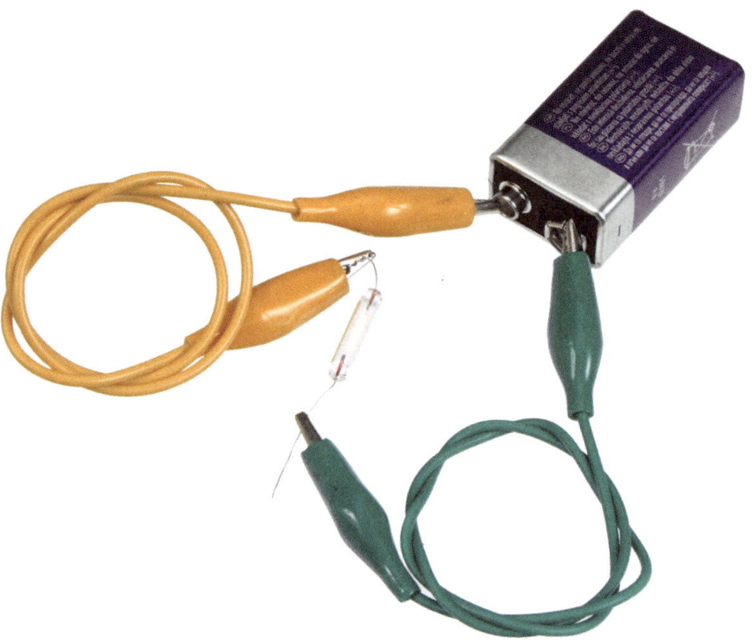

Ein Glühlämpchen wird zum Leuchten gebracht.

Experiment

- Verbinde das eine Ende eines Krokoklemmenkabels mit einem Pol (egal welchen) der Batterie.
- Das andere Ende des Kabels verbindest du mit der Glühbirne (egal welche Seite).

- An den anderen Batteriepol schließt du auf die gleiche Weise das andere Beinchen der Glühbirne an.

Du hast soeben deine erste echte elektrische Schaltung aufgebaut. Wenn alles geklappt hat, dann leuchtet die Glühbirne. Klemmst du eine beliebige Krokoklemme ab, erlischt die Lampe. Das kennst du vielleicht schon und ist im Grunde nichts anderes als eine einfache Taschenlampe.

Achtung Besserwisser: Das, was oft als Glühbirne bezeichnet wird, nennt sich eigentlich Glühlampe oder Glühfadenlampe. Aufgrund der Birnenform größerer Glühlampen für den Haushalt hat sich aber der Name »Birne« eingebürgert. Zu den kleinen Vertretern, wie wir sie hier im Buch benutzen, sagen viele Leute auch »Birnchen« – auch wenn sie tatsächlich länglich ist und gar nicht aussieht wie eine Birne.

Mit den galvanischen Elementen hast du auch schon etwas Ähnliches aufgebaut. Da wurde aber eine spezielle LED statt der Glühbirne benutzt. Die Elektronen wandern vom einen Batteriepol durch die Kabel und die Glühbirne zum anderen Pol. Wieso fängt aber die Glühlampe an zu leuchten, nicht aber die Kabel mit den Krokoklemmen?

In Glühlampen wird's eng für die Elektronen

Als Erfinder der modernen, praktisch nutzbaren Kohlefaden-Glühlampe gilt Thomas Alva Edison, der den Versuchen seiner Mitstreiter, die schon vor ihm mit Glühlampen experimentierten, 1879 zum Durchbruch verhalf.

Thomas Edison mit Glühbirne

Auf ihrem Weg von einem Batteriepol zum anderen müssen die Elektronen auch durch die Glühbirne. In ihr befindet sich ein dünner Draht aus Metall, der meistens spiralförmig aufgewickelt ist. Wenn der Draht extrem dünn ist, dann haben die Elektronen (anschaulich beschrieben) ein Problem: Sie kommen nicht mehr bequem durch den Draht.

Was passiert mit dir, wenn du zusammen mit all deinen Mitschülern gleichzeitig euer Klassenzimmer verlassen willst? Die Tür ist zu schmal für euch alle gleichzeitig. Also schubst und drängelt ihr, es kommt zum Stau und ihr reibt euch aneinander. Dabei entsteht Wärme, du kommst ins Schwitzen. Genau das passiert auch mit dem Draht in der Glühbirne: Er wird warm und fängt an zu glühen. Je wärmer er wird, desto heller glüht er, bis er hell leuchtet.

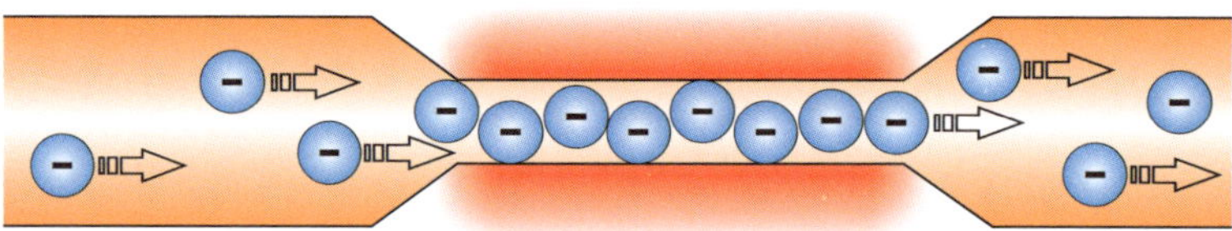

Wenn es im Draht eng wird, reiben sich die Elektronen und der Draht fängt an zu glühen.

Die Kunst ist jetzt, den Draht so zu konstruieren, dass er zwar möglichst hell glüht und viel Lichtenergie abgibt, aber dabei nicht schmilzt und durchbrennt, denn dann wäre die Glühlampe kaputt. Das ist es, woran die Forscher vor Edison scheiterten: Die Lampen hielten nicht, sondern brannten durch. Erst durch die Verwendung von speziellen Metallen und dem Glaskolben um den Leuchtdraht herum, in dem Vakuum herrscht, war es möglich, praxistaugliche Glühbirnen herzustellen. Damit nämlich etwas verbrennen kann, wird Sauerstoff benötigt. Fehlt dieser, wie im Vakuum, dann kann der Draht zwar irgendwann schmelzen, aber nicht verbrennen.

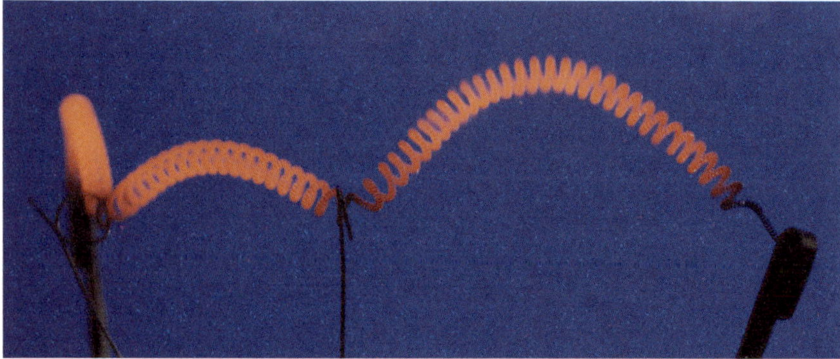

Doppelwendel einer Glühlampe. Die zwei dünnen mittleren, senkrechten Drähte dienen nur der Stabilisierung des Glühwendels. Urheber: Arnoldius, CC BY-SA 3.0

Der Draht in den Leitungen der Krokoklemmen ist im Vergleich zum extrem dünnen Draht in der Glühlampe viel dicker. Deshalb fangen die Krokoklemmen und deren Kabel nicht an zu glühen. Außerdem besteht der Draht aus Kupfer. In Kupfer fühlen sich die Elektronen sozusagen pudelwohl und können sich gut bewegen. Der Draht in der Glühbirne besteht aus Wolfram (früher: verkohlter Nähfaden). Darin können sich die Elektronen nicht so leicht bewegen und es entsteht schneller Wärme.

Leiter und Nichtleiter

Es gibt also Materialien, in denen sich Elektronen gut bewegen können, und welche, in denen sie sich schlechter bewegen. Gibt es dann auch Material, in denen sie sich gar nicht durch Anlegen einer Batterie bewegen lassen? Probiere es aus!

Experiment

- Löse an einem der Batteriepole die Krokoklemme, dessen Kabel zum Birnchen führt.
- Klemme ein weiteres Krokoklemmenkabel an den nun freien Batteriepol.
- Du hast nun zwei freie Krokoklemmen. Dazwischen kannst du verschiedene Materialien einklemmen.

Übrigens: So eine Schaltung, bei der alle Bauteile lose auf dem Tisch liegen und nur mit ein paar Kabeln zusammengehalten werden, nennt man einen **fliegenden Aufbau**. Das geht zwar recht schnell aufzubauen, birgt aber auch die Gefahr, dass sich eine Verbindung unbemerkt löst. Manchmal berührt auch irgendein anderes Teil, das gar nicht zur Schaltung gehört und noch auf dem Tisch liegt (Drahtreste, Schraubenzieher und Zangen, Kaugummipapier und wer weiß was noch alles) den Aufbau und verursacht dann ungewollte (und möglicherweise gefährliche) Effekte.

- Probiere alles Mögliche aus, was dir gerade so in die Finger kommt und klemme es zwischen die beiden Krokoklemmen. Leuchtet die Lampe? Ist sie immer gleich hell?
- Trage deine Erkenntnisse in die Tabelle ein.

Material	Helligkeit
blanke Büroklammer	hell
Radiergummi	leuchtet nicht
Nagel/Schraube	
Holz	
Glas	
Plastik (Filzstifthülle)	
Bleistift (beide Enden anspitzen und die Krokoklemmen an die Mine in der Stiftmitte klemmen)	
Kohle/Holzkohle	

Experiment

Anschließend probierst du auch noch ein paar Flüssigkeiten aus:

- Stecke zwei gleiche Metalle (z. B. Nägel) in eine Kartoffel. Achte darauf, dass sich die Nägel nicht in der Kartoffel berühren.
- Schließe deine beiden freien Krokoklemmen an die Nägel an. Leuchtet die Lampe?
- Wie sieht es bei einer Zitrone oder einem Apfel aus?
- Nimm ein Glas Wasser und hänge die beiden Krokoklemmen in das Wasser, ohne dass sie sich berühren.

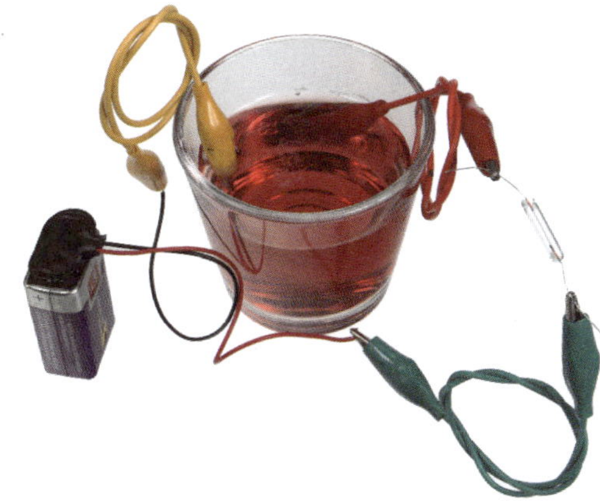

> Nimm ein (kleines) Glas Wasser und löse darin mehrere Teelöffel Speisesalz auf. Wenn Du warmes Wasser benutzt, geht das leichter. Was passiert, wenn du jetzt die Krokoklemmen in das Wasser tauchst?

Offenbar gibt es Materialien, bei denen die Lampe leuchtet und andere, bei denen sie ganz ausbleibt. Bei einigen Materialien leuchtet sie ein wenig, aber nicht so hell.

Ist dir noch etwas bei dem letzten Experiment aufgefallen? An der einen Krokoklemme im Wasser stiegen kleine Bläschen auf und es bildeten sich Schlieren im Wasser. Mit welchem Batteriepol war diese Krokoklemme verbunden? Es handelt sich um den Vorgang der Elektrolyse und du erzeugst dabei kleine Mengen Wasserstoff. Weil das nun doch zu weit führen würde, wenn ich das hier erkläre, empfehle ich dir, dich in der Wikipedia zu informieren, wenn du mehr darüber wissen willst.

Materialien, die sich gut für den Transport von Elektrizität eignen, werden **Leiter** genannt. Sie leiten die Elektrizität gut weiter und die Lampe leuchtet hell auf. Sie hindern die Elektronen nicht oder nur wenig daran, weiterzukommen. Dazu zählen so gut wie alle Metalle wie Kupfer, Eisen, Stahl, Aluminium, Gold usw. Materialien, die die Elektrizität nicht oder nur sehr schlecht weiterleiten, werden **Nichtleiter** oder auch **Isolatoren** genannt. Dazu gehören Plastik, Glas, Papier, (trockenes) Holz, aber auch die ganz normale Luft.

Genau: Luft ist auch ein Isolator. Wenn du die zwei freien Krokoklemmen nebeneinanderhältst, ohne dass sie sich berühren, ist Luft zwischen ihnen und die Lampe leuchtet nicht. Ist irgendwie logisch, aber es ist trotzdem bemerkenswert und wichtig.

Flüssigkeiten gehören meistens eher zu den Isolatoren, können aber unter bestimmten Bedingungen (zum Beispiel durch die Zugabe von Salz) zum (schlechten) Leiter werden.

Das Grafitgemisch in deinem Bleistift ist auch ein Leiter. Allerdings kein besonders guter. Ein wenig ist es auch ein Isolator. Das liegt vor allem an dem beigemischten Ton (den du vom Töpfern her kennst). Je weniger Ton in der Mischung ist, desto weicher wird die Mine. Auf dem Bleistift steht dazu ein Buchstabenkürzel wie »HB« für mittelweich oder »4B« für sehr weich. Harte Bleistifte enthalten viel Ton und werden zum Beispiel als »3H« bezeichnet. Je weicher dein Bleistift, desto heller wird die Lampe leuchten – probiere es aus.

Weil man normalerweise will, dass ein Elektronikkabel die Elektrizität gut leitet, verwendet man hierfür Metall. Früher war das Aluminium und bei billigen Kabeln ist es auch heute noch einfaches Eisen. Aluminium ist aber nicht so leitfähig wie Kupfer und Eisen rostet und vergammelt schnell, sodass ein solches Kabel nicht lange hält. Deshalb wird heute fast immer Kupfer benutzt. Damit der Draht im Inneren des Kabels geschützt ist und es keine elektrische Verbindung gibt, wenn sich zwei Drähte berühren, ist der Draht mit einem Isolator umgeben. Früher benutzte man dafür ein Gemisch aus Papier und Teer und heute fast ausschließlich Kunststoff. Weil Glas und Keramik sehr gute Isolatoren, preiswert und gut formbar sind, werden vor allem im Hochspannungsbereich bei Überlandleitungen und ähnlichen Anwendungsgebieten die Leitungen an Isolationskörpern aus diesen Materialien aufgehängt.

Glasisolatoren für eine Überlandleitung.
Urheber: Frédéric BISSON, CC BY 2.0

Klingel mal durch

Als Elektroniker wirst du immer wieder vor der Frage stehen, ob zwischen zwei Punkten eine elektrische Verbindung besteht. Kabel, die immer wieder bewegt werden (zum Beispiel Kopfhörerkabel), gehen irgendwann kaputt. Durch die Bewegung brechen irgendwann die feinen Drähte im Leiter. Du kennst das: Wenn du eine Büroklammer immer wieder an der gleichen Stelle hin und her biegst, wird sie früher oder später brechen.

Weil du aber nicht Superman bist und per Röntgenblick durch die Isolierung sehen kannst, musst du zum Messgerät greifen. Mit dem Durchgangsprüfer testest du, ob ein Draht, eine Lötstelle oder jede andere elektrisch leitfähige Verbindung in Ordnung ist.

Experiment

- An deinem Multimeter wird es eine Stellung für den Durchgangsprüfer geben. Wähle diese Einstellung und schalte das Gerät ein.

Typisches Symbol für den Durchgangsprüfer: Punkt mit Kreissegmenten

- Stöpsle die Messkabel in die Buchse COM für die Spannungsmessung.
- Das Display wird vermutlich »0L« oder »1« zeigen.
- Halte die Messspitzen zusammen. Es ertönt ein Piepton und im Display wird ein Zahlenwert angezeigt, der vermutlich etwas schwankt.
- Wann immer du mit dem Durchgangsprüfer die Enden eines Drahtes oder anderen Leiters berührst, wird dir so angezeigt, dass eine Verbindung besteht. Wenn keine Veränderung am Multimeter eintritt, ist die Verbindung (das Kabel) irgendwo unterbrochen.

Deine vorherigen Experimente, als du die Leitfähigkeit getestet hast, waren sozusagen auch Durchgangsprüfer – wenn auch etwas unhandlich für den Alltag. Den Durchgangsprüfer am Multimeter kannst du gut benutzen, wenn du beispielsweise bei einem Stecker herausfinden willst, welche Leitung an welchen Steckerpin geht. Weil man früher dafür eine Batterie und eine Klingel oder einen Summer benutzt hat, nennt man den Vorgang auch »die Leitungen durchklingeln«.

Ein Geschicklichkeitsspiel

Nachdem du gesehen hast, wie einfach du eine Glühlampe an die Batterie anschließen kannst, wollen wir das Wissen nutzen, um ein kleines Partyspiel aufzubauen. Vielleicht kennst du das Spiel schon: Es heißt »der heiße Draht«. Aufgabe ist es, eine Drahtschlaufe entlang eines gebogenen Drahtes vom Anfang bis zum Ende zu führen, ohne dass dabei die Schlinge den Draht berührt. Wer dies am schnellsten schafft, hat gewonnen.

Du benötigst dafür einen langen, stabilen, blanken Draht, der etwa einen Meter lang ist. Gut eignet sich Draht mit einem Durchmesser von mindestens 1 mm. Im Baumarkt bekommst du so einen Draht eventuell als Schweißdraht oder du kaufst ein Stück Elektrokabel (keine Litze) von der Rolle und isolierst den Draht ab. Du kannst auch dünneren Draht benutzen und einfach zwei einzelne blanke Drähte auf einer Länge von etwa einem Meter leicht miteinander verdrillen.

- Verbiege den stabilen Draht zu einem Hindernisparcours. Du kannst eine leichte Strecke aufbauen oder gemeine Hürden mit Loopings und engen Kurven. Der freie Abstand rund um den Draht muss aber immer mindestens ca. 5 cm betragen. Der Draht darf sich also selbst nicht zu nah kommen.
- Biege aus einem weiteren Stück blanken Draht eine Schlaufe mit einem kleinen Stiel. Hierfür kannst du dünneren Draht benutzen. Je kleiner du die Schlaufe machst, desto schwieriger wird das Spiel. Ein Durchmesser von etwa 5 cm ist ganz gut.
- Verbinde ein Ende des Hindernisdrahtes mithilfe eines Krokoklemmenkabels mit dem einen Anschluss der Glühlampe.

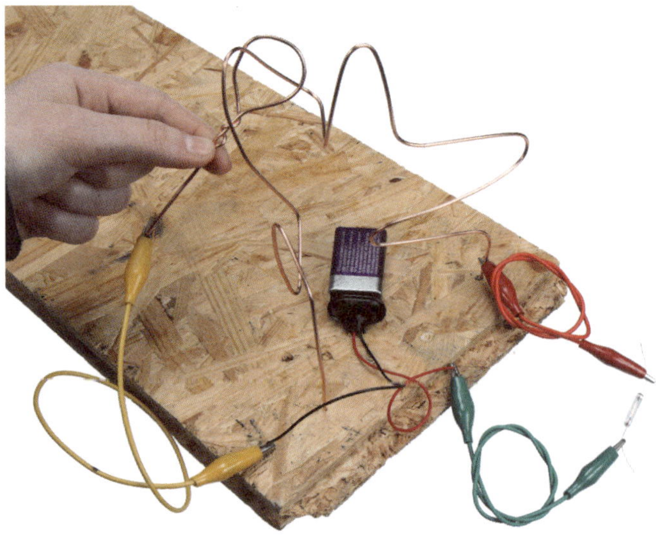

- Den anderen Anschluss der Glühlampe verbindest du mit einem weiteren Kabel mit einem beliebigen Pol der Batterie.
- Verbinde den Stiel der Schlaufe mit einem Kabel mit dem freien Batteriepol.
- Teste deinen Aufbau: Wenn du die Schlaufe an den Hindernisdraht hältst, leuchtet die Lampe auf.
- Führe die Schlaufe um den Hindernisdraht, sodass der Draht durch die Schlaufe geht.
- Stecke die beiden Enden des Hindernisparcours in einen Blumentopf oder etwas Ähnliches, damit der Draht fest steht.

Wenn dir das Spiel gefällt und du einen guten Ständer für den Hindernisparcours benötigst, dann bitte einen Erwachsenen, dass er dir in ein Stück altes Brett zwei kleine Löcher bohrt, in die du dann den Draht stecken kannst.

Das Spiel kann beginnen: Der erste Teilnehmer nimmt die Drahtschlaufe in die Hand und hält sie am einen Ende des Parcours so, dass sie nicht den anderen Draht berührt und die Lampe aus ist. Auf Los! geht's los und er muss die Schlaufe zum anderen Ende des »heißen Drahtes« führen, ohne dass dabei die Lampe aufleuchtet. Wenn die Lampe aufleuchtet, muss er von vorne beginnen. Wer schafft es am schnellsten?

Jetzt wird's spannend

Nach so vielen Versuchen mit der Elektrizität wird es Zeit, sich mit einem Begriff zu beschäftigen, der bisher etwas vernachlässigt wurde: elektrische Spannung. Wir sind dem Begriff schon ein paar Mal begegnet. So zum Beispiel bei der Bezeichnung des 9-Volt-Blocks. Auch hast du die Spannung schon mit dem Multimeter gemessen, als du mit den galvanischen Zellen experimentiert hast.

Die Spannung ist die Kraft, die die Elektronen durch den Leiter »schiebt«. Oft wird in der Elektronik eine Analogie (ein Anschauungsbeispiel) zu anderen Phänomenen aufgestellt, die du schon kennst. Dadurch soll es leichter gemacht werden, sich das Neue besser vorzustellen. Ein Wasserkreislauf, bestehend aus einem Gefäß und Rohrleitungen, muss dazu oft herhalten. Das ist zwar ganz hilfreich, aber leider auch nicht immer genau.

Trotzdem kannst du dir Folgendes vorstellen: Ein Gefäß ist mit Wasser gefüllt und am Boden ist ein Austrittsrohr.

Anschauungsmodell für eine Batterie

Die Menge Wasser im Gefäß entspricht der Spannung zum Beispiel in einer Batterie. So wie du die Füllmenge Wasser in Litern angeben kannst, gibt es auch für die Spannung eine Maßeinheit: das **Volt** (in Gedenken an den Erfinder Volta, den du bereits kennengelernt hast). Abgekürzt wird die Maßeinheit mit einem großen V. In der Küche habt ihr einen Messbecher für Flüssigkeiten und als Elektroniker benutzt du das Multimeter, um Spannungen zu messen. Als Abkürzung für die Spannung wird in Formeln ein U verwendet.

Wie ich mir das mit den Buchstaben merken kann, fragst du dich? Mein Trick ist, dass ich mit dem Wort »Spannung« spiele: In dem Wort steckt hinten ein U für die Abkürzung. Und wenn du das U etwas eckig schreibst, sieht es aus wie ein V für die Maßeinheit. Ich geb's zu, das ist nicht der beste Trick, aber mir hilft's.

Gleich- und Wechselspannung

Eine Batterie hat bekannterweise zwei Pole: Plus und Minus. Wie du bei der Kartoffelbatterie erfahren hast, bewegen sich die Elektronen dabei immer von einem Pol zum anderen. So eine Spannung bezeichnet man als **Gleichspannung**. Die Spannung und die Bewegungsrichtung der Elektronen ändern sich nicht, alles bleibt gleich. Abgekürzt wird eine Gleichspannung mit dem Kürzel DC. Das steht für die englischen Wörter »direct current«, was so viel wie »gerader Strom« bedeutet. Anstatt der Buchstaben kann man auch ein Gleichheitszeichen oder das abgebildete spezielle Zeichen schreiben.

Symbol für Gleichspannung

Wir werden uns ausschließlich mit Gleichspannung befassen. Es gibt aber auch noch **Wechselspannung**, die hier der Vollständigkeit halber nur kurz erwähnt werden soll. Bei Wechselspannung ändert sich die Flussrichtung der Elektronen immerzu und die Höhe der Spannung verändert sich auch regelmäßig. Wechselspannung heißt auf Englisch »alternating current« (wechselnder Strom) und wird deshalb mit AC oder einer Wellenlinie (oder Sinuskurve) gekennzeichnet.

Symbole für Wechselspannung

Hochspannend

In der Welt der Elektronik wird zwischen Klein-, Nieder- und Hochspannung unterschieden:

Bezeichnung	Spannungsbereich Gleichspannung
Kleinspannung	0 V...120 V
Niederspannung	120 V...1.000 V
Hochspannung	ab 1.000 V

Kleinspannungen sind für erwachsene Menschen so gut wie ungefährlich. Gleichspannungen von weniger als 60 V gelten dann auch für Kinder und Tiere als ungefährlich. Aus diesem Grund arbeiten wir auch immer nur mit einer 9-V-Batterie.

Das elektrische Stromnetz im Haushalt arbeitet in Deutschland (und vielen Teilen Europas) mit einer gefährlichen Wechselspannung von 230 V. Andere Länder, andere Sitten: Wie dir die Karte zeigt, gibt es weltweit verschiedene Netzspannungen für den Haushalt. Wenn ein Gerät für eine kleinere Netzspannung gebaut wurde, darf man es nicht in einer Steckdose mit höherer Spannung betreiben, weil es sonst mit Sicherheit kaputt geht.

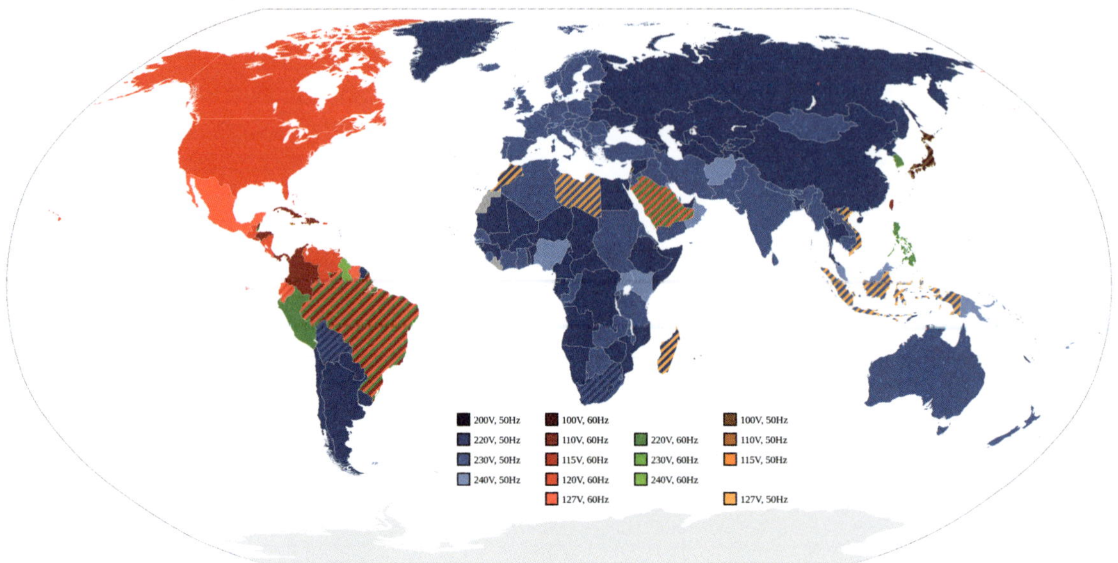

Spannung mit dem Multimeter messen

Du hast bereits die Spannungen mit dem Multimeter gemessen, die deine selbst gebauten Primärzellen (Kartoffel- und Zitronenbatterien) erzeugen. Schauen wir uns die Sache noch etwas genauer an.

Experiment

- Schalte dein Multimeter ein und wähle den Gleichspannungsbereich »20 V«.
- Stecke die beiden Messleitungen in die Buchsen. Das rote Kabel in die rote Buchse, die mit einem V gekennzeichnet sein dürfte und das schwarze Kabel in die schwarze Buchse, die COM heißt.

COM steht für das englische Wort »commons« und bedeutet so viel wie »gemeinsam«. In Zukunft wird nicht mehr beschrieben, wie die Kabel einzustecken sind, wenn du eine Spannung messen sollst. Am einfachsten ist es, wenn du sie einfach immer eingesteckt lässt. Nur wenn wir andere Dinge messen, wird das mit den anderen Buchsen am Multimeter noch mal wichtig und dann auch erklärt.

- Halte die rote Messspitze an den Pluspol der Batterie und die schwarze Spitze an den Minuspol. Wenn du die Batterie dazu hinlegst, kannst du ihre Anschlüsse unter dem Batterieclip sehen und erreichen, wenn du den Clip nicht abziehen willst, weil das oft so schwer geht. Auf der Batterie steht, welche Seite Plus oder Minus ist. Welche Spannung wird dir angezeigt?

- Bei einer halbwegs neuen Batterie werden es so zwischen 8 V und 9 V (Volt) sein. Es kommt dabei nicht auf den genauen Wert an und auch die zweite und dritte Stelle nach dem Dezimalpunkt (was bei uns in Deutschland eigentlich ein Komma wäre) ist unwichtig.

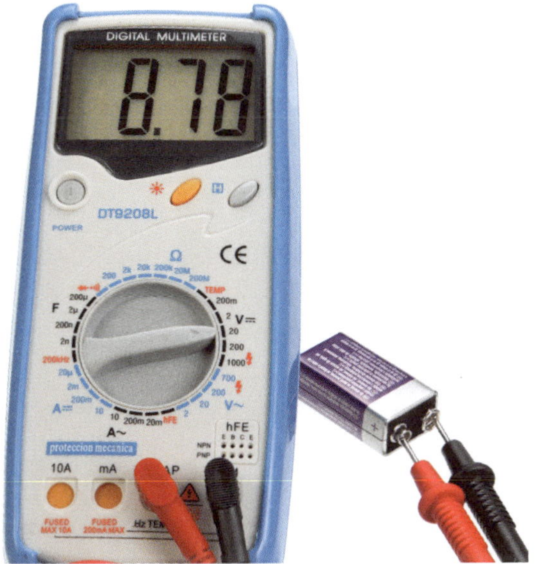

- Vertausche nun die beiden Messspitzen: Rot an Minus und Schwarz an Plus. Welche Spannung wird dir angezeigt?
- Es müsste (fast) genau der gleiche Wert sein, wie zuvor (wie erwähnt: Nachkommastellen sind hier jetzt unwichtig).
- Fällt dir etwas anderes im Display deines Multimeters auf?
- Vor den Zahlen steht ein dickes Minuszeichen – oder?

Das Minuszeichen weist darauf hin, dass du die Messleitungen verpolt hast.

Dem Multimeter ist es bei den meisten Messungen egal, wie herum du es anschließt. Ältere Messinstrumente, die noch mit einer analogen Zeigerskala arbeiteten, waren da nicht so benutzerfreundlich und man musste immer aufpassen. Das Minuszeichen ist nur ein Hinweis darauf, dass du die beiden Messleitungen eigentlich falsch herum benutzt. Als Profi spricht man dabei von **Verpolung**. Willst du nur wissen, wie groß die Spannung ist, kannst du das aber ignorieren, denn du hast ja gesehen, dass der Wert für die Spannung beide Male gleich war.

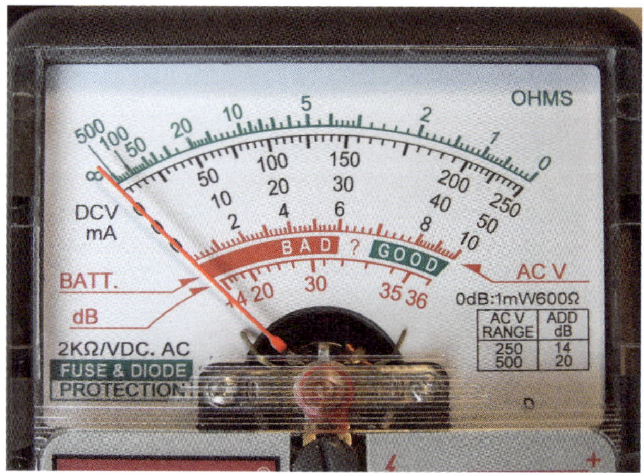

Skalenanzeige eines alten Analogmultimeters, Urheber: Loadmaster (David R. Tribble), CC BY-SA 3.0

Die Anzeige hilft dir aber dann, wenn du gar nicht weißt, wo Plus- und Minuspol sind. Dann hältst du einfach auf Verdacht deine beiden Messspitzen an die Stelle, an der du messen willst. Erscheint kein Minuszeichen, dann hast du richtig geraten: Der Pluspol ist da, woran du die rote Spitze hältst. Wenn du ein Minuszeichen siehst, dann bedeutet das einfach nur, dass der Pluspol an der schwarzen Spitze liegt.

Wenn du den Spannungsmessbereich bei deinem Multimeter (meistens mit einem Drehknopf) wählen kannst, dann musst du dir immer vor der Messung – also vor dem Anlegen der Messspitzen – überlegen, welche maximale Spannung in deiner Schaltung auftreten könnte. Die Zahlenangaben am Bereichswähler geben an, welche Spannung allerhöchstens in dieser Schalterstellung zulässig ist.

Gleichspannungsmessbereich

Der Messbereich für Gleichspannungen wird durch den (im Beispielfoto) schwarzen Buchstaben V mit dem Gleichheitszeichen markiert. Die schwarzen Striche am Rand (auf die der Drehknopf zeigt) bedeuten, dass alle schwarzen Zahlenangaben für eine Gleichspannungsmessung genutzt werden können. Die Einstellung »TEMP« interessiert uns nicht, sie ist zum Messen einer Temperatur mit einer speziellen Messsonde vorhanden. Es verbleiben die Bereiche »200m«, 2, 20, 200 und 1000. Weil es sich um den Bereich für Spannungsmessungen handelt, gehört eigentlich hinter jede Angabe noch ein »V« für Volt. Weil 1.000 V lebensgefährlich sind, ist bei diesem Gerät dahinter ein Blitzsymbol zur Warnung. Du kannst aber trotzdem auch in diesem Bereich messen, solange du keine echte Hochspannung überprüfen willst.

Experiment

Theoretisch kannst du immer den höchsten Messbereich (1000) eingestellt lassen, auch wenn du eine viel kleinere Spannung messen willst. Probiere es mal aus: Was wird dir angezeigt, wenn du den höchsten Gleichspannungsmessbereich bei dir wählst und dann die Batterie überprüfst? Bei dem abgebildeten Gerät steht im Display jetzt »008« und keine Nachkommastellen mehr. In diesem Messbereich soll auch eine hohe Spannung von maximal 1.000 V angezeigt werden. Das Multimeter hat zu wenig Stellen, um dann auch noch Nachkommastellen anzuzeigen. Außerdem ist es in diesem Messbereich auch zu ungenau, um überhaupt einen sinnvollen Wert nach dem Komma zu messen.

Wechsle in den nächstkleineren Bereich (z. B.: 200): Wenn du wieder die Batteriespannung misst, dann wird dir jetzt vielleicht schon eine Nachkommastelle angezeigt. Allerdings kannst du ja vielleicht noch eine Stufe niedriger wählen (beim Beispielgerät geht es: 20). Jetzt hast du den kleinstmöglichen Messbereich für die Spannungsmessung an einer 9-Volt-

Batterie erreicht. Die Messung ist so genau wie möglich und du siehst alle möglichen Nachkommastellen.

Einen noch kleineren Bereich (2 oder »200m«) darfst du nicht wählen, denn die ca. 9 V der Batterie sind mehr als 2 V. Die Sicherung im Multimeter könnte kaputtgehen, wenn du einen zu kleinen Bereich wählst.

Wenn du keinerlei Vorstellung von der Größe eines möglichen Messwerts hast, dann beginne immer mit der größten Einstellung. Miss den Wert und überlege, ob er kleiner ist als der Wert, der allerhöchstens im nächstkleineren Messbereich erlaubt ist. Ist der Messwert kleiner, dann kannst du in den kleineren Messbereich umschalten und dir wieder überlegen, ob du noch einen kleineren Bereich wählen darfst.

Experiment

Messen wir doch mal eine andere Spannung.

- Besorge dir eine Batterie vom Typ Baby, Mono, Mignon oder Micro. Die beiden letzten Varianten findest du mit großer Wahrscheinlichkeit in irgendeiner Fernbedienung. Da wir die Batterie nur kurz brauchen, kannst du sie dir bestimmt kurz ausleihen.
- Wähle am Multimeter den Bereich für Gleichspannungen bis 20 V.
- Bei diesen Batterien ist der Plus- und Minuspol jeweils am Ende des Zylinders. Halte die eine Messleitung an den Pluspol und die andere an den Minuspol

- Welche Spannung kannst du in etwa messen?
- An welcher Seite ist der Pluspol?

Die Spannung dürfte so im Bereich zwischen 1,2 V und 1,6 V liegen. Der Pluspol ist sicher auch markiert und befindet sich an dem Ende, an dem sich ein kleiner Knopf befindet. Für die Messung war das aber unwichtig, denn auch, wenn du das Multimeter verpolst, wird die Spannung richtig gemessen.

Was du aber jetzt mal ausprobieren kannst, ist, einen kleineren Messbereich zu wählen. Wenn dein Multimeter das unterstützt, dann schalte in den Bereich bis 2 V um und wiederhole die Messung.

Dir werden nun vermutlich drei Nachkommastellen angezeigt. Allerdings bleibt der Wert nicht stabil stehen und schwankt ein wenig. Das liegt unter anderem daran, dass du alleine durch deine Messung die Batterie ein klitzekleinwenig entlädst. Das Multimeter ist aber auch sowieso gar nicht so präzise, wie dir die drei Nachkommastellen vorgaukeln, denn nur extrem teure Geräte sind in der Lage, so genau zu messen. Für die meisten Anwendungen ist es zudem egal, wie die zweite und dritte Nachkommastelle genau lautet.

Die Sache mit den Nullen

Zeit für ein kleines Zwischenspiel. Ist dir auf dem Multimeter die Bezeichnung »200m« aufgefallen und hast du dich gefragt, was das bedeuten soll? Das soll nun geklärt werden. Holen wir dazu ein klein wenig aus und bewegen wir uns erst einmal in bekannten Gewässern: Du weißt sicher, in welchen Maßeinheiten Entfernungen gemessen werden. Es gibt Zentimeter, Meter, Kilometer, aber auch Millimeter und Lichtjahre usw. Wenn du am Lineal eine Strecke von 10 Zentimetern (10 cm) markieren willst, dann kannst du dazu auch 0,1 Meter (0,1 m) oder 100 Millimeter (100 mm) sagen. Alle drei Werte bedeuten das Gleiche. Willst du aber sagen, dass es von dir zu Hause bis zur Schule 2 Kilometer sind, dann wirst du das sicher nicht in Millimetern (2.000.000 mm) ausdrücken, weil sich das dann kein Mensch vorstellen kann. Das Gleiche gibt es für alle Maße wie zum Beispiel Liter und Kilogramm. Und in der Elektronik werden Messwerte ebenso in verschiedenen Größenordnungen dargestellt. Das ist vor allem später notwendig, da es bei einigen elektrischen Bauteilen nur extrem kleine Messwerte gibt. Damit du nicht ins Schleudern mit diesen kleinen und großen Zahlen kommst, ist es gut, wenn du verstehst, wie du sie umrechnen kannst und wie die Einheit dann genannt wird.

Am einfachsten geht das mit einer Tabelle:

Wert	Potenz-schreibweise	Größe	Abkürzung Größe
1.000.000.000	10^9	Giga	1 G
1.000.000	10^6	Mega	1 M
1.000	10^3	Kilo	1 k
1	10^0	*Grundeinheit*	
0,001	10^{-3}	Milli	1 m
0,000.001	10^{-6}	Mikro	1 µ
0,000.000.001	10^{-9}	Nano	1 n
0,000.000.000.001	10^{-12}	Piko	1 p

Es wird immer von der Grundeinheit ausgegangen. Diese ist eins. Die nachfolgende Tabelle listet die Grundeinheit für einige dir bekannte Maße auf und zusätzlich für alle, die du hier im Buch für den Bereich Elektronik benötigst – auch wenn du sie bisher noch nicht kennengelernt hast.

Physikalische Größe	Grundeinheit	Abkürzung
Länge	Meter	m
Gewicht (Masse)	Gramm	g
Spannung	Volt	V
Strom	Ampere	A
Widerstand	Ohm	Ω
Leistung	Watt	W
Kapazität	Farad	F
Frequenz	Hertz	Hz

Du kannst jetzt immer die Abkürzung für eine Grundeinheit nehmen und davor die Größe oder die Abkürzung für die Größe schreiben. Also zum Beispiel Kilometer (km), Megavolt (MV), Milliampere (mA), Nanofarad (nF), Gigahertz (GHz). Achte auf die Groß- und Kleinschreibung, denn bei Milli und Mega wird jeweils ein M benutzt, aber einmal ein kleines und einmal ein großes.

Wenn du wissen willst, wie viele Gramm in einem Kilogramm stecken, dann schaust du bei »Kilo« nach und siehst, dass es 1.000 sind. 1.000 g sind also 1 kg.

Von einer Einheit zur nächsten (in der hier genutzten Tabelle) sind es immer drei Nullen mehr. In der Potenzschreibweise kann man das auch erkennen, denn die Potenz wird in jeder Zeile drei mehr. Das macht die Umrechnung eigentlich recht einfach, denn du musst nur das Komma um drei Stellen (oder ein Vielfaches von drei) verschieben. Entweder wird es nach links oder nach rechts verschoben.

Wenn bisher kein Komma in der Zahl vorkommt, dann kannst du es jederzeit einfach ans Ende hängen und beliebig viele Nullen dahinter schreiben. Die Zahl verändert sich dadurch nicht im Geringsten, sie sieht nur anders aus.

Ein paar Beispiele, wie du die immer gleiche Zahl schreiben kannst:

10 = 10,0 = 10,00 = 10,000

187,24 = 187,240 = 187,2400

Du kannst auch Nullen vor die Zahl schreiben. Das sieht zwar komisch aus, ändert aber wieder nichts an der eigentlichen Zahl und kann gleich für einen der nächsten Schritte praktisch sein:

10 = 010 = 0010 = 00010

187,24 = 0187,24 = 00187,24

Nichts spricht dagegen, beide Verfahren zu kombinieren. Schreibe ein Komma ans Ende und hänge Nullen an und schreibe welche vor die Zahl:

10 = 010,0 = 0010,00 = 0010,000

187,24 = 0187,240 = 00187,2400 = 000187,24000

Jetzt wollen wir diese merkwürdigen Schreibweisen praktisch nutzen: Wenn du von einer Einheit in eine andere umrechnen willst, dann musst du nur wissen, um wie viele Stellen du das Komma nach links oder nach rechts verschieben musst. Dazu sind die Potenzzahlen praktisch.

Positive Potenz = Komma nach links verschieben. Negative Potenz = Komma nach rechts verschieben.

Erst einmal ein paar einfache Beispiele. Nehmen wir an, du willst die Zahl 3.072,5 in verschiedenen Einheiten aufschreiben. Denke daran, dass du Nullen davor schreiben und am Ende anhängen kannst (das Komma ist ja schon da).

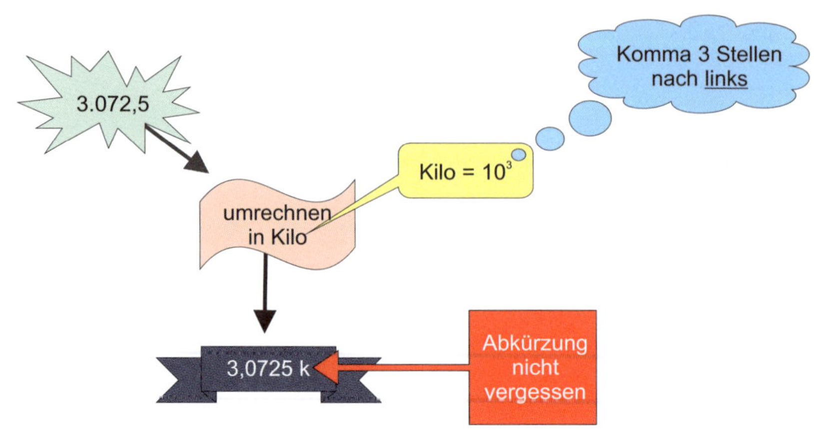

Grundeinheit in Kilo umrechnen

Um die gleiche Zahl in Mega umzurechnen, musst du zuerst ein paar Nullen vor die Zahl schreiben. Wie viele, ist egal, du kannst sie ja später wieder wegstreichen. Also zum Beispiel:

3.072,5 = 00003072,5 → Mega (10^6 = Komma 6 Stellen nach rechts) → 00,0030725 = 0,0030725 M

Welche physikalische Größe mit dieser Zahl dargestellt werden soll, ist bei der ganzen Umrechnung egal. Du musst nur die Abkürzung für die physikalische Größe dahinter schreiben (also zum Beispiel »kV« oder »MΩ«).

Auf die gleiche Weise kannst du auch eine Zahl in einer kleineren Einheit darstellen. Dabei ist es meistens erforderlich, zuerst Nullen ans Ende zu schreiben:

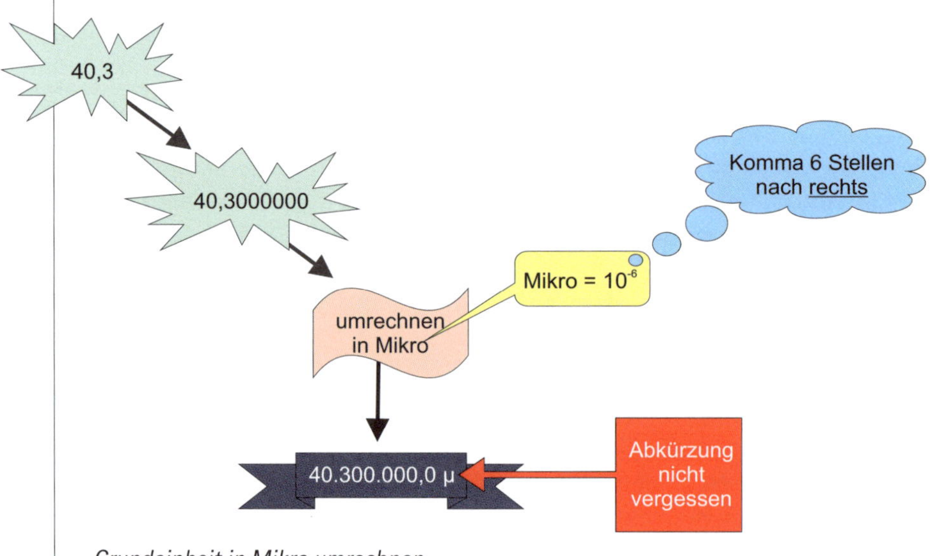

Grundeinheit in Mikro umrechnen

Anstatt nur von der Grundeinheit auszugehen, ist es natürlich auch möglich, eine Zahl von jeder beliebigen Einheit in jede andere zu konvertieren. Das ist nicht weiter schwer und funktioniert mit dem gleichen Trick der Kommaverschiebung. Nur muss zuerst ermittelt werden, in welche Richtung und um wie viele Stellen verschoben werden muss. Dazu werden einfach die beiden Potenzen voneinander subtrahiert. Und zwar die Potenz der Zieleinheit von der Potenz der Ausgangseinheit:

$$\textit{Neue Potenz} = \textit{Potenz der Zieleinheit} - \textit{Potenz der Ausgangseinheit}$$

Ein Beispiel wird's verständlicher machen: Nehmen wir an, du hast den Wert 0,386 nF (Nanofarad) und willst wissen, wie die Zahl aussieht, wenn du sie als Pikofarad (pF) schreibst.

$$\textit{Potenz für Nano (Ausgang)}: -9$$
$$\textit{Potenz für Piko (Ziel)}: -12$$
$$\textit{Neue Potenz} = -12 - (-9) = -12 + 9 = -3$$

Die neue Potenz ist negativ, also wird das Komma um drei Stellen nach rechts verschoben: 0,386 nF = 386 pF. Willst du die 386 pF als kF ausdrücken, dann wende den gleichen Weg an:

$$\textit{Potenz für Piko (Ausgang)}: -12$$
$$\textit{Potenz für Kilo (Ziel)}: +3$$
$$\textit{Neue Potenz} = 3 - (-12) = 3 + 12 = 15$$

Das Komma wird um 15 Stellen nach links verschoben und es ergibt sich 0,000.000.000.000.386 kF. Es ist natürlich völlig unsinnig, eine Zahl mit so vielen Nullen zu schreiben, aber es funktioniert. Üblich ist, eine Zahl so umzuwandeln, dass der Wert etwa drei Vor- und drei Nachkommastellen hat und eher keine Null vor dem Komma steht. Gegebenenfalls wird dabei die Zahl auch noch ein bisschen gerundet. Hier einige exemplarische Werte und wie man sie üblicherweise aufschreibt:

Wert (mögliche Schreibweise, aber nicht schön)	Gängige Schreibweise
0,04 A	40 mA
12.500 Hz	12,5 kHz
20.470.000 Ω	20,5 MΩ
8.765 nF	8,765 µF
34.510 pA	34,5 nA

Etwas unwirklich: Schaltpläne

Bei den bisherigen Experimenten habe ich versucht, immer möglichst genau zu beschreiben, welche Bauteile du wie mit welchen anderen zu verbinden hast. Solange es nur um eine Batterie und eine Glühbirne ging, war das auch noch machbar. Aber bald schon wirst du neue Bauteile kennenlernen und dann würde die Beschreibung viel zu kompliziert werden. Auch ist es recht mühsam, sich den ganzen Text durchzulesen, um sich dann im Kopf ein Bild zu machen, wie der Aufbau aussehen soll, wenn man nur verstehen will, was die Schaltung macht, ohne sie auch praktisch aufzubauen. Auch die Fotos sind bei größeren Aufbauten nur noch bedingt hilfreich, denn leicht übersieht man ein Kabel oder ein kleines Bauteil.

Elektroniker nutzen deshalb zur Beschreibung einer Schaltung einen Schaltplan oder auch Stromlaufplan. In dieser Zeichnung werden einheitliche Symbole für die elektrischen Bauteile benutzt. Im Anhang findest du eine Übersicht aller Schaltsymbole, die hier im Buch benutzt werden. Dort kannst du auch sehen, dass gar nicht immer einheitliche Symbole benutzt werden. Die Symbole in US-amerikanischen Zeichnungen sind teilweise deutlich anders als bei uns. Einige Symbole haben sich auch im Laufe der Zeit einfach etwas verändert.

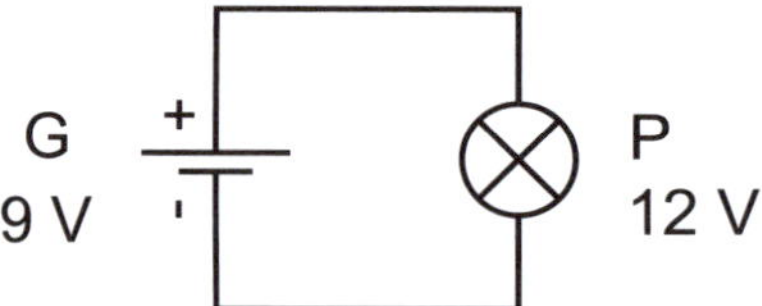

Um die einfache Beschaltung einer Glühbirne an einer Batterie in einem Schaltplan darzustellen, ist nicht viel notwendig.

Die Batterie (links) und die Glühlampe (rechts) werden mit zwei Drähten beziehungsweise Kabeln verbunden.

1. Wo die einzelnen Bauteile im Plan platziert werden, ist eigentlich egal. Man bemüht sich aber immer, dass es möglichst wenige Knicke in den Leitungen gibt.
2. Es werden nur waage- und senkrechte Linien für die elektrischen Verbindungen gezeichnet. Nur in ganz seltenen Fällen wird von dieser Regel abgewichen (dann, wenn ansonsten die Darstellung zu unübersichtlich wird, wie beispielsweise später beim Multivibrator).
3. Jedes Bauteil kann in 90-Grad-Schritten gedreht werden.
4. Wenn möglich, wird die Spannungsquelle links platziert und Minus ist unten.

5. Jedes Bauteil wird mit einem Buchstaben beschriftet. Es gibt zwar eine Norm hierfür (DIN EN 81346-2), aber es wird oft noch die alte Norm (DIN 40 719-2) genutzt. Die Kennzeichnung ist deshalb oft etwas durcheinander. Im Anhang findest du die Buchstaben, die hier im Buch genutzt werden.

6. Gibt es mehrere Bauteile mit dem gleichen Buchstaben zur Kennzeichnung, wird zusätzlich eine Nummerierung hinter den Buchstaben geschrieben.

7. Zu jedem Bauteil wird der Typ angegeben. Die Typangaben sind wichtig, weil es von den meisten Bauteilen sehr viele Varianten gibt. Entweder handelt es sich um eine eindeutige Typnummer oder die Bauteildimension.

Der Schaltplan ist am Anfang noch recht leicht zu verstehen, denn es werden nur wenige Bauteile benutzt. Mit der Zeit wird es aber immer verzwickter und später begegnen dir bestimmt auch mal Schaltpläne, die dich total verwirren. Stelle dir vor, wie schwierig es dann wäre, ohne einen Schaltplan diese komplexe Schaltung zu beschreiben. Um umfangreiche Schaltpläne zu verstehen, hilft es, wenn man nach bekannten Dingen Ausschau hält und erst einmal versucht, einen Teil zu begreifen.

Ein Schaltplan ist nicht als Vorlage gedacht, wie die Bauteile auf dem Steckbrett oder beim fliegenden Aufbau anzuordnen sind. Wenn die Batterie im Schaltplan links eingezeichnet ist, dann kann sie bei deinem Nachbau auch rechts liegen oder unter der Glühlampe. Der Schaltplan stellt nur die elektrischen Verbindungen zwischen den Bauteilen so übersichtlich wie möglich dar.

Das Dilemma mit den Kreuzungen

Die meisten Leute, die sich noch nicht so viel mit Elektronik und Schaltplänen beschäftigt haben, stolpern über eine ganz banale Sache: sich kreuzende Leitungen.

In einem Schaltplan werden sich kreuzende Leitungen, die keine elektrische Verbindung zueinander haben, einfach als Kreuzung dargestellt.

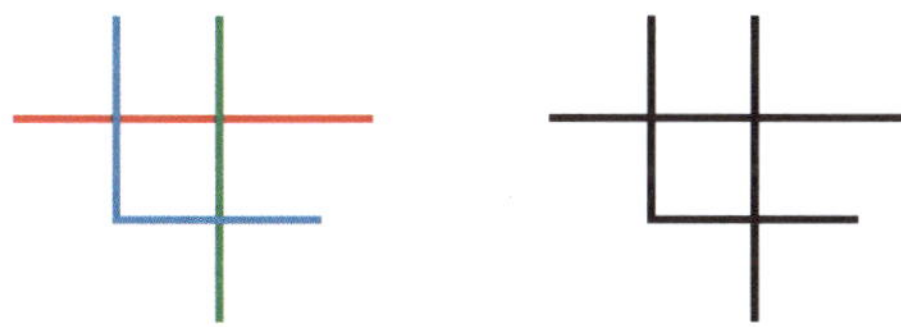

Drei Leitungen, die sich kreuzen, aber nicht berühren

Wer sich nicht auskennt, könnte jetzt aber denken, die Leitungen berühren sich. Vor allem, wenn alle Linien in Schwarz gezeichnet wurden, so wie es üblich ist und die rechte Abbildung zeigt. In älteren Zeichnungen hat man deshalb die Kreuzungen durch eine Art Tunnelsymbol verdeutlicht. Dadurch werden aber größere Schaltpläne unübersichtlicher, und vor allem ist es recht mühsam, einen solchen Plan zu zeichnen.

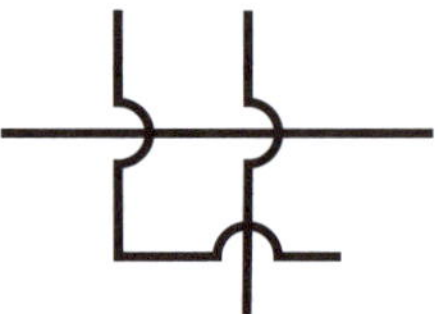

Leitungskreuzungen in der alten Darstellungsweise

Um zu unterscheiden, ob eine Leitung zu einer anderen eine elektrische Verbindung hat, dient heute nur noch ein dicker Punkt an der Verbindungsstelle. Wann immer **mehr als zwei** Bauteile an einer Stelle verbunden sein sollen oder eine Leitung abzweigt, wird ein dicker Punkt an die Verbindungsstelle gezeichnet. Abzweigungen sind im Grunde auch drei Bauteile: drei Leitungen. Sich berührende Kreuzungen sind dann vier Bauteile beziehungsweise Drähte. Den Punkt kannst du dir gut als Lötstelle vorstellen: Da, wo der Klecks Lötzinn ist, ist alles verbunden.

Der blaue und der grüne Leitungspfad kreuzen sich ohne eine elektrische Verbindung. Der grüne und der rote Leitungspfad sind miteinander verbunden. Der gelbe und der blaue Pfad sind auch miteinander verbunden.

Wenn nur zwei Bauteile sich berühren, wird kein Punkt gezeichnet. Aus diesem Grund sind im ersten Schaltplan mit der Batterie und der Lampe keine Verbindungspunkte eingezeichnet, da die Beinchen der Lampe direkt an die Drähte des Batterieclips gehen und so nur zwei Bauteile sich berühren. Auch wenn dazwischen ein beliebig langes Kabel benutzt wurde: Das Verbindungskabel ist an jeder Seite nur mit einem Bauteil verbunden, also ist kein Punkt notwendig.

Stehst du unter Strom?

Neben der Spannung gehört der elektrische Stromfluss zu den wichtigsten Messwerten in der Elektronik. Während die Spannung die Kraft ist, die die

Elektronen durch den Leiter schiebt, ist der Strom die Menge an Elektronen, die sich durch einen elektrischen Leiter bewegen. Zur Veranschaulichung kannst du dir die elektrische Stromstärke wie ein Rohr oder einen Bach vorstellen: Fließt wenig Wasser, fließt ein geringer Strom und bei einem gefüllten Rohr oder einem breiten Fluss fließt ein großer Strom – es sind viele Elektronen im Leiter in Bewegung.

Wenig Wasser = kleiner Stromfluss. Viel Wasser = großer Stromfluss.

Während eine Spannung immer vorhanden sein kann, vermag Strom nur dann zu fließen, wenn auch eine elektrische Spannung vorhanden ist. Das lässt sich mit den Vorstellungsmodellen gut verstehen: Sobald das Gefäß (die Batterie) gefüllt ist, ist eine Spannung vorhanden. In einem in der Gegend herumliegenden Rohr kann von sich aus kein Wasser fließen. Die Elektronen im Kabel fallen nicht einfach heraus, wenn das Kabel auf dem Tisch liegt. Erst wenn eine Spannung anliegt, also ein gefülltes Gefäß, dann gibt es eine Kraft (die Spannung), die die Elektronen (das Wasser) durch den Leiter (das Rohr) drückt. Nur wenn der Stromkreis geschlossen ist, also eine Verbindung zwischen Plus- und Minuspol der Spannungsquelle besteht, dann kann Strom fließen.

Merke: Spannung liegt an einem Bauteil an. Strom fließt durch ein Bauteil hindurch.

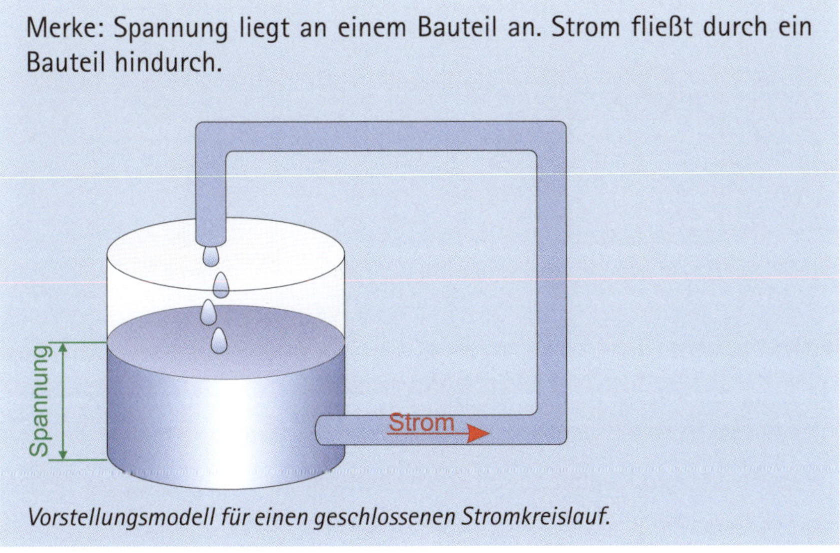

Vorstellungsmodell für einen geschlossenen Stromkreislauf.

Strom messen

Der Formelbuchstaben für die Stromstärke ist das große I. Die Maßeinheit ist das Ampere, das mit einem großen A als Einheitenzeichen abgekürzt wird. Der Name stammt vom französischen Physiker André-Marie Ampère, der sich dieses Privileg mit seiner Forschung zu elektrischen Magnetfeldern in stromdurchflossenen Leitern erarbeitete. Obwohl man den Nachnamen mit Accent grave schreibt, wird die Einheit üblicherweise ohne Akzent geschrieben.

André-Marie Ampère

Weil der Strom durch das Bauteil fließt, kann der Stromfluss nicht auf die gleiche Weise gemessen werden wie die elektrische Spannung. Das Messgerät muss direkt in die Schaltung eingebaut werden, sodass der Strom auf seinem Weg auch durch das Multimeter hindurchfließen kann.

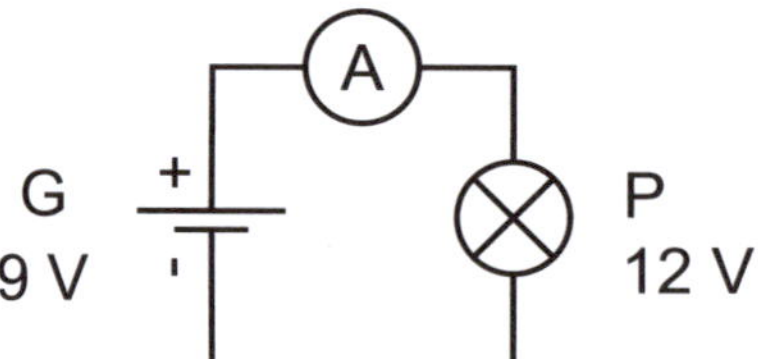

Schaltplan für die Messung der Stromstärke, die durch die Glühbirne fließt

Experiment

- Baue die Schaltung auf, wie sie im vorherigen Schaltplan zu sehen ist, um den Strom zu messen, der durch die Glühlampe fließt.
- Am besten, du baust zuerst die Schaltung so auf, wie du sie bereits kennst, also ohne das Multimeter im Stromkreis. Schließe dazu die

Lampe an die Batterie an. Wenn sie leuchtet, ist alles fertig für die nächsten Schritte.

≫ Bei fast allen Multimetern musst du das eine Messkabel umstecken, bevor du den Strom messen kannst. Das (schwarze) Minuskabel verbleibt immer in der Buchse, die meistens mit »COM« beschriftet ist. Das andere (rote) Kabel steckst du in die Buchse, die für die Strommessung vorgesehen ist. Meistens gibt es zwei Buchsen, zwischen denen du dich entscheiden musst. Wie bei der Messung der Spannung ist es wichtig, dass du dir zuerst den Messbereich überlegst. Welcher Strom kann maximal auftreten? Keine Ahnung, wie hoch der Wert sein kann, immerhin ist es das erste Mal, dass du so etwas messen willst. Also starte mit dem höchsten Messbereich und arbeite dich dann gegebenenfalls langsam zu kleineren (und genaueren) Bereichen herunter. Üblicherweise dürfte der maximal zulässige Strom bei 10 Ampere liegen. Dafür ist die eine Buchse mit »10 A« oder so beschriftet. Stecke das rote Kabel hier rein.

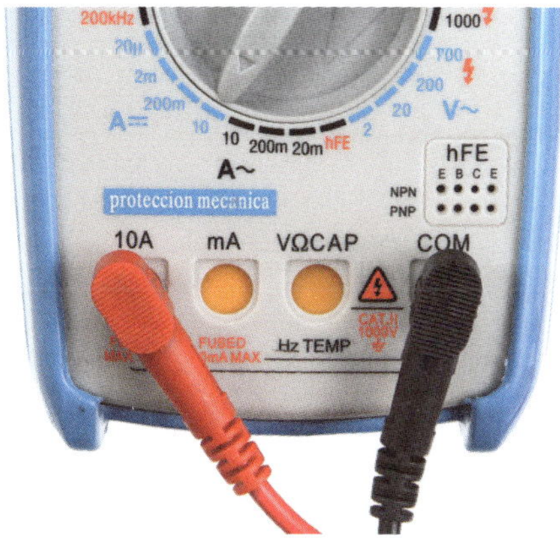

Messung der Stromstärke bis zu 10 A Gleichstrom

≫ Wähle den Messbereich für Gleichstrom bis 10 A.

≫ Wenn du später dann kleinere Messbereiche einstellst, musst du das Kabel noch einmal umstecken und in die Buchse »mA/µA« einstöpseln.

Auch ich vergesse immer wieder mal, das Messkabel umzustecken, wenn ich von der Spannungsmessung zur Strommessung wechsle oder zurück. Sind die Zahlen im Display völlig unlogisch, dann fällt es mir oft wieder ein. Es ist nicht schlimm, wenn dir das passiert, dadurch geht das Multimeter in der Regel nicht kaputt. Schlimmer ist es, wenn du einen Strom misst, der zu groß für den gewählten Strommessbereich ist. In dem Fall geht mit hoher Wahrscheinlichkeit die interne Sicherung kaputt.

- Löse die Verbindung zwischen Glühlampe und Batterie und schalte das Multimeter dazwischen. Welches der beiden Messkabel du dabei an die Batterie anklemmst und welches an die Lampe, ist erst einmal egal.
- Welche Stromstärke wird dir angezeigt?

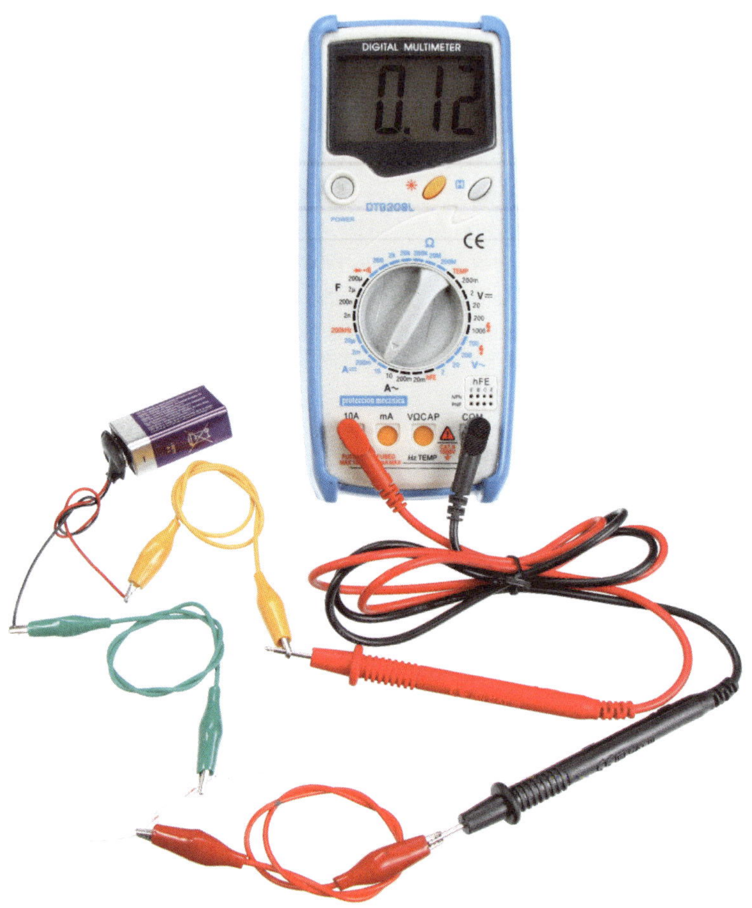

Die Stromstärke kann bei dir von der im Musteraufbau gemessenen abweichen. Da der Bereichsschalter auf den Messbereich bis 10 steht, bedeutet die Anzeige 0,12 A. Je nachdem, was für einen Lampentyp du benutzt, kann es bei dir etwas mehr oder weniger sein. Kannst du den Messwert in Milliampere umrechnen?

Der nächstkleinere Messbereich auf dem benutzten Multimeter ist 200 mA. 0,12 A kannst du auch als 120 mA schreiben. In dem Fall ist der gemessene Strom also klein genug, um in diesen kleineren Messbereich umschalten zu können. Dazu muss aber auch die rote Messleitung in die mit »mA« beschriftete Buchse umgesteckt werden.

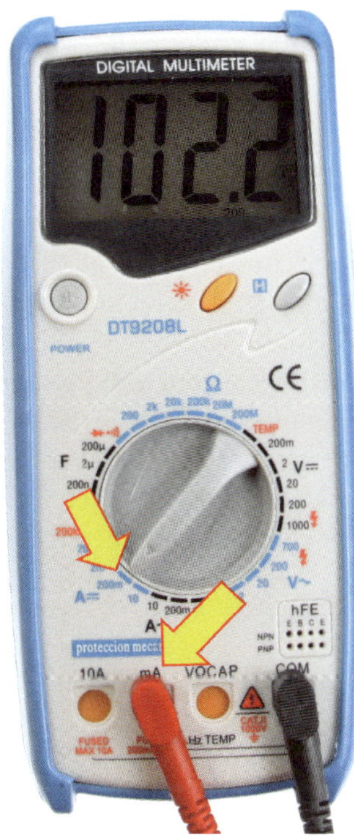

Messbereich für Milliampere: 102,2 mA

Weil die verwendete Glühbirne mit etwa 120 mA relativ viel Strom »zieht«, ist es kaum möglich, die gleiche Stromstärke nach dem Umschalten zu messen, da die (billigere) Batterie ziemlich stark belastet und entladen wird.

Ist es dir aufgefallen, dass die Lampe aufhörte zu leuchten, als du das Multimeter in die Schaltung einbauen wolltest? Das ist eigentlich nicht verwunderlich, aber es ist lohnend, sich darüber kurz Gedanken zu machen. Weil das Multimeter in den Stromkreislauf eingesetzt werden musste, hast du eine Verbindung gelöst. Dadurch erlischt die Lampe, weil der Stromkreis unterbrochen ist. Sobald du das Multimeter auf Stromstärkemessung eingestellt und eingebaut hast, fließt der Strom auch durch das Messgerät und der Kreislauf ist wieder geschlossen, sodass die Lampe wieder leuchten kann.

Die Fließrichtung des Stroms

Wie auch bei der Messung der Spannung kann es sein, dass im Display des Multimeters vorne ein Minuszeichen steht. Das bedeutet dann wieder nur, dass du die beiden Messleitungen streng genommen verpolt hast. Rein theoretisch gehört die (schwarze) Messleitung in der COM-Buchse so in den Schaltkreis eingebaut, dass diese Leitung näher am Minuspol ist als die andere. Aber dem Multimeter ist es egal und du kannst die Theorie ignorieren.

Dennoch ist ein kurzer Blick auf die Richtung des Stromflusses notwendig. Erinnerst du dich noch an dein galvanisches Element aus einer Zitrone? Bei der zugehörigen Erklärung bewegten sich die Elektronen von der Zinkplatte (Minuspol) zur Kupferplatte (Pluspol). Mit diesem Wissen weißt du bereits mehr als die Forscher um Franklin, Galvani und Volta im 19. Jahrhundert. Damals gingen die Leute davon aus, dass der Strom von Plus nach Minus fließt. Das entsprach einfach mehr der üblichen Vorstellung. Bis heute hat sich diese Vorstellung gehalten und wir sagen auch heute noch, der Strom fließt so herum. Weil die Forscher aber inzwischen wissen, was die Elektronen tatsächlich machen, gibt es zwei Begriffe, die diesem Unterschied gerecht werden:

1. Die **technische** Stromrichtung besagt, dass der Strom von Plus nach Minus fließt.
2. Die **physikalische** Stromrichtung nimmt's genauer und hält sich an die Elektronenbewegung: Strom fließt von Minus nach Plus.

Und nun, was heißt das für uns? Es ist völlig egal. Solange wir uns nicht auf atomarer Ebene um die Elektronen kümmern wollen, bleiben wir bei der technischen Stromrichtung. Da musst du nicht umdenken und selbst bei Bauteilen, bei denen die Stromrichtung wichtig ist, orientiert man sich an der technischen Vorstellung.

Leuchtdioden, Dioden und Elektrolytkondensatoren sind nur einige der Bauteile, die eine Markierung für die Polung unter Berücksichtigung der technischen Stromrichtung haben.

Der Minuspol wird häufig auch als *Masse*(-punkt) bezeichnet. Dafür gibt es auch ein extra Schaltzeichen. Vor allem in umfangreichen Schaltplänen wird es nämlich irgendwann unübersichtlich, wenn man alle Leitungen bis zum Minuspol zeichnen soll. Deshalb wird dann überall da, wo eine Leitung mit Minus verbunden sein soll, das Massezeichen an die Leitung gezeichnet. Alle Massepunkte sind elektrisch miteinander verbunden. Nicht zu verwechseln ist das Massezeichen mit dem Erdungszeichen. Dieses markiert eine Leitung, die mit dem Erdreich verbunden ist. In jedem Haus gibt es eine solche Leitung, die in die Erde ragt und dort endet. Oft ist sie an einem Regenrinnenfallrohr angebracht. Alle metallischen Regenrinnen, die Wasserleitungen, der Blitzableiter und so weiter sind mit dieser Erdleitung verbunden, um Gefahren durch Stromschläge abzuwehren.

Links: Schaltzeichen für Masse, rechts: Erde

Watt wollt ihr?

Nein, wir verfallen jetzt nicht in Berliner Mundart (»watt willste?«), sondern wenden uns einer weiteren elektrischen Kenngröße zu: der Leistung, die in Watt gemessen wird. Wieder handelt es sich dabei um den Nachnamen eines berühmten Physikers und Naturforschers: James Watt.

James Watt und die Dampfmaschine (James Eckford Lauder)

Es bleibt nämlich noch etwas, das geklärt werden soll: Warum leuchtet das Lämpchen, das du für deine Experimente benutzt hast, nicht strahlend hell (zumindest, wenn du genau das Lämpchen benutzt, das in der Einkaufsliste vorgeschlagen wurde)?

Der Glühwendel oder Draht in der Lampe wird vom Hersteller genau berechnet, damit eine Lampe möglichst hell leuchtet, ohne durchzubrennen. Dabei sind sowohl die anliegende Spannung als auch der durchfließende Strom ausschlaggebend für die Helligkeit. Bei den Haushaltsglühbirnen kennst du vielleicht schon, dass diese verschiedene Wattzahlen haben, die Rückschlüsse auf die Helligkeit zulassen. Bevor die normalen Glühbirnen immer mehr vom Markt verschwanden, war es ganz normal, eine Glühlampe mit 60, 75 oder 100 Watt zu kaufen. Vielleicht findest du ja bei dir zu Hause noch solche Modelle – frage mal deine Eltern. Jeder wusste, dass eine 60-Watt-Lampe eher dunkel war und einen Raum nicht besonders erhellte. Wollte man wirklich viel Licht haben (zum Beispiel in der Küche oder am Arbeitsplatz), dann griff man zur 100-Watt- oder gar 150-Watt-Lampe.

Die Glühlampe für deine Versuche ist eigentlich für 12 Volt gedacht. Mit 9 V liefert deine Batterie etwas zu wenig Spannung, um die Lampe hell leuchten zu lassen. Das ist mit Absicht so gewählt, damit nichts kaputtgehen kann. Wie viel Watt kann die Lampe aber leisten? Schau sie dir dazu genau an. Vielleicht findest du am Rand klein gedruckt ein paar Angaben. Eventuell stehen sie auch auf der Verpackung.

Ein anderes Modell einer Glühbirne mit der Angabe 12 V/0,1 A

Die Spannung ist wichtig, um zu wissen, welche maximale Spannung die Lampe verträgt, ohne dass der Glühwendel durchbrennt. Die Angabe der Stromstärke informiert dich darüber, wie viel Strom die Lampe bei der angegebenen maximalen Spannung benötigt. Bei deinem Exemplar sind es eventuell ein paar andere Werte.

Lampen und andere Bauteile, die in einer Schaltung vorhanden sind und dann Licht, Wärme oder wie ein Motor eine Bewegung erzeugen, werden gerne als **Verbraucher** bezeichnet. Das hört sich an, als würde dabei Energie oder Strom verbraucht (also vernichtet) werden. Seit der Arzt Julius Robert von Mayer den Energieerhaltungssatz formulierte, wissen wir aber, dass Energie nicht verbraucht werden kann. Energie kann immer nur umgewandelt werden. Die Glühlampe wandelt die Energie aus der Batterie in Licht und Wärme. Ein Motor verrichtet Arbeit und dabei wird die Energie der Elektronen in eine Bewegungsenergie gewandelt. Mit Energieverbrauch ist umgangssprachlich aber die Nutzung von Energie gemeint, mit deren Hilfe vor allem Licht, Wärme und Bewegung erzeugt wird.

Die Leistungsaufnahme kann nun ganz einfach berechnet werden:

$$P = U \times I$$

Spannung und Stromaufnahme miteinander multipliziert ergeben die Leistungsaufnahme. Für die Lampe aus dem Beispielfoto bedeutet dies:

$$\underline{\underline{P}} = 12\,V \times 0{,}1\,A = \underline{\underline{1{,}2\,W}}$$

Die Lampe kann also maximal 1,2 W Leistung erbringen.

Achte darauf, alle Werte zuerst in ihre Grundeinheit zu bringen. Für die Spannung ist dies Volt und für die Stromstärke müssen es Ampere sein. Wenn auf der Lampe zum Beispiel 20 mA gestanden hätte, dann hättest du dies zuerst in Ampere umrechnen müssen (0,02 A).

Die Lampe, die bisher in den vorherigen Experimenten benutzt wurde, hat aber andere Kennwerte und sie wurde auch nicht bei 12 V betrieben. Um zu berechnen, wie viel Leistung deine Glühbirne erbringt, brauchst du nur die zuvor ermittelten Messwerte für die anliegende Spannung und den fließenden Strom zu multiplizieren. Bei den Aufgaben am Ende des Kapitels wird dir diese Aufgabe gestellt.

Zusammenfassung

In diesem Kapitel wurden viele Grundlagen geschaffen. Viele berühmte Männer sind dir begegnet. Ungerechterweise gibt es viel weniger forschende Frauen, an die wir uns heute noch erinnern. Die bekanntesten dürften Marie Curie und Lise Meitner sein. Nach Ersterer wurde immerhin eine (inzwischen veraltete) Einheit benannt, die wir allerdings nicht in der Elektronik gebrauchen. Du hast gelernt, was eine galvanische Zelle mit Kartoffeln und Zitronen gemeinsam hat und wieso das fast so gut ist wie eine Batterie aus dem Supermarkt. Mit dem Multimeter kannst du nun Spannung und Strom messen. Es ist zwar manchmal etwas umständlich, aber du musst immer darauf achten, dass der von dir gewählte Messbereich eher zu groß als zu klein eingestellt ist. Um die Stromstärke zu messen, wird das Amperemeter (das Multimeter in der Einstellung für Gleichstrommessung) in die Schaltung eingebaut, sodass der Strom durch das Gerät fließen kann. Bei den meisten Messgeräten gibt es eine Buchse für das Messkabel für Spannungsmessung und eine Buchse für Strommessung. Mit der ersten Formel kannst du nun auch die Leistung berechnen, die zum Beispiel eine Lampe aufnimmt.

Ein paar Fragen ...

1. Was passiert mit der LED an deiner Kartoffel-Zitronen-Batterie mit drei oder vier Elementen, wenn du den Versuch mehrere Stunden oder Tage aufgebaut lässt?
2. Welchen Messbereich musst du einstellen, wenn du die Spannungen 19 V und 1,5 V und 201 V messen willst?
3. Wie kannst du feststellen, welches der Pluspol an einer Batterie ist?
4. Beim Glühlämpchen, das in den vorherigen Experimenten benutzt wurde, hatten wir etwa 102 mA gemessen. Die Spannung hatten wir auch gemessen. Auch wenn eine 9-Volt-Batterie benutzt wurde, ergab sich eine Spannung von nur 8,78 V – zumindest bei den gezeigten Aufbauten, die fotografiert wurden. Berechne die sich aus diesen Werten ergebende Leistungsaufnahme.

... und ein paar Aufgaben

1. Führe Versuche mit den galvanischen Elementen durch: Welche Metalle, Flüssigkeiten und Früchte liefern welche Spannung? Trage deine Erkenntnisse in die Tabelle ein. Denke dir weitere Konstellationen aus.

Frucht	1. Metall	2. Metall	Spannung
Essig	verzinkter Nagel	Kupferdraht	
Cola	verzinkter Nagel	2-Cent-Münze	
100%iger Apfelsaft	verzinkter Nagel	Kupferdraht	
Kartoffelbrei	Alufolie	1-Cent-Münze	
Wasser mit viel darin aufgelöstem Salz			
Wasser mit Salz und Natriumkarbonat (Soda/Backpulver)			

1. Teste, welche Spannung gekochte Kartoffeln erbringen.
2. Verändert sich die Spannung, wenn die Früchte altern und austrocknen?
3. Wie wichtig ist der Abstand zwischen den beiden Metallelektroden?
4. Beobachte die zunehmende Verfärbung der Elektroden. Welches Metall oxidiert?
5. Baue die einfache Schaltung mit einer Lampe und der Batterie auf. Miss die Spannung mit dem Multimeter direkt an der Batterie, direkt an der Lampe und direkt an einem Draht. Welche Werte erhältst du?

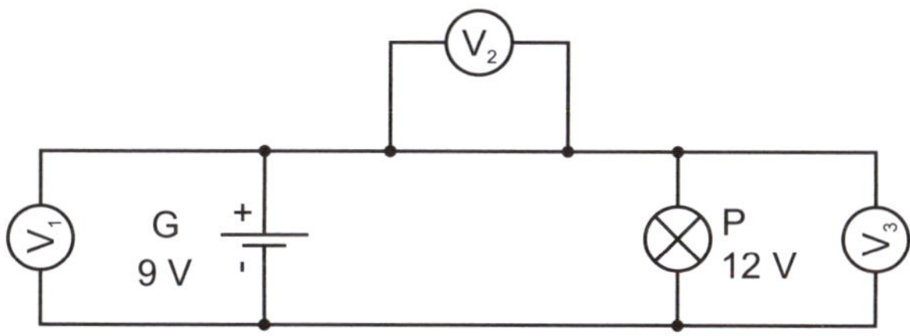

Messpunkt	Beschreibung	Spannung gemessen [V]
V_1	an der Batterie	
V_2	am Draht/Kabel	
V_3	an der Lampe	

3

Immer schön der Reihe nach

In diesem Kapitel lernst du:

- warum ein Schalter und ein Taster nicht das Gleiche ist
- was eine Reihen- und eine Parallelschaltung ist
- wie Teilströme sich zum Gesamtstrom addieren
- warum bei parallelen Bauteilen überall die gleiche Spannung abfällt
- was passiert, wenn du mehrere Batterien verbindest
- die zwei Kirchhoff'schen Regeln

Zwei Bauteile können im Grunde nur auf zwei Arten miteinander verbunden werden. Dahinter verbergen sich zwei wichtige Regeln, die lohnenswert sind, näher betrachtet zu werden, da du dann verstehst, wie sich die Spannung und der Strom in deiner Schaltung verteilen.

Ein und Aus

Was ein Schalter ist, wird dir sicher bekannt sein. Immerhin benutzt du bereits dein ganzes Leben lang schon welche. Wenn es jetzt dennoch um dieses Bauteil geht, wird dir aber bestimmt nicht langweilig. Zudem verabschieden wir uns weitestgehend von den fliegenden Aufbauten mit Krokoklemmen und nutzen jetzt das Experimentiersteckbrett.

Das Schaltzeichen für einen Schalter ist sehr einfach und symbolisiert deutlich seine Funktion.

Vom Schaltzeichen für Schalter gibt es fast unzählige Varianten. Solltest du also mal auf ein ähnliches Symbol stoßen, dann wird es sich sehr wahrscheinlich auch um einen Schalter handeln, dem nur eine besondere Funktion zugeordnet ist. Manchmal handelt es sich dann um besonders leistungsfähige Schalter für Hochspannungen oder welche, die nur zu bestimmten (sicherheitsrelevanten) Zwecken bedient werden dürfen oder sich gar selbstständig bewegen.

Dieser Taster wird jetzt benutzt.

Im Sprachgebrauch wird zwischen einem Schalter und einem Taster unterschieden. Als Schalter wird meistens ein Bauteil bezeichnet, das in seinem jeweiligen Zustand bleibt. Entweder ist etwas ein- oder ausgeschaltet. Der Lichtschalter ist ein typischer Schalter. Ein Taster ist üblicherweise eine spezielle Art Schalter, die nach dem Betätigen wieder in den Ruhezustand zurückkehrt. Die Taste für die Haustürklingel ist ein gutes Beispiel dafür: Nur solange man drückt, klingelt es.

Im Schaltplan wird nicht unbedingt zwischen den beiden Funktionen unterschieden. Das eben gezeigte Symbol kann sowohl einen Schalter als auch einen Taster darstellen. Hier im Buch wird diese Darstellung aber so nur für einen tatsächlichen Schalter benutzt. Wenn ein Taster verwendet werden soll, wird dieses Zeichen benutzt:

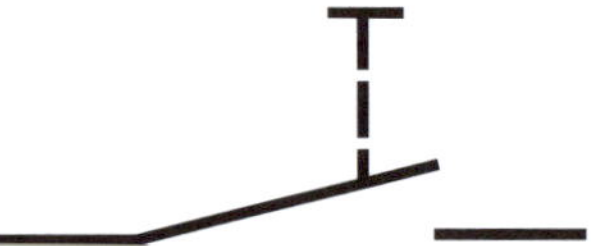

Schaltzeichen für einen Taster (hier im Buch)

Wir verwenden einen ganz einfachen Taster, den wir uns gleich noch ein wenig genauer ansehen werden.

Experiment

- Der Schaltplan zeigt dir die Schaltung, wie sie Techniker zeichnen. In ihm sind alle notwendigen Informationen enthalten, um die Schaltung aufzubauen. Wenn du willst, kannst du schon mal probieren, die Schaltung auf deinem Steckbrett nur nach diesem Plan zusammenzustecken.

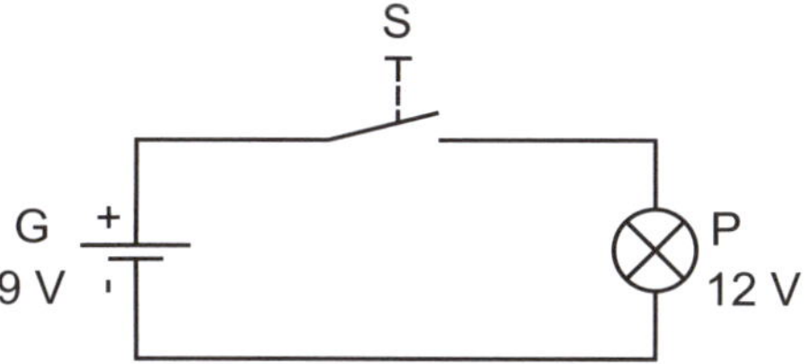

- Bist du dir nicht sicher, wie du das auf dem Steckbrett aufbauen kannst, dann hilft dir die folgende Abbildung weiter. Die blauen Striche sind Drahtbrücken. Welche Farbe deine Steckbrücken haben, ist vollkommen egal. Die Bauteile sehen nicht so aus, wie bei Dir und sind etwas gewöhnungsbedürftig dreidimensional gezeichnet. Achte vor allem darauf, wo die Enden der grauen Anschlussbeinchen im Steckboard verschwinden.

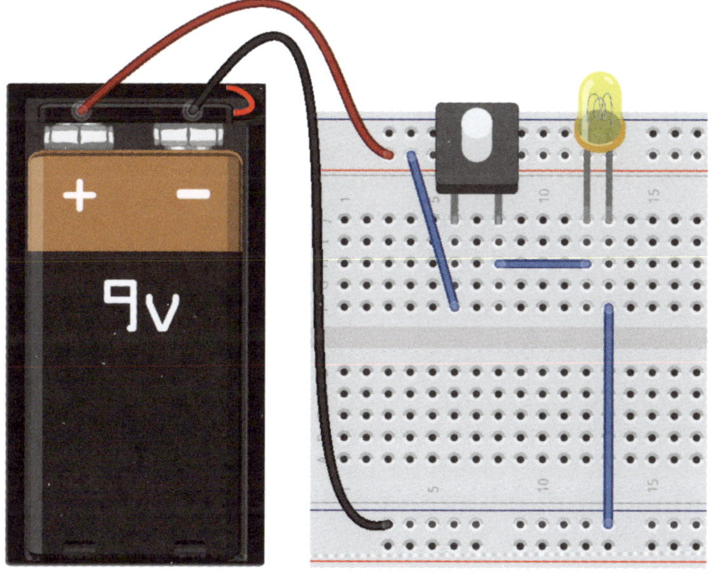

Aufbau auf dem Steckboard: Taster und Lampe

≫ Vielleicht hast du aber auch ein anderes Steckboard oder deine Lampe sieht etwas anders aus? Aus diesem Grund gibt's noch das Foto von einem realen Aufbau:

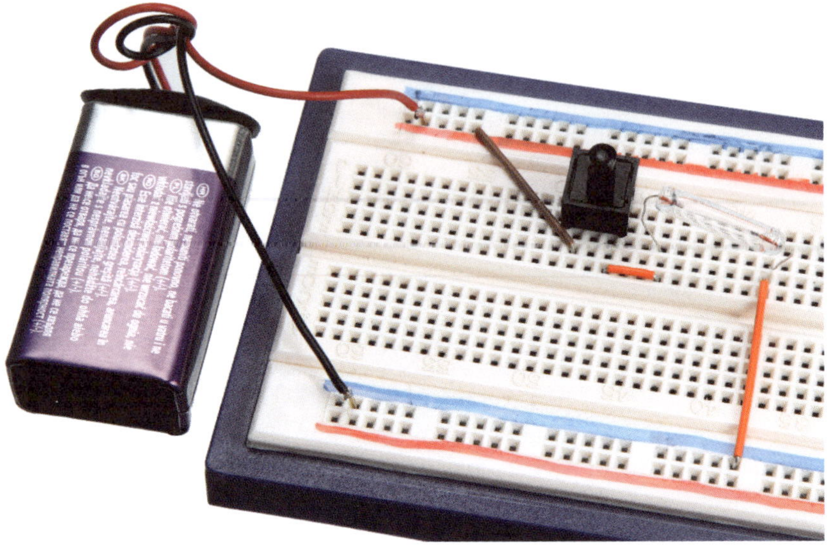

Die Lampe rechts neben dem Taster ist schwer zu erkennen, da sie durchsichtig ist.

Schließe die Batterie immer als Allerletztes an. Zuerst wird der Minuspol verbunden, dann der Pluspol. Das verhindert, dass schon irgendwelche Ströme fließen, solange du noch die Schaltung zusammensteckst, und dann eventuell etwas kaputtgeht. Am Ende entferne die Batterieverbindungen immer, damit nicht unnötig Strom verbraucht wird. Sollte die Schaltung einmal nicht sofort funktionieren und du willst den Fehler suchen, dann entferne auch erst die Batterie.

≫ Wenn du auf den Taster drückst, soll die Lampe aufleuchten. Klappt es?

Das Steckboard unter der Lupe

Weil wir das erste Mal das Steckbrett benutzen, ist es notwendig, noch ein paar weitere Betrachtungen zu dessen Einsatz vorzunehmen, damit du ganz genau verstehst, wie das alles funktioniert. Immerhin kann es sein, dass dein Steckbrett anders aussieht oder du die Schaltung anders aufgebaut hast, als du es selbst probiert hattest. Zuerst einmal eine andere Aufbauvariante, wie die genau gleiche Schaltung auch hätte zusammengesteckt werden können. Grün markiert sind hier noch mal die 5er-Verbindungen der Federleisten unterhalb der Einstecklöcher.

Alle (auch die vielen anderen noch möglichen) Varianten sind im Grunde gleichwertig, solange der Aufbau dem Schaltplan entspricht und es funktioniert. Im zweiten Beispiel wurde ganz auf die (blauen) Drahtbrücken verzichtet. Dadurch geht der Aufbau ein wenig flotter und Drahtbrücken sind auch immer ein Risiko, da sie Wackelkontakte verursachen können. Dennoch werden in den meisten Beispielen ein paar Drahtbrücken mehr verwendet werden als unbedingt notwendig. Dadurch soll vor allem die Übersichtlichkeit verbessert werden.

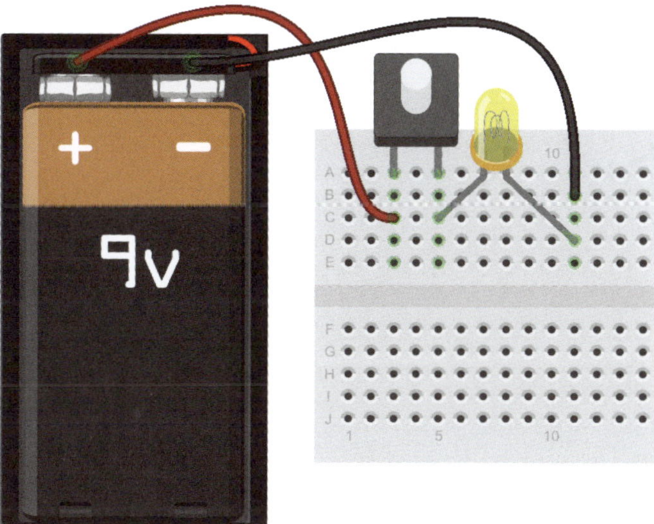

Eine andere Aufbaumöglichkeit der gleichen Schaltung

Im ersten Beispiel wurde der Pluspol der Batterie in die obere Querverbindung gesteckt, die rot markiert ist. Dadurch sind alle Pins dieser roten Reihe mit dem Pluspol verbunden. Der Minuspol steckt in der unteren (blauen) Reihe. Es wäre auch möglich, nur die beiden oberen oder nur die unteren Reihen zu benutzen. Die gezeigte Möglichkeit wird aber bei allen folgenden Aufbauten bevorzugt. So ähnelt der Aufbau nämlich ein Stück weiter dem Schaltplan: Der Pluspol liegt links oben und der Strom fließt dann oben nach rechts durch die Bauteile und nach unten links zum Minuspol der Batterie.

Damit du dir ein besseres Bild machen kannst, welche Bauteile aus dem Aufbau sich an welcher Stelle im Schaltplan befinden, wurde dies hier eingezeichnet:

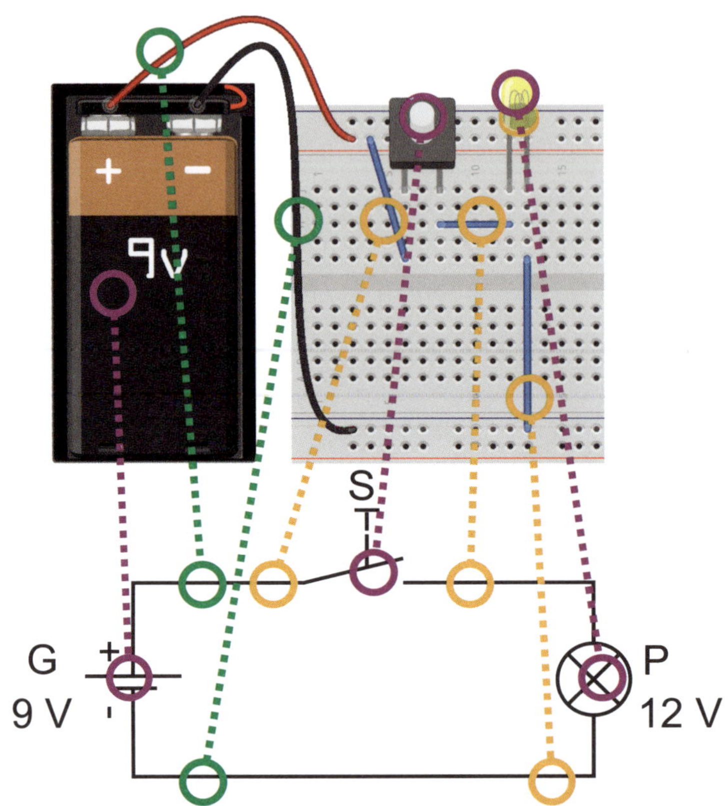

Zuordnung der Bauteile zwischen Aufbau und Schaltplan

Drahtbrücken sind natürlich im Schaltplan nicht wirklich eingezeichnet. Ein einfacher Strich im Schaltplan stellt ja eine Verbindung dar. So eine Verbindung kann aus einem einzelnen Draht bestehen oder auch aus mehreren Stücken, die dann nur miteinander verbunden sein müssen.

Der Kurzhubtaster

Ein Taster ist ein denkbar einfaches elektronisches Bauteil. Es handelt sich eigentlich nur um zwei Anschlüsse, die auf Druck auf die Tastenkappe mit einer Drahtbrücke oder Ähnlichem verbunden werden. Das Schaltbild symbolisiert das auch sehr gut. Die allermeisten Taster sind sogenannter **Schließer**. Auf Tastendruck wird der Kontakt geschlossen. Sobald du loslässt, öffnet der Taster den Kontakt und unterbricht den Stromfluss. Technisch betrachtet befindet sich meistens eine kleine Membran (**Schnappscheibe** genannt) im Inneren des Tasters. Diese ist gewölbt und gibt auf leichten Druck nach, was du auch durch ein leises Klicken hörst. Das funktioniert wie das alte Knackfroschspielzeug aus Blech.

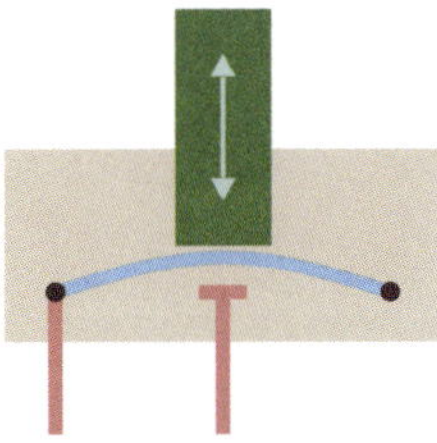

Funktionsprinzip eines Tasters. Durch Druck auf den (grünen) Taster wird die (blaue) Membran nach unten gedrückt und verbindet die beiden (roten) Anschlussbeinchen.

Verschiedene Taster

Tausche geheime Botschaften aus

So einfach die Schaltung bestehend aus Batterie, Taster und Lampe auch sein mag: Vor etwa 180 Jahren wärst du damit eine große Nummer gewesen. Damals wurde nämlich der Morsecode erfunden (nach einem der Miterfinder benannt: Samuel Morse). Bei dem Morsecode geht es darum, eine Nachricht über eine lange Strecke zu versenden. Von Computer, Mobiltelefonen und all dem neumodischen Kram träumte man noch nicht einmal.

Um Buchstaben und Zahlen nur mit dem Blinken einer Lampe oder dem Piepen in einem Lautsprecher zu übertragen, sendet man für jeden Buchstaben eine Folge aus kurzen und langen Signalen. Zwischen jedem Buchstaben wird eine kurze Pause gelassen und zwischen zwei Wörtern eine etwas längere. Die weltweit gültige Morsecodetabelle zeigt dir, wie die Zeichen codiert sind. Ein Punkt bedeutet ein kurzes Signal, ein Strich steht für ein längeres Signal.

Die bekannteste alle Nachrichten, die man per Morsecode verschickt, kennst du bestimmt schon (spätestens seit dem Filmepos *Titanic*): SOS. Wenn man wirklich in Lebensgefahr schwebt (und nicht aus Spaß – zumindest nicht gegenüber Fremden), dann sendet man diese drei Buchstaben: *kurz-kurz-kurz-lang-lang-lang-kurz-kurz-kurz* (in diesem speziellen Fall ohne Buchstabenpausen). Die Zeichenfolge steht angeblich für die englischen Wörter *save our souls* (»rettet unsere Seelen«), was zwar nicht ganz stimmt, sich aber zumindest nett anhört.

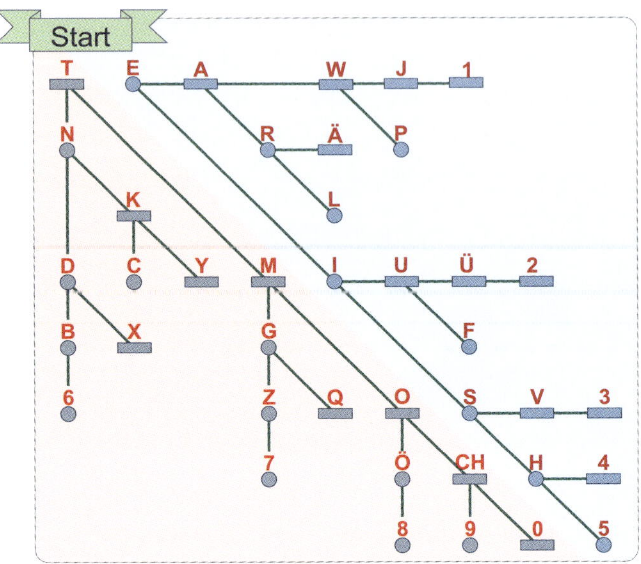

In dieser Tafel kannst du die wichtigsten Morsecodes ablesen, wenn du oben links entweder mit einem Punkt oder einem Strich anfängst und dann den Linien folgst.

Experiment

- Nimm die Glühbirne aus dem vorherigen Experimentieraufbau heraus.
- Verbinde jeden der beiden Anschlüsse der Lampe mit einem langen Draht oder Kabel. Wenn du das Ende einer Litze abisolierst und um die Beinchen zwirbelst, dann erhältst du eine recht brauchbare Verbindung.

- Stecke die anderen Enden der langen Leitung in die Kontakte, in denen zuvor die Lampe steckte.
- Jetzt kannst du die Lampe in ein anderes Zimmer legen und zwischen den Räumen Morsecodes senden.

So kannst du eine Nachricht an jemanden schicken, der dich sonst vielleicht gar nicht hören könnte. Außerdem kann niemand Eure Nachricht mithören. Vielleicht hast du ja auch einen Freund in der Nachbarwohnung, zu dem du so eine Fernverbindung aufbauen kannst. Die Länge des Drahtes zur Glühlampe ist fast beliebig. Wenn du die Möglichkeit hast und dein Interesse geweckt ist, dann kannst du online im Web morsen lernen: zum Beispiel auf *http://lcwo.net/*.

In der Seefahrt werden immer noch manchmal Nachrichten per Morsecode von einem Boot zum anderen signalisiert.

Vom Taster zum Schalter

Willst du etwas dauerhaft einschalten, ohne dabei die ganze Zeit den Finger auf den Taster drücken zu müssen, dann wird ein Schalter benutzt. Vom Prinzip her ist ein Schalter nichts anderes als ein Taster. Nur bleibt der Schalter in der Position, in den man ihn stellt. Also entweder Ein oder Aus. Es gibt verschiedene Formen von Schaltern. Meistens benutzt man Druck-, Schiebe-, Kipp- oder Wippenschalter.

Zwei Schiebeschalter, ein Kipp- und ein großer Wippenschalter

Im Inneren des Schalters wird durch den Bedienhebel wie beim Taster eine Kontaktplatte bewegt, die dann eine Verbindung an den beiden

Anschlüssen überbrückt und so den Schalter schließt. Die Bauart hat keinerlei Auswirkung auf die Funktion, sondern dient einfach nur der Vielfalt und wie leicht es fallen soll, den Schalter umzustellen.

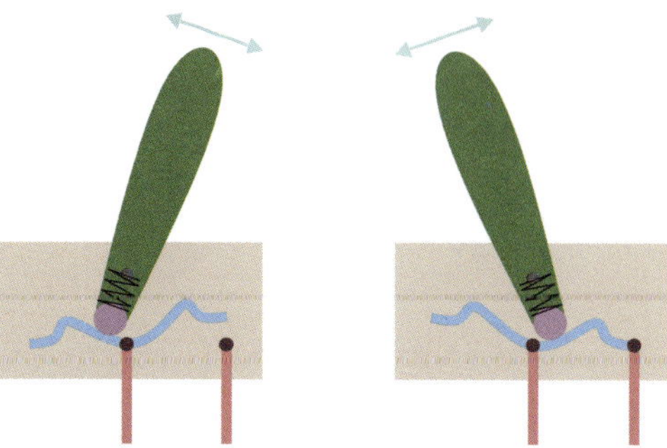

Funktionsprinzip eines Kippschalters: Wenn der Hebel um den Drehpunkt bewegt wird, drückt die Kugel am unteren Ende die Kontaktplatte auf den rechten Anschluss.

Die meisten Schalter haben allerdings drei oder mehr Anschlüsse. Es handelt sich dann nicht um einfache Ein-Aus-Schalter, sondern um Umschalter: Es wird zwischen zwei Ausgängen umgeschaltet. Dazu muss lediglich ein dritter Anschluss eingebaut werden, denn die Mechanik mit der Kontaktplatte bewegt sich ja sowieso passend. Wenn du gar keinen Umschalter benötigst, dann ignoriere einfach den dritten Anschluss und verwende nur den mittleren und den an einer Seite.

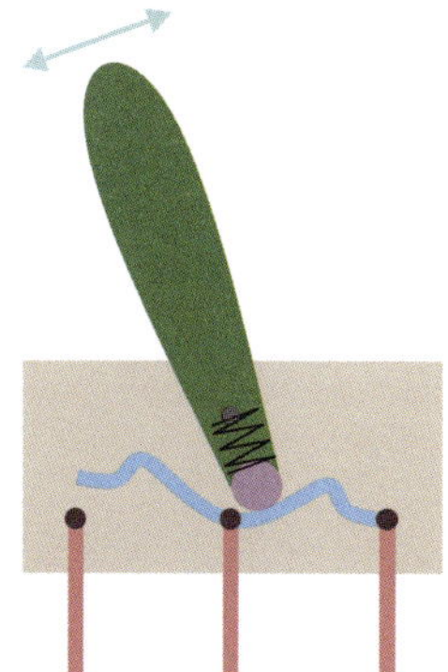

Aus dem einfachen Schalter ist durch das weitere Anschlussbeinchen ein Umschalter geworden.

Zwei Lampen leuchten nicht so hell

Experiment

- Baue die abgebildete Schaltung auf.

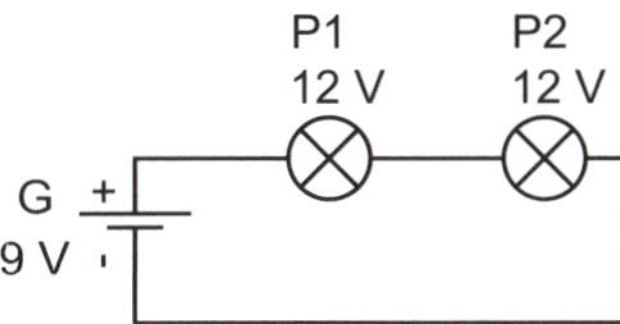

≫ Benutze entweder den Schaltplan und denke dir selber aus, wie du das auf dem Steckbrett aufbauen kannst, oder nutze die Abbildungen als Hilfe.

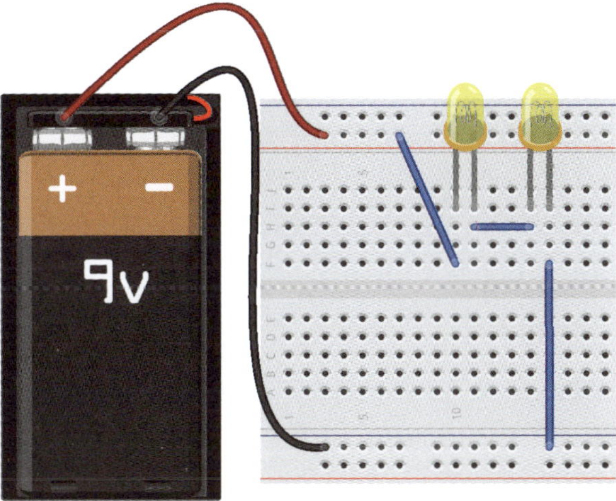

≫ Vergleiche die Helligkeit der beiden Glühlampen mit deinen Erfahrungen aus früheren Versuchen mit nur einer Lampe.

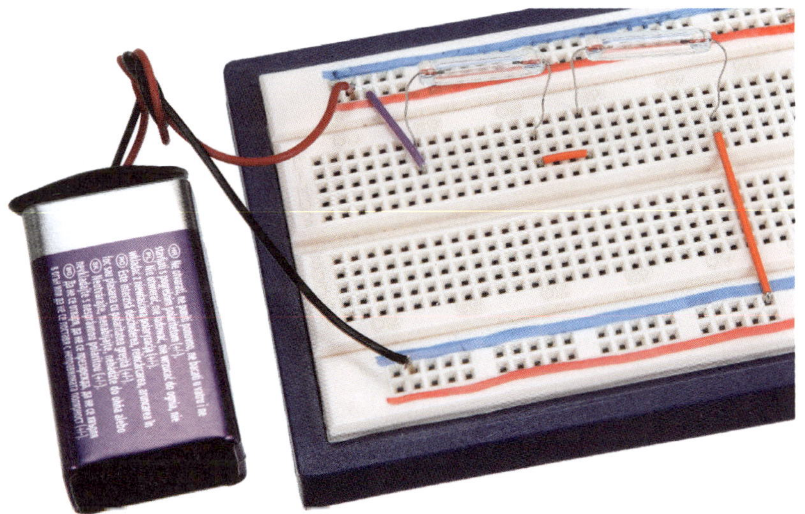

Ist dir aufgefallen, dass beide Lampen deutlich weniger hell leuchten, als früher nur die eine? Dabei handelt es sich um ein sehr wichtiges Phänomen, das sofort genauer untersucht werden sollte.

Experiment

- Entferne die Batterie zur Sicherheit. Ziehe zumindest den roten Anschlussdraht aus dem Steckbrett.
- Nimm eine neue kurze Drahtbrücke und biege sie so auseinander, dass sie halbwegs gerade ist. Schneide sie etwa in der Mitte mit dem Seitenschneider durch, sodass du zwei Drahtstücke hast. Isoliere die Drahtstücke komplett ab, sodass sie blank sind.

Diese beiden Drähte wirst du immer wieder benötigen, also nachher aufheben.

- Entferne eine der drei Drahtbrücken – egal, welche. Merke dir aber, wo die Drahtbrücke steckte.
- Stecke je ein Drahtstück in das Einsteckloch, in dem zuvor die entfernte Drahtbrücke steckte.

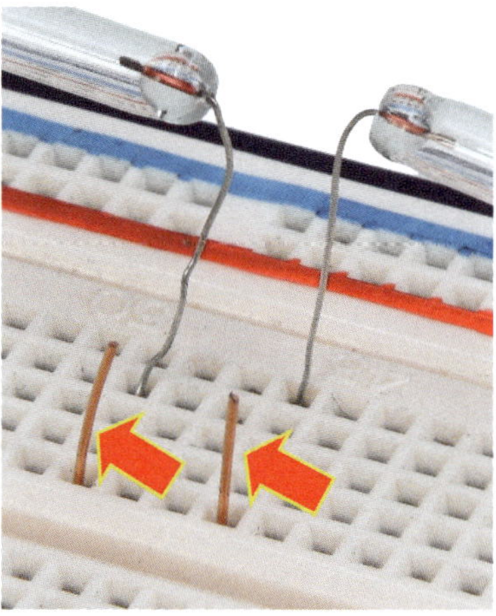

- Schalte dein Multimeter ein und wähle den Gleichstrommessbereich bis 200 mA oder mehr. Denke daran, dass du vermutlich das rote Messkabel in die Buchse für Strommessung stecken musst.
- Schließe die Batterie wieder an.
- Weil der Stromkreis noch unterbrochen ist (es fehlt ja eine Drahtbrücke), können die Lampen nicht leuchten.

≫ Halte die beiden Messspitzen deines Multimeters an die beiden eingesteckten Drahtstücke. Als Schaltbild sieht deine Schaltung jetzt folgendermaßen aus, wobei das Amperemeter auch an einer anderen Stelle sitzen kann – je nachdem, welche Drahtbrücke du ersetzt hast:

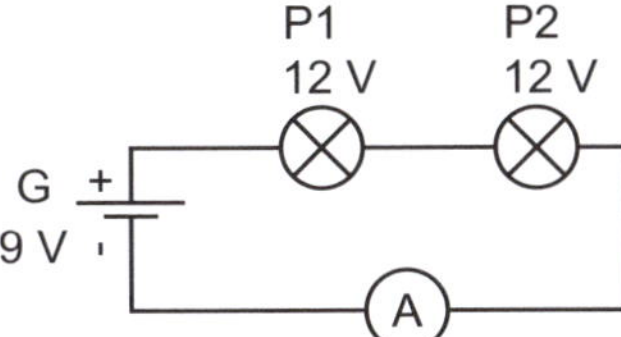

≫ Jetzt sollten die Lampen wieder leuchten und du kannst die Stromstärke ablesen. Welchen Wert ermittelst du?

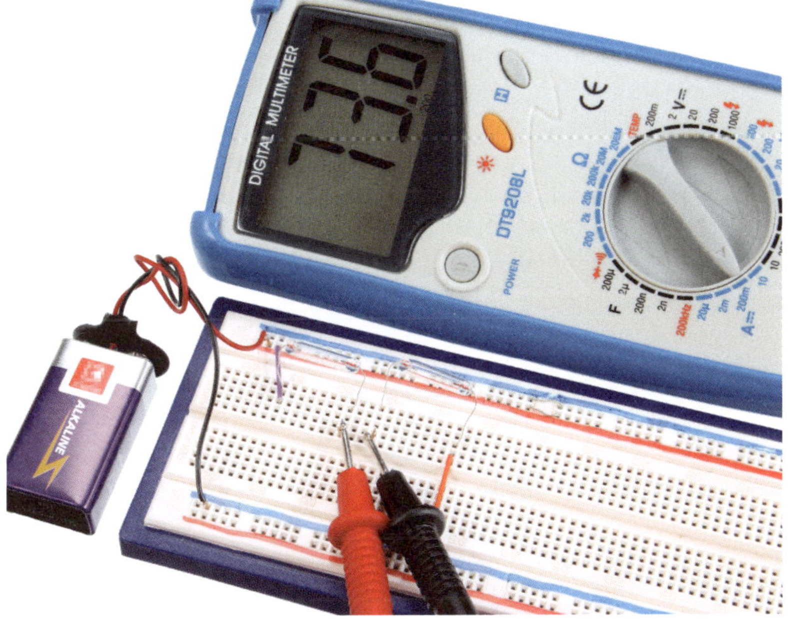

Abhängig von dem von dir benutzten Lampentyp wirst du einen Strom messen, der unter dem liegt, den du im vorherigen Kapitel gemessen hattest, als nur eine Lampe verbaut war. Beim Musteraufbau waren es 74 mA.

Experiment

≫ Baue deine Schaltung noch zweimal um. Entferne zuerst die Batterie und dann das Multimeter.

≫ Da wo dic Drahtbrücke fehlt und die zwei Drahtstücke stecken, setzt du wieder die zuvor entfernte Brücke ein.

- Entferne eine der anderen Drahtbrücken und stecke die zwei Drähte in die frei gewordenen Löcher.
- Schließe die Batterie wieder an und miss den Stromfluss an den zwei Drähten.
- Wiederhole diese Schritte für die dritte Drahtbrücke.

Der Strom in der Reihenschaltung

Welchen Strom hast du jeweils gemessen? Wenn alles richtig lief, war es bei allen drei Messungen der gleiche Wert. Kleine Abweichungen sind wie immer normal und stellen einfach nur Messungenauigkeiten dar, die nicht vermeidbar sind. Kannst du dir erklären, warum überall der Stromfluss gleich groß ist?

Das wurde bereits im vorherigen Kapitel erläutert: Der Strom durchfließt alle Bauteile auf seinem Weg vom Plus- zum Minuspol der Batterie. Die beiden Lampen befinden sich aus elektronischer Sicht in einer Reihe hintereinander. Man spricht dabei von einer **Reihenschaltung**. Wenn du ein einzelnes Elektron auf seinem Weg durch die Schaltung beobachten könntest, würdest du sehen, wie es sich der Reihe nach durch beide Lampen und das Amperemeter hindurchbewegt. **In einer Reihenschaltung fließt überall der gleiche Strom.**

Die Spannung in der Reihenschaltung

Unsere Ausgangsfrage war, warum die beiden Lampen weniger hell leuchten als nur eine. Mit der Strommessung sind wir der Lösung noch nicht näher gekommen. Was fehlt dann, damit die beiden Lampen hell leuchten? Dazu prüfen wir nun die Spannung in der Schaltung.

Experiment

- Du benötigst wieder die Ausgangsschaltung ohne Drahtstücke und ohne Multimeter.

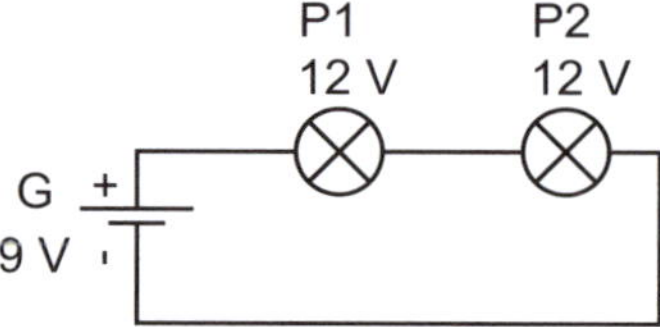

- Stelle bei deinem Multimeter den Messbereich für Gleichspannungen bis 20 V ein.

Ein letztes Mal erinnere ich dich daran, die rote Messleitung umzustöpseln und den richtigen Messbereich zu wählen. Ich glaube, ab jetzt wirst du selber daran denken können.

≫ Beim Messen der Spannung wird gemessen, wie viel Spannung *über* einem Bauteil abfällt. Das ist viel leichter als die Strommessung, da meistens keine Umbauten notwendig sind. Dazu brauchst du nur die Messspitzen an die Anschlüsse des Bauteils zu halten. Im Schaltplan wurden drei Voltmeter eingezeichnet, aber du brauchst natürlich nur eins und kannst nacheinander die drei Messungen vornehmen und in die Tabelle eintragen.

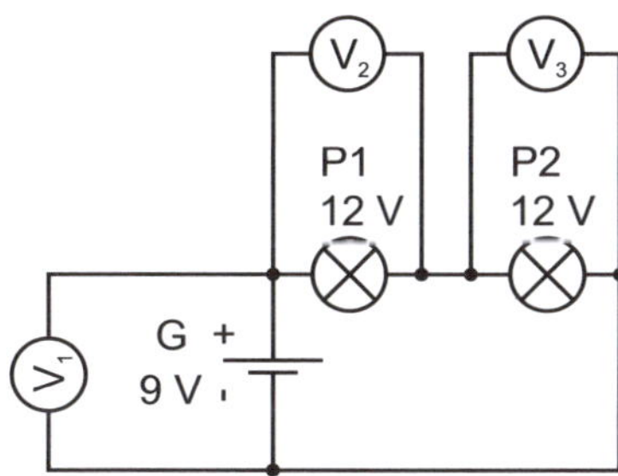

Schaltplan zur Messung der Spannung an der Batterie und den beiden Lampen

Messpunkt	Spannung von dir gemessen [V]	Spannung von mir gemessen
V_1		7,5 V
V_2		3,8 V
V_3		3,7 V

Wenn du neugierig bist und noch ein wenig mehr messen willst, entferne doch mal die Batterie aus der Schaltung und miss die Spannung an den beiden Polen im ausgebauten Zustand. Diese wird mit Sicherheit etwa 1 Volt größer sein als dein Wert, den du bei V_1 gemessen hast. Warum das so ist, würde jetzt sehr ausschweifend werden. Aber du kannst dir merken, dass eine Batterie im *Leerlauf*, also ohne angeschlossene »Verbraucher«, immer eine etwas höhere Spannung liefert als im Betrieb unter Last.

Wenn du dir die Werte anschaust, fällt dir sicher schnell auf, dass an den beiden Lampen in etwa die gleichen Spannungen anliegen. Addierst du die beiden Werte, so kommst du auf den Wert V_1, den du an der Batterie gemessen hast (wie so oft: Kleine Abweichungen sind in Ordnung). **In der Reihenschaltung addieren sich die Teilspannungen zur Gesamtspannung** (der Batterie).

Im Gegensatz zu deinen ersten Versuchen mit nur einer Glühlampe liegt also jetzt an jeder Lampe nur noch die Hälfte der Spannung. Dass es die Hälfte ist, liegt daran, dass du zwei gleiche Lampen benutzt hast. Würdest du zwei verschiedene Lampentypen benutzen, dann würde an der einen Lampe mehr und an der anderen weniger Spannung abfallen. Weil auch zwei Lampen vom gleichen Typ nie völlig identisch sind, gibt es schon hier in deinem Experiment kleine Abweichungen.

Im vorherigen Kapitel hast du die Leistung für die Lampe berechnet und es kam etwa P = 0,9 W heraus. Wenn wir jetzt die Leistung für eine Lampe berechnen, müssen wir mit den derzeitigen Werten rechnen, die für eine der beiden Lampen gelten. Zum Beispiel:

$$U_2 = 3{,}8\,V$$

$$I = 74\ mA = 0{,}074\ A$$

$$\underline{\underline{P_2}} = U_2 \times I = 3{,}8\,V \times 0{,}074\ A = 0{,}2812\ \mathrm{W} \approx \underline{\underline{0{,}3\ \mathrm{W}}} = 300\ mW$$

Weil der Strom überall in der Reihenschaltung gleich ist, muss er an keiner besonderen Stelle gemessen worden sein. Um aber die Leistung der Lampe P2 zu berechnen, muss die Spannung V_2 an dieser Lampe bei der Rechnung einfließen. Die Leistung, die einer Lampe in der Reihenschaltung zur Verfügung steht, ist also kleiner als früher. Deshalb kann die Lampe auch nicht mehr so hell leuchten.

Sollen die Lampen wieder so hell leuchten wie nur eine, dann müsste die Spannung, die aus der Batterie kommt, höher sein. Eine Batterie kann aber nur maximal die Spannung liefern, die angegeben ist. Auf das Anschauungsmodell mit dem Wassergefäß zurückblickend wird klar, warum das so ist: Die Menge Wasser im Gefäß ist bei der Herstellung vorgegeben und kann nicht größer werden.

Zwei Lampen und trotzdem ist es hell

Irgendwie ist das mit den zwei Lampen in der Reihenschaltung ziemlich unglücklich, wenn du zwar zwei Lampen verbaust, aber es trotzdem nicht heller wird. Das sollte doch irgendwie auch besser gehen.

Experiment

≫ Der Schaltplan zeigt dir, wie die nächste Schaltung aussieht:

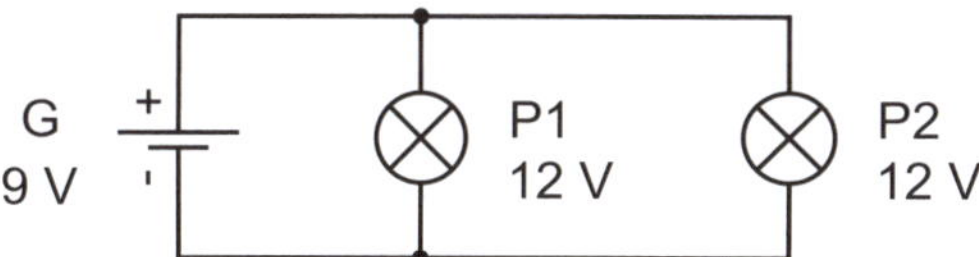

≫ Auch wenn das ähnlich aussieht wie bisher, so gibt es einen Unterschied. Damit du keinen Fehler machst, wenn du nur den bisherigen Aufbau änderst, entferne zuerst alle Bauteile aus deinem Steckboard und fange dann neu an.

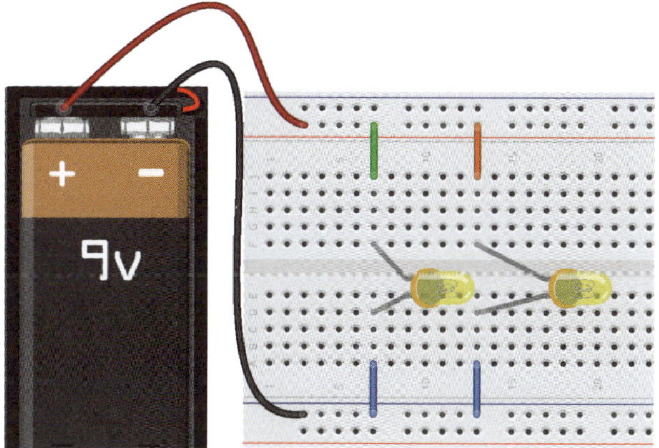

Dass eine Drahtbrücke diesmal orange und eine grün ist, ist erst einmal egal und ändert an der Funktion nichts.

Es gibt viele Möglichkeiten, wie du die Bauteile anordnen kannst. Am Ende dieses Kapitels gibt es eine Frage, bei der du dir verschiedene Aufbauten anschauen kannst, um den falschen herauszufinden. Vielleicht findest du da auch die Variante, die du zusammengesteckt hast.

≫ Wenn du die Batterie als Letztes anschließt, sollten beide Lämpchen leuchten. Wie hell sind sie?

Obwohl sich die Schaltung kaum von der anderen zu unterscheiden scheint, ist das Ergebnis anders: Beide Lampen leuchten hell. Um zu verstehen, wieso das so ist, müssen wir wieder zum Multimeter greifen und die zwei wichtigsten Kenngrößen ermitteln: Strom und Spannung. Beginnen wir diesmal mit der Spannung:

Die Spannung in der Parallelschaltung

Experiment

- Miss die Spannung an den drei Stellen, die in der nachfolgenden Skizze eingezeichnet sind, und trage die Werte in die Tabelle ein. Wie immer stehen auch schon die Werte drin, die im Musteraufbau gemessen wurden.

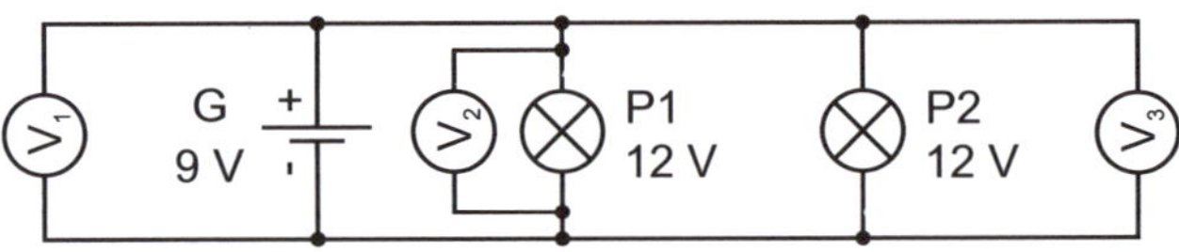

Messpunkt	Spannung von dir gemessen [V]	Spannung im Musteraufbau
V_1		6,7 V
V_2		6,7 V
V_3		6,7 V

So wie der Schaltplan hier gezeichnet wurde, würde man ihn eigentlich nicht darstellen. Die Anschlüsse von Messgerät V_2 sind etwas umständlich gezeichnet. Auf die Weise wird aber deutlicher, woran du die Messspitzen des Multimeters halten kannst: an die Anschlussbeine der Lampen beziehungsweise der Batterie.

Es handelt sich hier um eine **Parallelschaltung**. Die beiden Lampen sind parallel zueinander angeschlossen. Das bedeutet, dass die gleichen Anschlüsse sich alle zusammen in einem Punkt berühren. Im Schaltplan (ohne die eingezeichneten Messgeräte) ist das auch zu sehen: Die Anschlüsse der Batterie und die der Lampen treffen sich in je einem einzigen Punkt, der normalerweise schwarz ist, hier aber grün hervorgehoben ist:

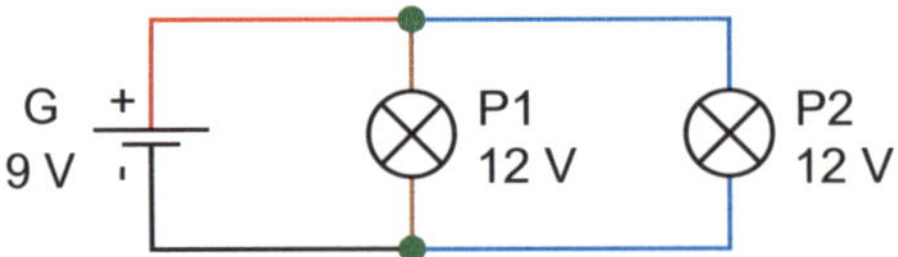

In der Parallelschaltung treffen sich die Bauteilanschlüsse in einem Punkt.

Bei einer Lampe (und einigen anderen Bauteilen auch) ist es egal, wie herum sie angeschlossen werden. Beide Anschlüsse sind gleichwertig und werden deshalb nicht unterschieden. Trotzdem kannst du dir vorstellen, dass die beiden Lampen vor dir auf dem Tisch liegen. Dann gibt es ein linkes und ein rechtes Anschlussbeinchen. Bei der Parallelschaltung werden die beiden linken Anschlüsse miteinander verbunden und die beiden rechten miteinander.

Es können beliebig viele Bauteile parallel zueinander angeschlossen werden. Weil die Batterie durch die beiden Lampen belastet wird, liegt die gemessene Spannung deutlich unter der Leerlaufspannung einer 9-Volt Batterie ohne angeschlossene Bauteile. Das muss uns aber nicht weiter interessieren. **Die Spannung ist in einer Parallelschaltung überall gleich groß.**

Anstatt also dreimal die Spannung zu messen, hätte einmal gereicht. An welchem der parallel geschalteten Bauteile du das machst, ist egal.

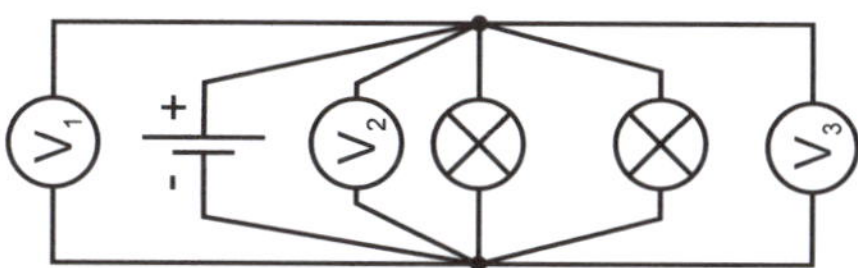

Wird der Schaltplan etwas untypisch gezeichnet, siehst du deutlich, dass sich bei der Parallelschaltung alle Anschlüsse (auch die der Voltmeter) in nur zwei Punkten treffen.

Der Strom in der Parallelschaltung

Auf der Suche nach einer Antwort, warum bei der Parallelschaltung die Lampen heller leuchten als bei der Reihenschaltung, müssen wir dem Stromfluss auf die Schliche kommen. Vielleicht hast du ja auch schon eine Vermutung – mal sehen, ob sie stimmt.

Experiment

- Für die Strommessung muss das Amperemeter in die Leitung eingebaut werden. Der Schaltplan zeigt, an welchen drei Stellen nacheinander gemessen werden soll.

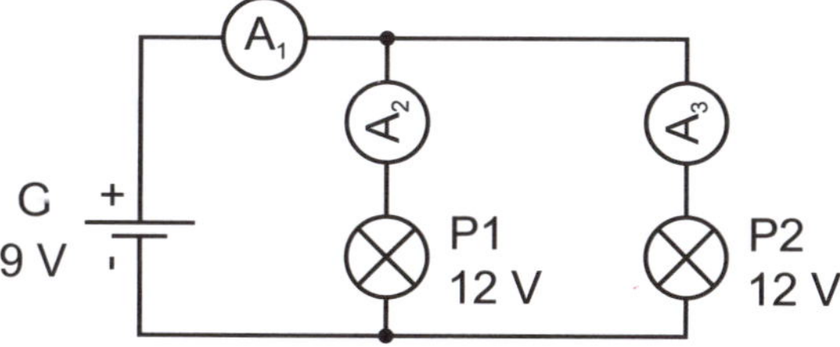

- In der Steckboardgrafik am Anfang des Kapitels sind zwei der Drahtbrücken nicht blau. Wenn du nacheinander je eine davon entfernst, kannst du an ihrer Stelle das Amperemeter einsetzen und so A_2 und A_3 bestimmen.
- Um A_1 zu messen, ist es am einfachsten, wenn du die Batteriezuleitung abziehst und dann dazwischen das Multimeter einbaust.

Messpunkt	Strom von dir gemessen [mA]	Strom im Musteraufbau
A_1		194 mA
A_2		96 mA
A_3		98 mA

Bei dir wirst du vermutlich wie immer abweichende Messwerte bekommen. Das liegt vor allem an den benutzten Lampentypen und ihren technischen Daten. Aber egal, wie die Werte lauten, das Ergebnis wird das gleiche sein: So wie sich bei der Reihenschaltung die Spannungen addieren, verhält es sich bei der Parallelschaltung mit dem Strom. A_1 ist der Strom, der insgesamt fließt. A_2 und A_3 sind die Teilströme, die durch die zwei Zweige mit den Lampen P1 beziehungsweise P2 fließen. **In der Parallelschaltung addieren sich die Teilströme zum Gesamtstrom.**

Auch Batterien lassen sich verbinden

Aus den bisherigen Experimenten hast du gelernt, dass eine Batterie nicht in der Lage ist, mehr als die angegebene Spannung zu liefern. Für eine Reihenschaltung der Lampen hätte sich die Batteriespannung verdoppeln müssen, damit die zwei Lampen genau so hell leuchten wie nur eine. Als du die Lampen parallel zueinander geschaltet hast, reichte die Spannung aus der Batterie aus. Dafür musste die Batterie einen größeren Strom liefern, als wenn nur eine Lampe betrieben wird oder wenn diese in Reihe geschaltet sind. Es war für die Batterie gar kein Problem, diesen höheren Strom zu liefern, denn die beiden Lampen leuchteten schön hell. Würdest du die Lampen aber einige Stunden leuchten lassen, würde die Batterie natürlich langsam leer werden und die Lampen leuchten immer schwächer. Das kennst du von jeder Taschenlampe.

Das leistet deine Batterie

Da fragt man sich doch, wie viel Strom kann so eine Batterie überhaupt liefern? Interessanterweise wird das bei den meisten Batterien gar nicht angegeben. Dabei gibt es durchaus Unterschiede. Oft steht man im Laden und fragt sich, ob man nun die billigen aus dem Angebot nehmen soll oder besser die teuren Markenbatterien. Vielleicht hast du schon mal gehört, dass jemand behauptete, Zink-Kohle-Batterien seien schlechter als Alkali-Mangan oder gar Lithium. Das stimmt, doch inwiefern unterscheiden die sich?

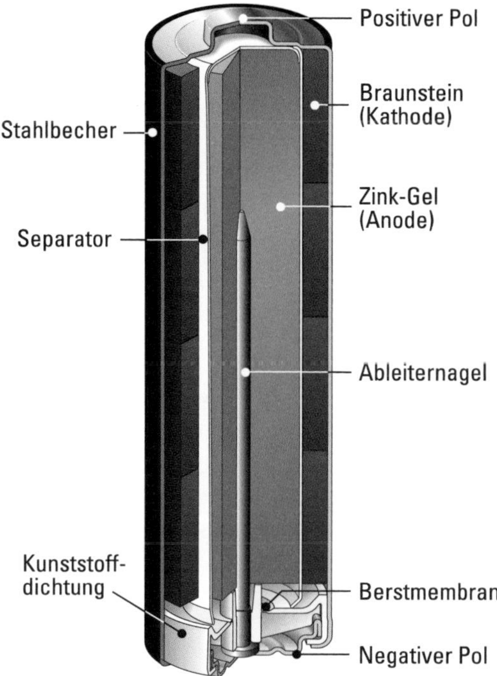

Querschnitt einer Alkali-Mangan-Batterie. Mit freundlicher Genehmigung von VARTA Consumer Batteries GmbH & Co. KGaA

Grundsätzlich wird die Fähigkeit einer Batterie, elektrische Ladung zu speichern, als **Kapazität** bezeichnet. Die Nennkapazität gibt an, wie viel Ampere die Batterie wie lange abgeben kann. Gemessen wird die Kapazität in der Einheit Amperestunden, was mit dem Einheitenzeichen Ah abgekürzt wird. 1 Ah bedeutet, dass die Batterie ein Ampere eine Stunde lang abgeben kann. Die gleiche Batterie könnte auch 2 Stunden 0,5 A liefern oder eine halbe Stunde 2 A und so weiter.

Die kleinen Batterien, wie du sie im Haushalt benutzt, können zwischen 0,2 Ah und 16 Ah liefern. Im Einzelnen hängt das von der Größe der Batterie ab und welche Metalle für die galvanischen Zellen benutzt werden. Der 9-Volt-Block, den wir verwenden, gehört zu den Batterien, die am wenigsten Kapazität haben, dafür aber eben eine höhere Spannung. Eine

Starterbatterie aus dem Auto leistet bei 12 V meistens 60 Ah oder bis zu 120 Ah.

Batterietyp	Zink-Kohle	Alkali-Magnan
9-Volt-Block	190...330 mAh	500...600 mAh
Mono	6 Ah	18 Ah
Baby	4 Ah	8 Ah
Mignon	1,2 Ah	2,3 Ah
Micro	500 mAh	1,2 Ah

Ausgehend von den gemessenen 194 mA Strombedarf für die Parallelschaltung der zwei Glühlampen im vorherigen Experiment hält der 9-Volt-Block aus Zink-Kohle-Material also gerade mal knapp eine Stunde bis eineinhalb Stunden.

Wenn du mehr Spannung brauchst

So, wie du die Lämpchen in Reihe und parallel geschaltet hast, kannst du auch mit Batterien und anderen Spannungsquellen vorgehen. Je nachdem, wie du die Batterien verbindest, ergeben sich dann neue Leistungswerte. Am häufigsten benötigt man eine höhere Spannung, als aus einer einzelnen Batterie kommt.

Wenn du das Batteriefach einer Fernbedienung für den Fernseher öffnest, wirst du dort meistens mindestens zwei Batterien sehen.

Die Batterien sind fast immer in Reihe geschaltet: Der Pluspol der einen Batterie ist mit dem Minuspol der nächsten verbunden. Als Schaltzeichen wird oft das Batteriesymbol mehrfach nebeneinander gezeichnet. Das ist aber eigentlich nicht notwendig, denn wenn man neben das normale Batteriesymbol die Spannung schreibt, dann ist es egal, wie diese erreicht wurde.

Experiment

- Nimm dir zwei Mignon-Batterien (oder zwei andere runde Batterie vom gleichen Typ) und miss bei beiden, wie viel Spannung sie einzeln abgeben.
- Lege die zwei Batterien so hintereinander, dass der Pluspol der einen den Minuspol der zweiten Batterie berührt.
- Miss die Spannung an den beiden Enden deiner Batteriereihe. Wenn du die beiden Batterien mit den Messspitzen des Multimeters leicht zusammendrückst, wird der etwas wackelige Aufbau ausreichen, um die Spannung zu messen.

Spannungsmessung an zwei Mignon-Batterien in Reihe

- Nimm dir zwei 9-Volt-Batterien und miss wieder erst einmal für jede einzelne die Spannung an den Anschlüssen.
- Verbinde die zwei 9-Volt-Blöcke mit einer Krokoklemme. Auch hier wieder den einen Pluspol mit dem anderen Minuspol.
- Miss auch hier die Spannung an den beiden Enden der Reihe.

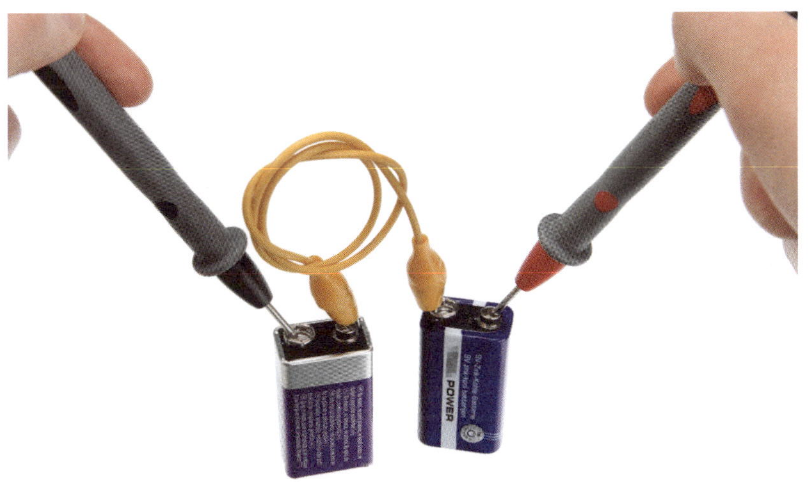

Zwei 9-Volt-Batterien in Reihe geschaltet

Batterie	Spannung von dir gemessen [V]	Spannung im Musteraufbau
Mignon 1		1,6 V
Mignon 2		1,5 V
Reihenschaltung Mignon 1 + Mignon 2		3,1 V
9-Volt-Block 1		8,6 V
9-Volt-Block 2		8,7 V
Reihenschaltung 9-Volt-Blöcke		17,3 V

Wie du siehst, addieren sich die die Teilspannungen der einzelnen Batterien bei der Reihenschaltung. Wenn du dir noch einmal die Gesetzmäßigkeiten der Reihenschaltung anschaust, ist das eigentlich auch logisch: Die Spannungen an den beiden Lampen addierten sich zu der Gesamtspannung. Bei den Batterien ist es nur im Grunde umgekehrt: Anstatt die Spannung zu »verbrauchen«, wird sie abgegeben.

Für Elektroniker gibt es spezielle Batteriefächer, in die man zwei, drei vier und mehr Zellen einsetzen kann und die dann intern in Reihe verbunden sind, sodass am Ausgang eine entsprechend aufaddierte Spannung rauskommt.

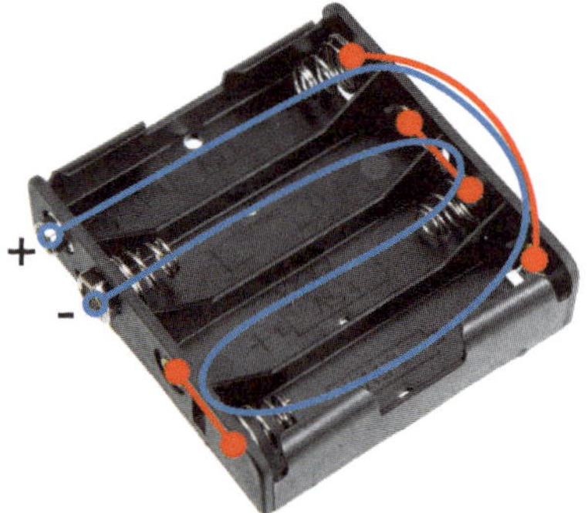

Orange sind die internen Drahtverbindungen des Batteriehalters hervorgehoben. Die blaue Linie zeigt dir, wie die vier Batterien in Reihe liegen beziehungsweise wie dann der Strom durch die Batterien fließt.

Mehr Kapazität

Neben der Reihenschaltung können Batterien natürlich auch in einer Parallelschaltung betrieben werden. Dazu werden alle Minus- und alle Pluspole der Batterien, die unbedingt vom gleichen Typ sein sollten, miteinander verbunden.

Wie bei der Parallelschaltung von Bauteilen bleibt dabei die Spannung gleich, aber die Kapazität erhöht sich entsprechend der Summe der einzelnen Kapazitäten. Wenn eine einzelne Batterie beispielsweise 800 mAh liefert, dann bekommst du bei zwei parallel betriebenen Batterien 1,6 Ah und so weiter.

In der Praxis werden dir parallel geschaltete Batterien nur sehr selten begegnen. Die Kapazität ist meistens nicht das Problem, denn verglichen mit ihrer Baugröße liefern Batterien schon recht viel Strom.

Kirchhoff sagt: Was reingeht, muss auch wieder raus

Du hast jetzt die Reihen- und die Parallelschaltung kennengelernt. Um es auf die Spitze zu treiben, fehlt nur noch eins: die Kombination aus beiden Schaltungen.

Experiment

≫ Der Schaltplan zeigt dir die Schaltung, die es nun aufzubauen gilt.

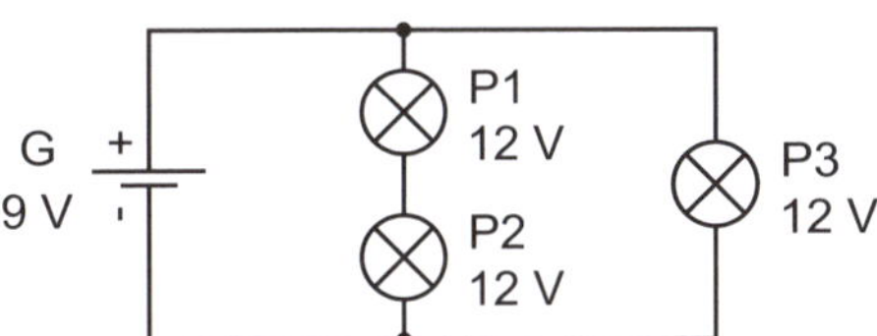

Eine gemischte Schaltung aus Parallel- und Reihenschaltung

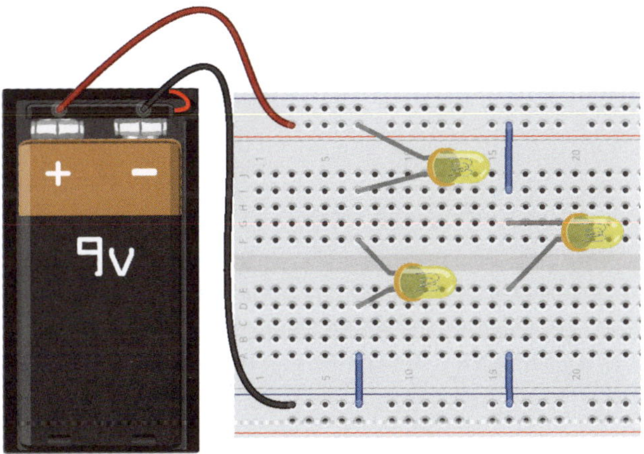

Breadboardansicht passend zum Schaltplan

- Die zwei Lampen P1 und P2 leuchten gleich hell, aber schwächer als P3.
- Jetzt wird es aufwendig: Miss alle Spannungen und Ströme. Im Schaltplan wurden die Messgeräte eingezeichnet. Führe alle Messungen nacheinander durch und notiere dir die Werte.

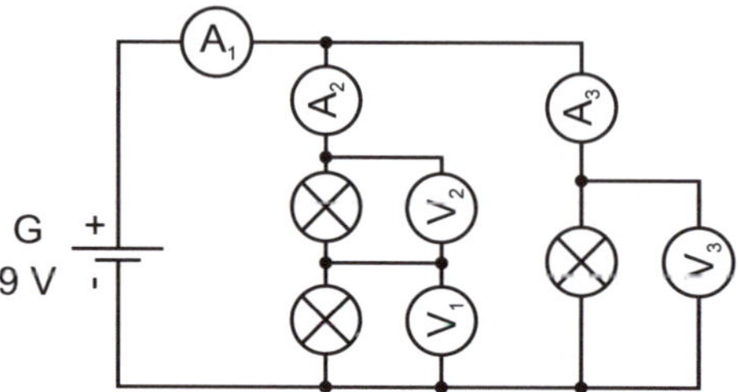

Messpunkt	von dir gemessen	Musteraufbau
A_1		102 mA
A_2		26 mA
A_3		76 mA
V_1		3,8 V
V_2		3,7 V
V_3		7,5 V

Werfen wir zuerst einen Blick auf die Ströme: A_1 ist der Gesamtstrom und bei der Parallelschaltung teilt sich der Gesamtstrom auf. Die Werte für A_2 und A_3 ergeben addiert den Wert von A_1.

Mit den Spannungen ist es ähnlich: V_3 ist die Gesamtspannung aus der Batterie, denn die Lampe P_3 ist parallel zur Batterie angeschlossen. Die Spannungen in einer Reihenschaltung addieren sich zur Gesamtspannung: $V_3 = V_1 + V_2$.

1. Kirchhoff'sches Gesetz: Knotenregel

Der deutsche Physiker Gustav Robert Kirchhoff erfand 1845 zwei Regeln, mit denen die Abhängigkeiten von Stromfluss und Spannungen in einer Schaltung beschrieben werden. Die meisten Schaltungen sind viel komplizierter als die hier gezeigten. Um sie zu verstehen und zu berechnen, müssen sie entwirrt und in kleine Teilschaltungen zerlegt werden. Damit man dabei keine Werte vergisst, gibt es die beiden Regeln. Wenn du sie richtig anwendest, kannst du sicher sein, dass dir kein Wert durch die Lappen gegangen ist. Strom kann nicht verloren gehen.

Das erste Kirchhoff'sche Gesetz lautet: *In einem Knotenpunkt eines elektrischen Netzwerkes ist die Summe der zufließenden Ströme gleich der Summe der abfließenden Ströme.*

Um die Knotenregel anzuwenden, zeichnet man in einen Schaltplan alle Ströme, die in einen Knoten hinein- und hinausfließen. Weil du dich schon so gut mit Schaltplänen auskennst, ist es ganz einfach, die Knoten zu erkennen: Das sind nämlich genau die Stellen, an denen im Schaltplan ein schwarzer Punkt eingezeichnet wird, weil sich mehr als zwei Bauteile oder Leitungen treffen.

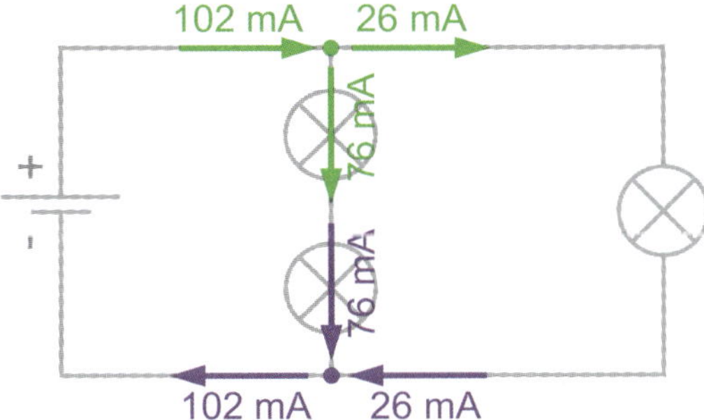

Strompfeile für zwei Knoten

1. An jede Leitung eines Knotens wird ein Pfeil gezeichnet, der die (technische) Stromrichtung angibt.
2. An jeden Strompfeil wird der jeweilige Wert für den Strom geschrieben.
3. Alle Werte, bei denen der Pfeil auf den Knoten hinzeigt, werden addiert.
4. Ebenso werden alle Werte addiert, bei denen der Pfeil vom Knoten wegweist.
5. Beide Werte müssen gleich sein, dann ist die Regel erfüllt.

Für die gemischte Schaltung wurden die Strompfeile in den zwei Knoten eingezeichnet. Es wird immer nur ein Knoten betrachtet. Nimmst du beispielsweise den lila Knoten, dann gibt es einen Pfeil, der vom Knoten wegweist (102 mA), und zwei, die auf ihn hinzeigen. Die Summe der beiden Werte dieser Pfeile ist 102 mA (76 mA + 26 mA) und weil dies dem Wert entspricht, der vom Knoten wegfließt, ist für diesen Knoten die erste Kirchhoff'sche Regel erfüllt. Für den grünen Knoten gilt dasselbe.

2. Kirchhoff'sches Gesetz: Maschenregel

Die zweite Regel betrachtet die Spannungen in einer Teilschaltung.

Das zweite Kirchhoff'sche Gesetz lautet: *Alle Teilspannungen eines Umlaufs beziehungsweise einer Masche in einem elektrischen Netzwerk addieren sich zu null.*

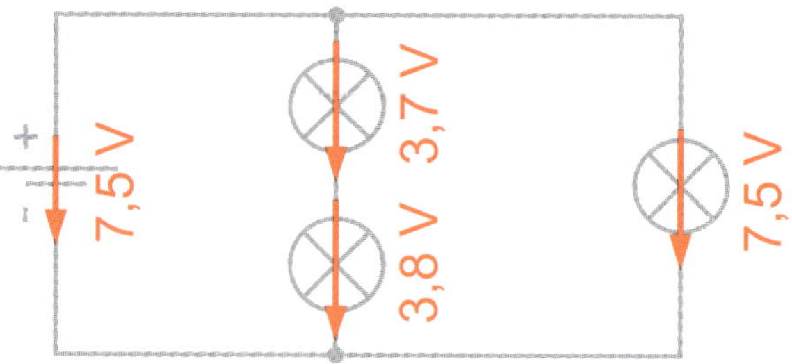

Spannungspfeile für alle Bauteile

1. An jedes Bauteil ist ein Spannungspfeil gezeichnet. Dieser weist immer vom Pluspol zum Minuspol.

Bei den Pfeilen ist nur wichtig, wo das Bauteil seinen Plus- und seinen Minuspol hat, wie also der Strom durch das Bauteil fließt. Bei Batterien ist das etwas verwirrend, weil der Pfeil dann auf den ersten Blick entgegen der (normalerweise benutzten, technischen) Stromrichtung weist. Aber der Strom fließt von Plus nach Minus, also wird der Pfeil auch von Plus nach Minus gezeichnet.

2. Jeder Pfeil wird mit der Spannung beschriftet, die über diesem Bauteil abfällt.
3. Folgt man jetzt einem Umlauf, dann werden alle Werte addiert, bei denen man zuerst auf das Pfeilende trifft.
4. Trifft man zuerst auf die Pfeilspitze, wird der entsprechende Wert vom Ergebnis subtrahiert.
5. Am Startpunkt wieder angekommen, muss das Ergebnis null sein.

Eine Masche oder ein Umlauf ist der Pfad, den du zurücklegst, wenn du mit dem Finger einer Linie im Stromlaufplan folgst und an jeder Abzweigung oder Kreuzung immer in die gleiche Richtung abbiegst. Es ist egal, wo du anfängst und wie herum du dich bewegst.

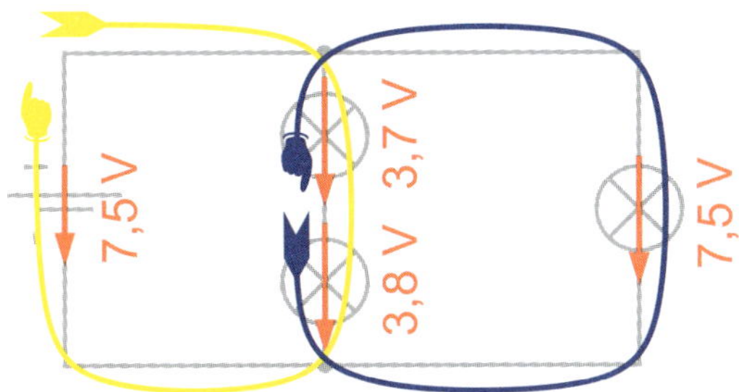

Zwei Beispiele für mögliche Umläufe

Wie du in der Abbildung siehst, kannst du einen Umlauf ganz beliebig abhalten. Du beginnst an einer Stelle und bewegst dich dann vorwärts. Sobald du einen Knoten erreichst, biegst du immer in die gleiche Richtung ab, für die du dich entscheiden kannst: immer nach rechts oder immer nach links. Wenn du am Anfangspunkt wieder angekommen bist, ist der Umlauf beendet. Je nachdem, wie du dabei auf die Spannungspfeile triffst, addierst oder subtrahierst du die Werte. Wenn das Ergebnis null ist, hast du alle Spannungen richtig zusammengerechnet.

$$\textit{gelber Umlauf}: +3{,}7 + 3{,}8 - 7{,}5 = 0$$
$$\textit{blauer Umlauf}: +3{,}8 - 7{,}5 + 3{,}7 = 0$$

Zusammenfassung

Du hast deinen eigenen Morsecodesender gebaut und auch die zwei wichtigen Schaltungsvarianten kennengelernt: die Reihen- und die Parallelschaltung. Erstere wird manchmal auch Serienschaltung genannt. Kombiniert man die beiden Anordnungen, ergibt sich eine gemischte Schaltung, die schon etwas unübersichtlich sein kann. Je nachdem, welche Schaltung zum Einsatz kommt, verhalten sich die Spannungen und die Ströme zueinander anders. Bei der Reihenschaltung ist der Strom überall gleich und die Spannungen addieren sich. Bei der Parallelschaltung ist es genau anders herum. Mit den zwei Regeln von Kirchhoff kannst du die Ströme und die Spannungen in einer Teilschaltung unter die Lupe nehmen und berechnen.

Ein paar Fragen ...

1. Was haben eine (billige) Weihnachtsbaumbeleuchtung und eine Reihenschaltung oft gemeinsam?

2. Welche der gezeigten Schaltungen ist keine Parallelschaltung von zwei Lampen?

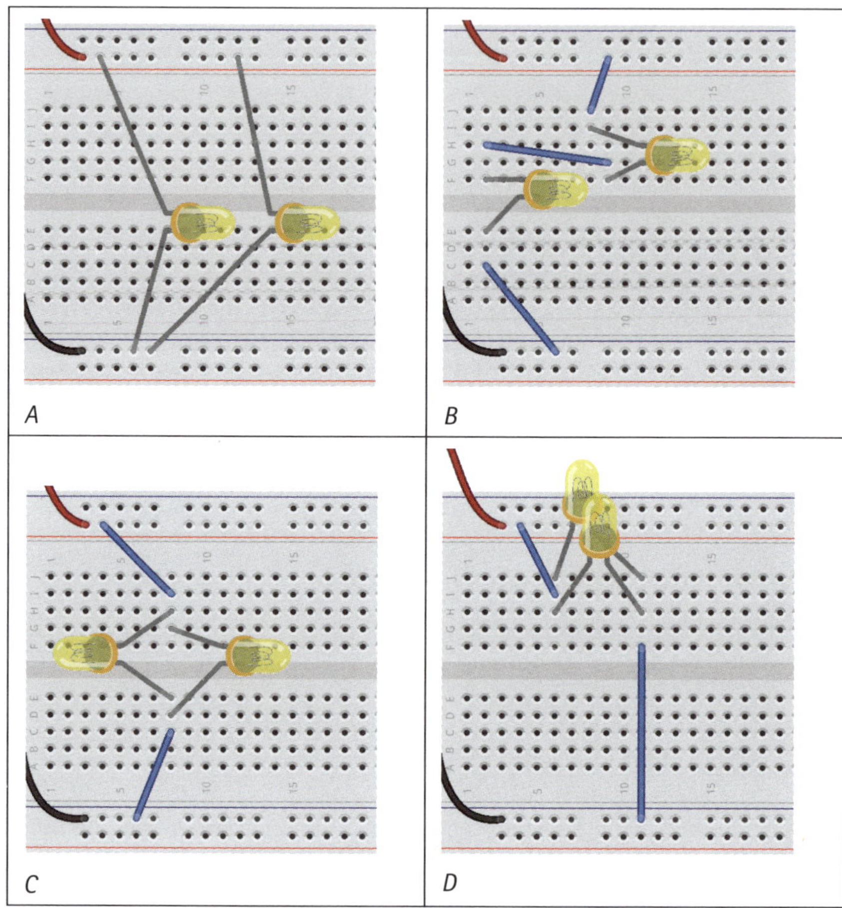

3. Wie hell leuchten die Lampen in den vier Aufbauten aus Aufgabe 2?
4. Welche Spannung liefert ein Batteriefach mit zwei in Reihe geschalteten Mignon-Batterien und eins mit drei?

5. Auf wie viele Arten können zwei Bauteile (z. B. Batterien oder Lampen) zueinander verschaltet werden und wie heißen diese Schaltungen?

... und ein paar Aufgaben

1. Erstelle die abgebildete Schaltung auf deinem Steckbrett. Welche Taster musst du drücken, damit die Lampe aufleuchtet?

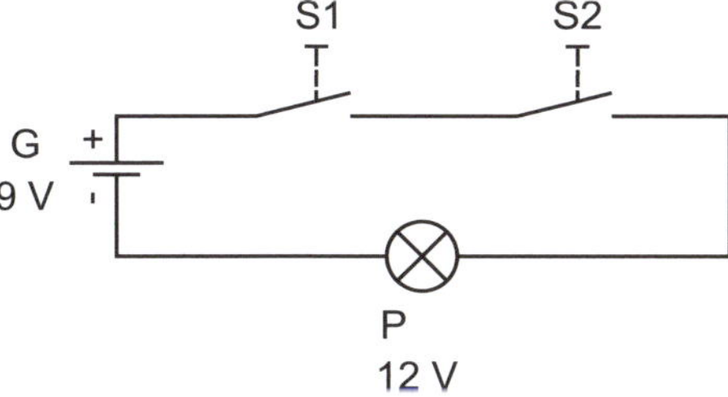

2. Es handelt sich um eine Reihenschaltung von zwei Tastern oder Schaltern. Du musst S1 **und** S2 gleichzeitig drücken, um den Stromkreis zu schließen und die Lampe zum Leuchten zu bringen. Deshalb nennt man dies auch eine **Und-Schaltung**.

3. Kannst du die abgebildete Schaltung mit zwei Tastern und einer Lampe nachbauen und einen Schaltplan erstellen? Bei den Lösungen findest du einen Vorschlag, wenn du deinen fertig gezeichnet hast.

4. Welche Taster musst du diesmal drücken, um die Lampe zum Leuchten zu bringen?

5. Es genügt, den einen **oder** den anderen Taster zu drücken. Deshalb wird diese Parallelschaltung von Tastern eine **Oder-Schaltung** genannt.

6. In der Abbildung wurde bei einem Strompfeil die Beschriftung und die Pfeilrichtung vergessen. Ergänze den fehlenden Wert. Bei den Lösungen am Ende findest du die Erklärung, falls du dir nicht sicher bist.

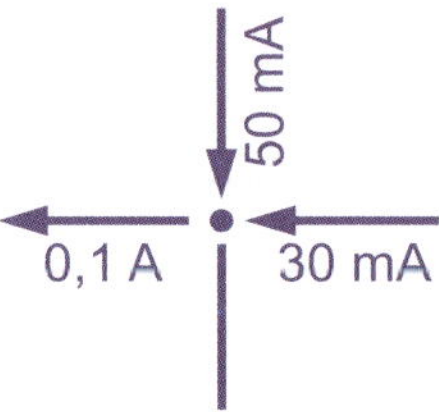

7. Und schon wieder wurde was vergessen: Ein Spannungspfeil ist diesmal nicht komplett. Bitte zeichne den fehlenden Wert und die Pfeilspitze ein.

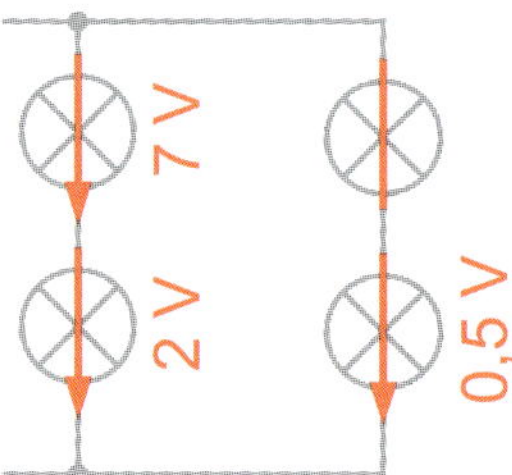

4

Widerstand zwecklos

In diesem Kapitel lernst du:

- wozu Widerstände benötigt werden
- welche Formen von Widerständen es gibt
- wie du deine Schaltung schützen kannst
- das wichtigste Elektroniker-Gesetz kennen
- was dir bunte Farbringe über einen Widerstand verraten

Der elektrische Widerstand gehört zu den wichtigsten Bauteilen überhaupt, und weil wohl keine Schaltung ohne auskommt, sind wir auf jeden Fall beim richtigen Thema.

Noch ein alter Knabe: Ohm

Georg Simon Ohm

Widerstände stellen dem Strom, wie der Name schon vermuten lässt, einen Widerstand entgegen. Vereinfacht ausgedrückt, frisst der Widerstand einfach nur Strom. Stell dir einen Fluss vor, in dem ein großer Felsen liegt. Eigentlich ist der Felsen total überflüssig und hindert den Fluss lediglich daran, schön gemütlich dahinzufließen. Auf den ersten Blick macht auch ein Widerstand nichts

Sinnvolles: Er »verbraucht« Strom. Komplizierter, aber dafür technisch korrekt ausgedrückt, ist der elektrische Widerstand ein Maß dafür, welche Spannung erforderlich ist, um eine bestimmte Stromstärke durch einen elektrischen Leiter fließen zu lassen. Entdeckt hat das der abgebildete deutsche Physiker Georg Simon Ohm, nach dem die Maßeinheit auch benannt ist. Als Einheitenzeichen wird das große griechische Omega benutzt: Ω.

Ω Ω Ω Ω Ω Ω Ω

Je nach Schriftart sieht das Omega immer ein wenig anders aus.

Am Anfang wird es ein wenig schwierig sein, das Omegazeichen zu schreiben, da es ungewohnt ist. Aber du wirst es so oft benötigen, dass es dir mit der Zeit leichter fallen wird. Gesprochen wird es als »Ohm«, wenn es für einen Widerstandswert benutzt wird. Also zum Beispiel »siebenundvierzig Ohm«, wenn da 47 Ω steht.

Das Geheimnis hinter den Farbringen

Du hast schon mit Widerständen gearbeitet. Als du die galvanischen Zellen ausprobiert hast, war eine Aufgabe, verschiedene Leiter und Nichtleiter auszuprobieren. Alle von dir benutzten Leiter waren auch immer Widerstände. Jeder Leiter stellt dem Strom einen elektrischen Widerstand entgegen. Bei manchen Gegenständen war der Widerstand sehr hoch bis unendlich, bei anderen ist er verschwindend gering. Wasser bildete einen großen Widerstand. Als du im Wasser Salz aufgelöst hattest, hast du den Widerstand verringert und die Lampe leuchtete. Auch ein Kupferdraht stellt einen Widerstand dar. Bei den kurzen Stücken, die du bisher benutzt hast, kann man das kaum merken. Würdest du aber eine große Rolle Kupferkabel haben, auf der mehrere Kilometer Draht sind, dann würde deine Batterie nicht mehr ausreichen, um am anderen Ende eine Glühlampe zum Leuchten zu bringen.

Hast du das Experiment mit den Bleistiften ausgeführt? Je nach Härte der Mine leuchtete die Lampe unterschiedlich hell. Das kam einem echten Widerstand schon recht nahe. Es ist nur etwas unpraktisch, immer einen Bleistift auf zwei Seiten anzuspitzen, wenn man einen Widerstand braucht. Also gibt es fertige Widerstände mit praktischen Anschlüssen.

Die gängigsten Widerstände bestehen aus Kohleschichten oder Metallfilmen auf einem Keramikträger und sind auch von einer Keramikhülle umgeben. Üblicherweise ist die Hülle heute grau-braun oder blau eingefärbt, um zu erkennen, woraus der Widerstand gefertigt wurde. Kohleschichtwiderstände sind grau-braun und Metallfilmwiderstände sind blau.

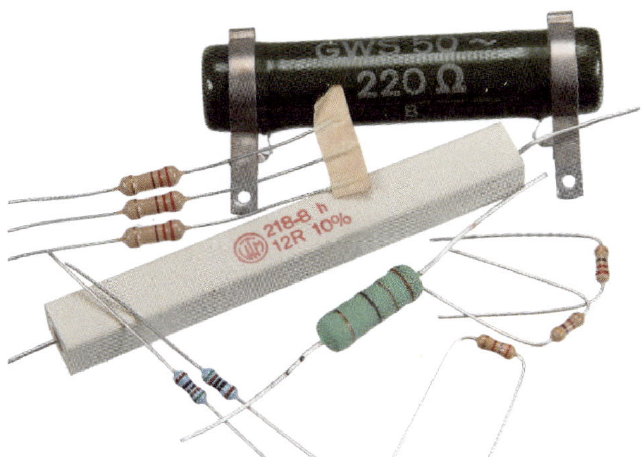

Verschiedene Widerstände: Der dicke grüne und der graue mit dem quadratischen Zementmantel sind Hochlastwiderstände. Die wirst du eher nicht benötigen. Die kleinen blauen sind Metallfilmwiderstände und die braunen Kohleschichtwiderstände, wie du sie benutzen wirst.

Es ist recht mühsam, auf einen kleinen runden Gegenstand eine Zahl aufzudrucken. Auch kann die dann eventuell nicht gelesen werden, wenn man beim Einbau die Zahl nach unten gedreht hat, oder man bräuchte eine Lupe. Aus diesem Grund werden nur besonders große Widerstände direkt mit dem Widerstandswert bedruckt. Bei kleinen Bauformen gibt es einen Code aus vier oder fünf farbigen Ringen, die Auskunft über den Widerstandswert geben.

Ein typischer Kohleschichtwiderstand mit den Farbringen Braun-Grün-Orange-Gold, was für einen Wert von 15.000 Ω (15 kΩ) steht. Die Toleranz ist mit 5 % angegeben.

Experiment

Mit deinem Multimeter kannst du vermutlich auch Widerstände messen. Dazu ist nicht einmal eine Schaltung notwendig.

- Nimm dir aus deinem Widerstandssortiment einen beliebigen heraus.
- Wähle am Multimeter den Widerstandsmessbereich, der mit einem Omega gekennzeichnet sein dürfte. Da du nichts über die Größe des Widerstandes weißt, wähle zuerst den größten Messbereich.

- Die Messkabel müssen in die Buchse COM und in die (rote), die ebenfalls mit einem Ω-Zeichen markiert ist.
- Klemme den Widerstand zusammen mit den Messspitzen zwischen deine Daumen und Zeigefinger. Es ist egal, welche Messleitung an welche Anschlussseite gehalten wird.
- Du kannst einen Wert ablesen. Wenn der Wert kleiner ist als der nächstkleinere Messbereichswert, kannst du dein Multimeter in diesen kleineren Bereich umschalten.

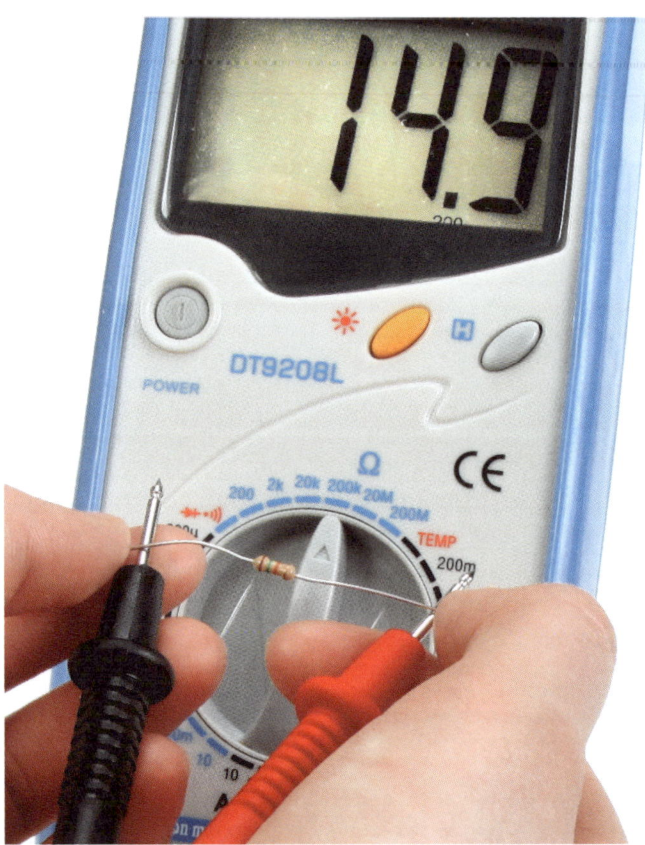

Der Messbereich steht bei »200k«, was bedeutet, dass der (bereits zuvor gezeigte) Widerstand einen tatsächlichen Wert von 14,9 kΩ hat, obwohl er laut Farbcode 15 kΩ haben soll. Trotzdem liegt der gemessene Wert im Toleranzbereich (Gold: ± 5 %).

Der Farbcode ist eigentlich recht einfach: Jede Farbe steht für eine bestimmte Zahl. Damit man sich die Reihenfolge der Farben leicht merken kann, sind sie wie in einem Regenbogen angeordnet (mal abgesehen davon, dass es einige Farben wie Gold im Regenbogen nicht gibt und dass Schwarz und Weiß streng genommen keine Farben sind).

Farbe	1. Ring	2. Ring	3. Ring Zahl der Nullen	4. Ring Toleranz
Schwarz	0	0	keine Null	
Braun	1	1	0	± 1 %
Rot	2	2	00	± 2 %
Orange	3	3	000	
Gelb	4	4	0.000	
Grün	5	5	00.000	± 0,5 %
Blau	6	6	000.000	± 0,25 %
Violett	7	7	0.000.000	± 0,1 %
Grau	8	8	00.000.000	± 0,05 %
Weiß	9	9	000.000.000	
Gold				± 5 %
Silber				± 10 %
ohne				± 20 %

1. Um einen Widerstandswert zu ermitteln, legst du den Widerstand vor dich. Der Farbring an einem Ende hat einen größeren Abstand zu den anderen Ringen als diese zueinander.

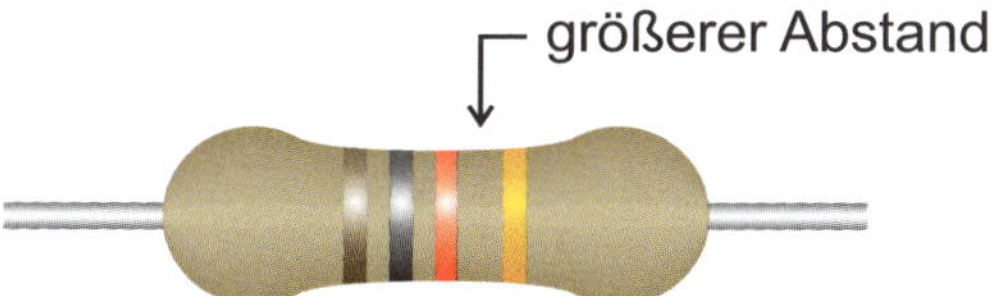

Kohleschichtwiderstand

2. Drehe den Widerstand so, dass dieser Ring rechts liegt.
3. Notiere dir nacheinander von links nach rechts die drei Zahlenwerte, für die die farbigen Ringe stehen. Braun: 1, Schwarz: 0, Rot: 2 beziehungsweise zwei Nullen.
4. Schreibe die drei Zahlen hintereinander. Der dritte Ring gibt an, wie viele Nullen nach den ersten zwei Zahlen kommen. Rot steht für eine 2, es folgen also zwei Nullen: 1-0-00.
5. Die Bindestriche kannst du natürlich gleich weglassen. Der Wert lautet also: 1000 – etwas leserlicher geschrieben: 1.000.

So wie bei allen Maßeinheiten auch, werden auch Widerstandswerte nicht mit ellenlangen Reihen von Nullen geschrieben, sondern es gibt Kiloohm (kΩ) und Megaohm (MΩ). Theoretisch auch noch größere und kleinere Werte, die sind aber in der Praxis kaum anzutreffen.

6. Der letzte Ring gibt an, wie genau der Widerstandswert tatsächlich ist. Die meisten Kohleschichtwiderstände haben einen goldenen Ring, der 5 % Genauigkeit bedeutet. Würdest du den Widerstand mit einem Messgerät für Widerstände – einem Ohmmeter – nachmessen, kann es zu einer Toleranz von 5 % kommen. Der tatsächliche Wert kann also etwas kleiner oder größer sein.

Als Elektroniker wirst du keinen Tag ohne Widerstände und die Farbcodes erleben. Wenn du gut auswendig lernen kannst, präge dir die Tabelle ein. Eigentlich brauchst du dir ja nur die Reihenfolge der Farben zu merken. Für alle anderen gibt es praktische kleine Kärtchen mit den Farben oder kleine Lehren mit drei oder vier Drehrädern. Diese nennen sich Widerstandsuhren oder **Vitrohmeter.** Mit den Rädern stellt man die Farben ein und dann kann man den Widerstandswert direkt ablesen. Wenn du nicht auf Old-School stehst: Natürlich gibt es auch entsprechende Apps für Smartphones.

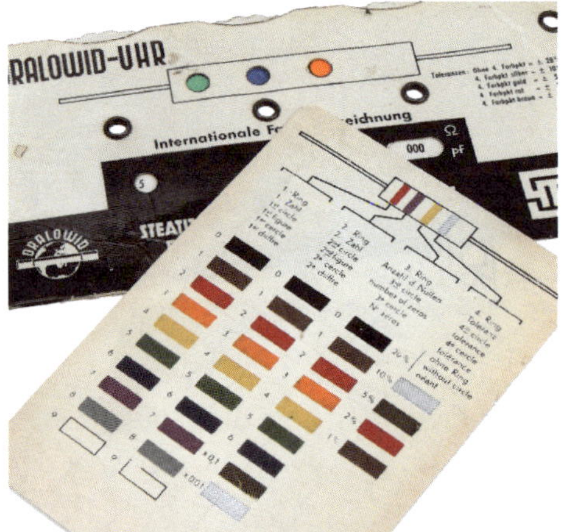

Widerstandsuhr und Merkkarte für die Farbcodes

Ich bin ja echt ein toleranter Typ, aber das mit der Toleranz bei Widerständen habe ich beim ersten Mal nicht verstanden und musste es mir noch mal erklären lassen. Zuerst einmal habe ich verstehen müssen, dass es gar nicht unbedingt jeden Widerstandswert gibt.

Es gibt sogenannte E-Reihen: E3, E6, E12, E24, E48, E96 und E192. Die E12er- und die E24er-Reihe sind die gängigen im Hobbybereich. In der oft genutzten E24-Reihe gibt es nur die Werte 10, 11, 12, 13, 15, 16, 18, 20, 22, 24, 27, 30, 33, 36, 39, 43, 47, 51, 56, 62, 68, 75, 82, 91. Diese werden mit einer Zehnerpotenz multipliziert, sodass beispielsweise die Werte 1,2 Ω, 12 Ω, 120 Ω, 1,2 kΩ usw. existieren. Der letzte Ring gibt die Toleranz an. Meistens wird das Gold, also ± 5 % sein. Wenn du einen Widerstandswert nimmst und ihn mit 1,05 multiplizierst oder durch diesen Wert dividierst, bekommst du den größten und den kleinsten Wert, den dieser Widerstand tatsächlich annehmen kann. Mal ein Beispiel für einen 47-kΩ-Widerstand:

$$R_{max} = 47.000\,\Omega \times 1{,}05 = 49.350\,\Omega$$

$$\mathrm{R}_{min} = \frac{47.000\,\Omega}{1{,}05} \approx 44.762\,\Omega$$

Ein »angeblicher« 47-kΩ-Widerstand kann also irgendeinen Wert zwischen ca. 44,7 kΩ und 49,4 kΩ haben. Das wird als Toleranz oder Genauigkeit bezeichnet: Der Wert muss nicht genau eingehalten werden.

Wenn du dir jetzt die Nenn-Widerstandswerte anschaust, die es in der E24-Reihe tatsächlich gibt, dann wirst du sehen, dass der nächstkleinere Wert 43 (kΩ) ist und der nächstgrößere ist 51 (kΩ). Berechnen wir mal für diese beiden Widerstände noch ihren maximal und minimal möglichen Wert:

$$R43_{max} = 43.000\,\Omega \times 1{,}05 = 45.150\,\Omega$$

$$\mathrm{R51}_{min} = \frac{51.000\,\Omega}{1{,}05} \approx 48.571\,\Omega$$

Aufgrund der Toleranz kann es sein, dass ein Widerstand mit dem Nennwert 43 kΩ tatsächlich einen Wert von etwa 45 kΩ erreicht. Damit überlappt sich sein Wertebereich schon mit dem des nächsten Widerstandswerts: Der 47-kΩ-Widerstand kann nämlich genauso gut »nur« etwa 44,7 kΩ haben. Deshalb gibt es zwischen 43 (kΩ) und 47 (kΩ) keinen weiteren Wert. Und nach oben reicht der Toleranzbereich des 47er-Wertes an den des nächsten Wertes mit 51 heran.

Damit das auch in den anderen E-Reihen funktioniert, ist dort der notwendige Toleranzbereich entsprechend größer (z. B. Silber für 10 %) oder er kann kleiner sein (Rot oder Braun), weil es mehr Abstufungen zwischen den einzelnen Werten gibt.

Metallfilmwiderstände

Früher oder später werden dir blaue Widerstände begegnen, die dann fünf Farbringe haben. Anstatt aus Kohleschichten sind diese aus dünnen Metallfilmen im Inneren aufgebaut. Früher waren diese teurer als die braunen Kohleschichtwiderstände, weshalb sie seltener zu sehen waren. Inzwischen sind sie aber fast gleich teuer, sodass man ihnen öfter begegnet.

Metallfilmwiderstand mit 1,6 Ω (Braun-Blau-Schwarz-Silber) und 1 % Toleranz (Braun)

Aufgrund der Metallfilmtechnik ist es möglich, dass diese Widerstände den gewünschten Nennwert viel besser einhalten. Deshalb haben sie nur eine Toleranz von 2 % (roter Ring) oder gar 1 % (brauner Ring). Weil es auch möglich ist, feinere Abstufungen bei den Werten zu erreichen, wird ein weiterer Farbring benutzt. Der rechte (mit dem größeren Abstand zu den anderen) gibt wie immer die Toleranz an. Die drei linken stehen für die Zahlen. Der vorletzte Ring besagt wie immer, wie viele Nullen es gibt beziehungsweise mit welcher Zehnerpotenz der Zahlenwert multipliziert werden muss.

Metallfilmwiderstand mit fünf Ringen

Der Wert für den abgebildeten Widerstand ergibt sich folgendermaßen: Es handelt sich um einen Widerstand mit 1 % Toleranz, weil rechts ein brauner Ring ist. Die Farben Gelb-Grün-Violett stehen für 4-5-7, also 457. Der goldene Ring gibt an, dass diesmal keine Nullen angehängt werden, sondern mit 0,1 multipliziert wird:

$$R = 457 \times 0{,}1 = 45{,}7\ \Omega$$

Durch den zusätzlichen Farbring werden also vor allem genauere Angaben über den Wert möglich, da jetzt drei Zahlen angegeben werden können.

Widerstand-Schaltzeichen

Das Schaltzeichen für einen Widerstand ist einfach zu zeichnen, da es nur aus einem Rechteck mit zwei Anschlüssen besteht. Damit ist es eins der wenigen Bauteile, das im Schaltplan ziemlich genau so aussieht wie in echt.

Schaltzeichen für einen Widerstand

Beschriftet wird das Symbol mit einem »R« (im Englischen heißt Widerstand »resistor«, daher das »R«) und dem Wert für den Widerstand in Ohm. Im amerikanischen Raum wird ein anderes Symbol benutzt.

Anglo-amerikanisches Schaltbild für einen Widerstand

Das Symbol erinnert daran, wie früher Widerstände hergestellt wurden: Ein Widerstandsdraht (oft als Konstantandraht bezeichnet) wird aufgewickelt und bildet je nach Länge des Drahtes einen Widerstandswert. Das Symbol wird dir recht häufig begegnen, da viele Schaltpläne und Informationen zu Bauteilen aus dem amerikanischen Raum kommen.

Elektroniker sind manchmal etwas schreibfaul. So lassen sie stets das Ohmzeichen bei der Beschriftung im Schaltplan weg, weil klar ist, dass der Wert in dieser Einheit angegeben wird. Außerdem schreiben sie ungern ein Komma (weil man das auch leicht mal übersehen kann). Anstatt dann zum Beispiel 4,7 Ω zu schreiben, steht da »4R7«. Das »R« ersetzt also das Komma. Oder 8.200 Ω (entspricht ja 8,2 kΩ) wird zu »8k2«. Das »k« steht dann für ein Komma und dafür, dass Kiloohm gemeint sind.

Spannung verbraten

So, es wird Zeit, dass wir was (mehr oder weniger) Sinnvolles mit den Widerständen machen. So wenig unnütz wie der Felsen im Fluss, der anfangs erwähnt wurde, sind nämlich auch die Widerstände nicht.

Experiment

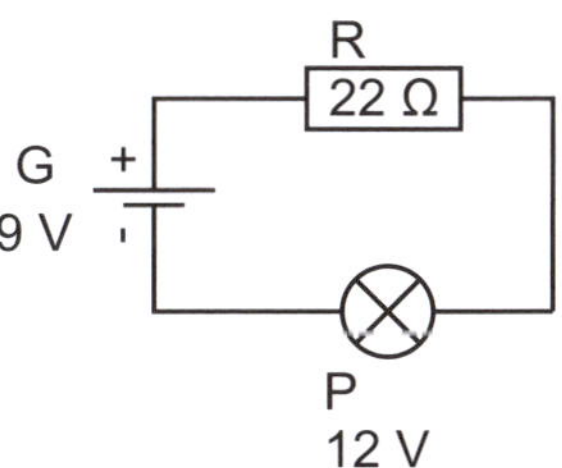

- Der Schaltplan zeigt dir, wie der Aufbau aussehen soll. Du benötigst eine Batterie, die Glühbirne und einen Widerstand mit 22 Ohm (Rot-Rot-Schwarz).
- Bei Widerständen ist es egal, wie herum sie in die Schaltung eingebaut werden.

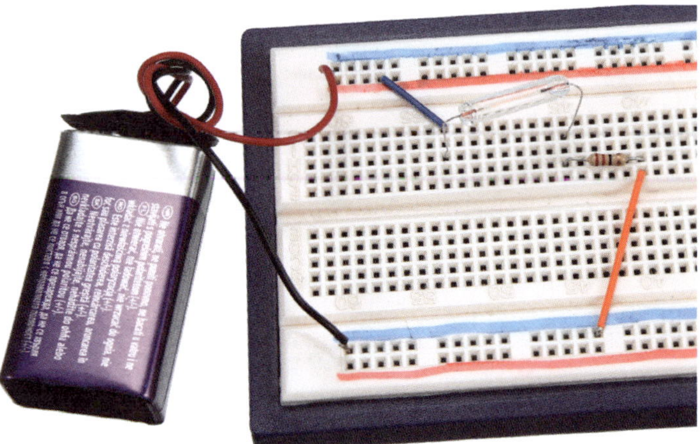

- Vertausche die Lampe und den Widerstand in deinem Aufbau. Funktioniert die Schaltung jetzt anders?

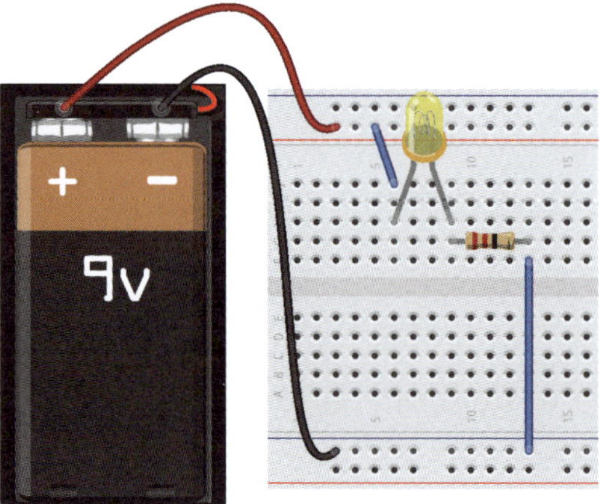

- Nachdem du gesehen hast, ob und wie die Lampe leuchtet, probiere ein paar andere Widerstände aus. Beispielsweise noch 47 Ω oder größere Werte. Was verändert sich?

Durch den Widerstand leuchtet die Lampe nur noch sehr schwach oder auch gar nicht mehr, wenn du einen großen Wert verwendest. Stellt sich die Frage, wie es dazu kommt. Also schnapp dir dein Multimeter und forsche nach.

Experiment

- Zuerst einmal sollte der in der Schaltung fließende Strom gemessen werden. Widerstand und Lampe bilden eine Reihenschaltung. Wie du ja gelernt hast, ist es egal, an welcher Stelle du die Messung vornimmst.
- Entferne eine der Drahtbrücken und setze dafür dein Multimeter als Amperemeter ein.

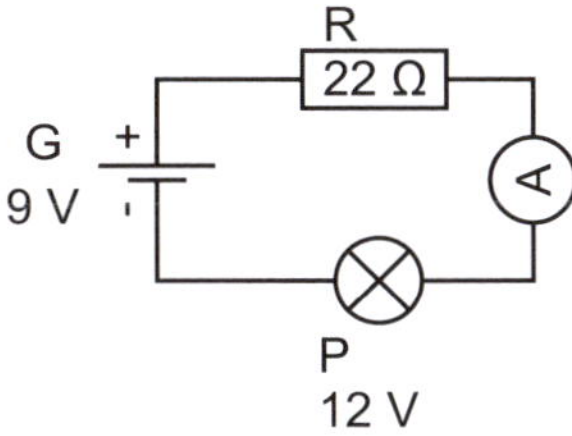

- Nachdem du den Wert notierst hast, baue wieder die Drahtbrücke statt des Amperemeters ein und miss die Spannung über dem Widerstand und über der Lampe.

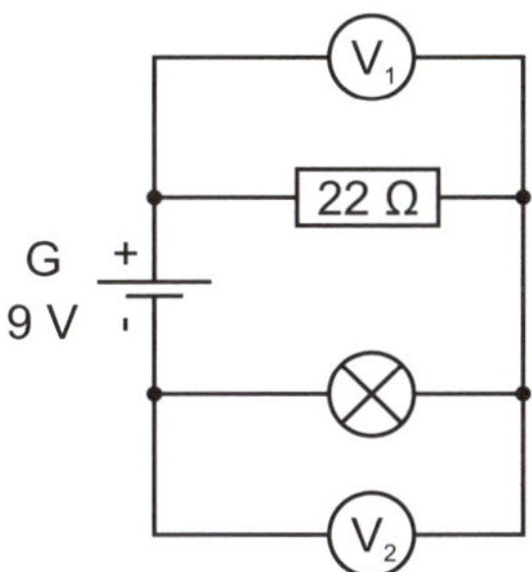

- Tausche den 22-Ω-Widerstand gegen einen etwas größeren, so wie du es auch schon beim vorherigen Experiment gemacht hast. Verwende beispielsweise einen mit 47 Ω.
- Wiederhole die Messung der Stromstärke und der zwei Spannungen.

Messung	von dir gemessen	Beispielwerte
A (mit 22 Ω)		84 mA
V_1 (mit 22 Ω)		1,9 V
V_2 (mit 22 Ω)		5,2 V
G (berechnet: V_1+V_2)		7,1 V
A (mit 47 Ω)		68 mA
V_1 (mit 47 Ω)		3,5 V
V_2 (mit 47 Ω)		3,6 V

Die Spannung an der Batterie kannst du messen, aber auch berechnen. Da sich frei nach Kirchhoff alle Teilspannungen zur Gesamtspannung addieren, brauchst du nur die zwei Werte V_1 und V_2 zusammenzurechnen (entweder bei den Messungen mit 22 Ω oder mit 47 Ω).

Am Widerstand fällt also auch eine Spannung ab. Da aus der Batterie nicht mehr kommen kann, bleibt für die eine Lampe weniger Spannung übrig. Das kennst du schon von den Versuchen mit zwei Lampen: Beide Lampen in Reihe führten dazu, dass jede weniger hell leuchtete, weil an jeder der Lampen (etwa die Hälfte) Spannung abfiel. Auch Lampen stellen einen Widerstand dar. Das ist immerhin ihr Funktionsprinzip: Der Strom »quält« sich durch den dünnen Glühwendel und lässt ihn leuchten.

Es gibt nur ein einziges Material, das gar keinen elektrischen Widerstand haben kann: Supraleiter. Dabei handelt es sich eigentlich auch nur um einfache Metalle, die aber extrem abgekühlt werden. Bei -196 bis -269 °C werden sie supraleitend und zum perfekten elektrischen Leiter. Dann können sie auch wie von Geisterhand schweben.

Ein Supraleiter schwebt über einer Magnetbahn.

Experiment

- Schalte dein Multimeter in den Widerstandsmessbereich.
- Halte ein Glühbirnchen mit den Anschlüssen an die Messspitzen und ermittle den Widerstandswert.
- Die Lämpchen, die in den fotografierten Aufbauten benutzt werden, haben beispielsweise einen Widerstand von etwa 8,7 Ω.

Kannst du dir den Widerstand leisten?

Was passiert aber im Widerstand, wenn an diesem auch Spannung abfällt? Im Grunde fängt auch er an zu glühen. Der durch ihn hindurchfließende Strom muss »verbraucht« werden. Er kann sich aber nicht in Nichts auflösen, sondern wird in eine andere Energieform umgewandelt. In diesem Fall in Wärme. Weil der Widerstand dafür konstruiert wurde, hält er das aber aus und du wirst keine Erwärmung wahrnehmen.

Aber auch ein Widerstand kennt Grenzen. Wird die Energie zu groß, die an ihm umgesetzt wird, fängt er tatsächlich an, warm zu werden. Meistens fängt er dann an, unangenehm zu riechen, verfärbt sich und im Extremfall raucht er sprichwörtlich ab und ist zerstört.

Weil davon sogar eine Brandgefahr ausgehen kann, werden wir dazu keinen Versuch unternehmen und es tunlichst vermeiden, unsere Widerstände zu überlasten.

Mutwillig zu hoch belasteter und dadurch zerstörter Widerstand

Im Handel gibt es unterschiedlich leistungsfähige Widerstände. Auf der Abbildung am Anfang des Kapitels sind auch einige sogenannte Hochlastwiderstände zu sehen. Je dicker ein Widerstand ist, umso mehr Leistung kann er vertragen. Die kleinen Widerstände, die du verwendest, halten bis zu 0,25 W (1/4 W) aus. Wenn in einem Schaltplan nichts weiter angegeben wurde, dann werden diese kleinen Widerstände benutzt. Größere Kaliber schaffen dann ein halbes Watt oder sogar zwei und mehr. Der gezeigte dicke, graue Zementwiderstand kann bis zu 17 W Leistung regelrecht verbraten.

Klingelt bei dir schon was? Mit der Leistung hatten wir es doch schon mal zu tun. Du hast die Leistung einer Glühlampe ausgerechnet. Auf genau die gleiche Weise berechnest du, wie viel Leistung an deinem Widerstand umgesetzt wird. Die Formel dazu lautet immer noch:

$$P = U \times I$$

Für deinen Aufbau hast du bereits bei zwei Widerstandswerten gemessen, welche Spannung am Widerstand anliegt und welcher Strom fließt.

Also kannst du auch berechnen, welche Leistung am Widerstand abfällt. Mit den Beispielwerten ergibt sich:

$$\underline{\underline{P_{22\Omega}}} = V_1 \times A = 1{,}9\,V \times 0{,}084\,A \approx \underline{\underline{0{,}16\text{ W}}}$$

$$\underline{\underline{P_{47\Omega}}} = V_1 \times A = 3{,}5\,V \times 0{,}068\,A \approx \underline{\underline{0{,}24\text{ W}}}$$

Welche Leistungswerte errechnest du für deine Messungen? Trage sie ein:

Widerstand [Ω]	V_1	A	berechnete Leistung [W]

Der benutzte zweite Widerstand mit 47 Ω wird im Musteraufbau schon ziemlich dicht an seiner maximal zulässigen Leistungsgrenze von 0,25 W betrieben. Natürlich wird er da noch nicht warm, aber wie du siehst, darf man nicht einfach einen Widerstand benutzen, ohne sich um seinen Gesundheitszustand Gedanken zu machen. Immerhin soll deine Schaltung ja langlebig sein und nicht irgendwann in Rauch aufgehen.

Das Ohm'sche Gesetz

Weil der Widerstand zu den wichtigsten Bauteilen gehört, ist das Ohm'sche Gesetz eins der wichtigsten Regeln in der Elektronik, ohne die keiner auskommt.

Experiment

- Die zuvor benutzte Schaltung wird dem Lämpchen beraubt, das durch eine Drahtbrücke ersetzt wird, sodass nur noch der Widerstand an die Batterie angeschlossen ist.
- Ermittle einmal die Spannung der Batterie.
- Entferne dann eine Drahtbrücke und setze dein Multimeter als Amperemeter in die Mini-Schaltung.

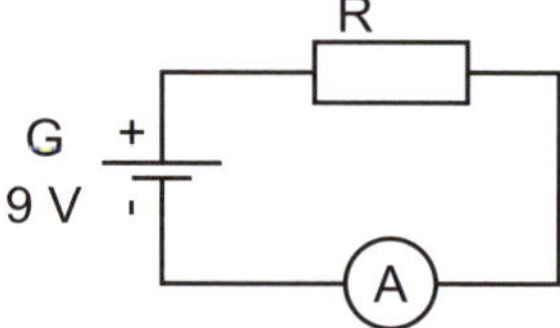

≫ Tausche den Widerstand gegen ein paar andere Werte und notiere dir den Wert für den Stromfluss.

G bzw. R	von dir gemessen	Beispielwerte
G (Batterie) = U_R		8,1 V
1 kΩ		7,9 mA
2,2 kΩ		3,6 mA
100 kΩ		78 µA

Die Spannung brauchst du natürlich nur einmal zu messen, weil die über dem Widerstand (wird als U_R bezeichnet) immer die gleiche sein muss wie die aus der Batterie, denn der Widerstand ist ja parallel zu ihr angeschlossen und in einer Parallelschaltung ist die Spannung überall gleich. Deshalb steht in der Tabelle auch G = U_R.

Fragst du dich, warum in der Tabelle die kleinen Widerstandswerte fehlen? Das hängt wieder mit der gerade zuvor erwähnten Leistung zusammen. Bei kleinen Widerständen wird die über dem Widerstand abfallende Leistung so groß, dass dieser zu warm oder sogar heiß wird. Wir wollen ja nicht, dass du dir die Finger verbrennst.

Die wichtigste Erkenntnis aus dem Versuch ist, dass der Stromfluss immer weiter sinkt, je größer der Widerstand wird. Mathematiker sprechen von »Antiparallel«: Ein Wert wird größer und in gleichem Maße (»proportional«) wird ein anderer kleiner. Das erkannte auch der Herr Ohm und entwickelte daraufhin sein Gesetz (hier in der vereinfachten Form):

$$R = \frac{U}{I}$$

Hättest du die Formel schon gekannt, bevor das vorherige Experiment anstand, hättest du gar nicht viel messen müssen. Kennst du den Widerstand und die Spannung, dann kannst du den Stromfluss ausrechnen. Beispielsweise für den 100-kΩ-Widerstand:

$$\underline{I} = \frac{U}{R} = \frac{8{,}1V}{100.000\,\Omega} = 0{,}000081\,\text{A} = \underline{\underline{81\,\mu\text{A}}}$$

Die gemessenen 78 µA liegen durchaus im Toleranzbereich, denn der Widerstand darf ja um bis zu 5 % (goldener Toleranzfarbring) bei seinem Wert abweichen und das Multimeter ist auch ein klein wenig ungenau.

Für das Ohm'sche Gesetz gibt es ein »magisches Dreieck« als Merkhilfe (eigentlich kann man das für alle derartigen Formeln mit Zweisatz benutzen):

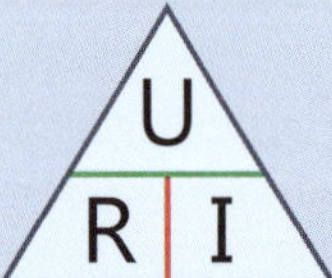

Wenn du dir den waagerechten grünen Strich als einen Bruch (Divisionszeichen) vorstellst und den senkrechten roten als ein Multiplikationszeichen, dann kannst du alle drei Umformungen der Formel schnell ablesen. Das Formelzeichen, für das du einen Wert berechnen willst, das also links vom Gleichheitszeichen steht, ziehst du heraus. Übrig bleiben zwei Buchstaben, die du entweder teilen oder malnehmen musst:

$$U = R \times I$$

$$I = \frac{U}{R}$$

Die Formel ist wichtig! Lerne sie auswendig, hänge sie über dein Bett, lege sie unters Kopfkissen, vergiss sie nie.

Kurzschlüsse mag keiner

Wie du gesehen hast, wird der fließende Strom immer größer, je kleiner der Widerstand ist. Aus diesem Grund haben wir bisher darauf verzichtet, zu kleine Widerstände zu benutzen. Manchmal hat man es aber nicht unter Kontrolle, wie klein der Widerstand in der Schaltung plötzlich werden kann. Du kannst dich und deine Schaltung aber schützen.

Experiment

Es ist wichtig, dass du dich gleich daran hältst, die Messung nur kurz durchzuführen.

≫ Wähle an deinem Multimeter den größten Gleichstrommessbereich (vermutlich 10 A).

≫ Nimm nur die Batterie und halte an die beiden Pole **maximal fünf Sekunden** lang die Messspitzen.

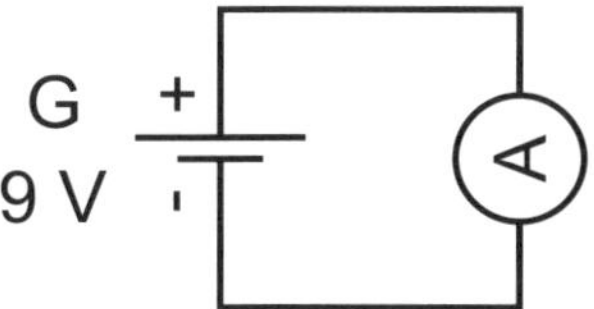

Diese Messung unbedingt nur kurz durchführen!

≫ Welchen Stromfluss konntest du ablesen?

Du hast den Kurzschlussstrom der Batterie gemessen. Durch dein Multimeter hast du einen Kurzschluss an der Batterie verursacht. Das ist das Gleiche, als ob du beide Pole direkt miteinander verbunden hättest. Würdest du den Kurzschluss zu lange aufrechterhalten, würde sich die Batterie zu stark erwärmen und kaputtgehen. Je nachdem, wie frisch deine Batterie noch ist, konntest du irgendetwas um etwa 1 A messen, was schon eine recht ordentliche Leistung ist.

Dass der Stromfluss so hoch ist, folgt nur der eingangs erwähnten Logik: Der Widerstand ist extrem klein geworden (fast 0 Ω), wodurch der Stromfluss stark ansteigt – in dem Fall bis zum Maximalen, was die Batterie abgeben kann.

So ein »Kurzer« kann einem immer mal passieren. Vielleicht ein Fehler beim Aufbau oder ein Bauteil ist defekt oder du hast deinen Werktisch nicht aufgeräumt und die herumliegende Zange oder Drahtreste berühren die Schaltung. Es gibt zwei Mittel, wie du die Überlastung deiner Spannungsquelle vermeiden kannst: Sicherungen und Widerstände.

Feinsicherung, wird auch Schmelzsicherung genannt

Eine Sicherung ist eigentlich nichts anderes als eine Kombination aus Glühlampe und Widerstand. Ein Draht im Inneren wird heiß, wenn der durchfließende Strom einen Nennwert erreicht und überschreitet. Bei einer Glühlampe ist das auch so. Wird der Strom in der Sicherung zu groß, schmilzt der Draht durch. Das liegt an seiner Konstruktion und daran, dass sich im Inneren kein Vakuum oder Edelgas befindet wie bei einer Lampe, die ja leuchten soll. Sobald der Draht geschmolzen ist, ist der Stromkreis wie bei einem geöffneten Schalter unterbrochen. Auch zu Hause habt ihr Sicherungen für die Wohnung. Die funktionieren ähnlich, sind nur etwas größer. Kaputte Sicherungen mussten früher genau wie die kleinen Typen ersetzt werden. Inzwischen hat man oft Sicherungsautomaten, die nach dem Auslösen mit einem kleinen Hebel wieder zurückgesetzt werden können.

Je nach Aufbau der Sicherung kannst du den Draht im Glaskörper sehen oder er versteckt sich in einer Keramik- oder Quarzsandschicht. Auf der Metallkappe steht, für welchen Strom und welche Spannung die Sicherung ausgelegt ist. Die meisten Kleinsicherungen sind für bis zu 250 V geeignet. Zusätzlich steht vor den Zahlen noch ein »F«, »T« oder »M«. Diese Buchstaben stehen für flink, träge und mittelträge. Eine flinke Sicherung löst sehr schnell aus, wenn der angegebene Wert für den Strom überschritten wird. Eine träge ist nicht so empfindlich und kann auch etwas länger überlastet werden, bis sie dann doch kaputtgeht. Die mittelträge ordnet sich dazwischen ein.

Das Schaltzeichen für eine Sicherung sieht einem Widerstand ziemlich ähnlich.

Experiment

Wir wollen mal absichtlich etwas zerstören. Mal sehen, was eine Sicherung so aushält.

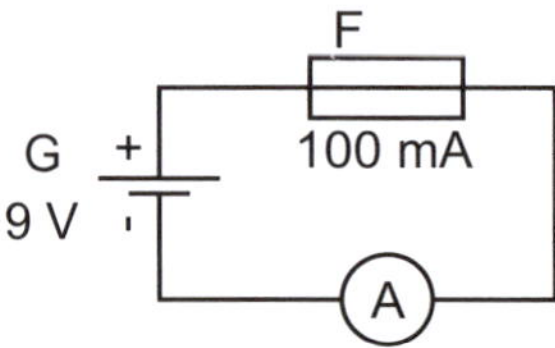

- Verbinde eine mittelträge 100-mA-Feinsicherung mit zwei Krokoklemmen. Achte darauf, dass es wirklich eine mit dem Aufdruck »M100/250V« ist.
- Wähle am Multimeter den höchsten Gleichstrommessbereich.
- Verbinde die eine Messleitung mit einer der Krokoklemmen.
- Die andere an der Sicherung befestigte Krokoklemme verbindest du mit einem beliebigen Pol der Batterie.
- Halte die noch freie Messspitze an den zweiten Batteriepol und beobachte die Anzeige.

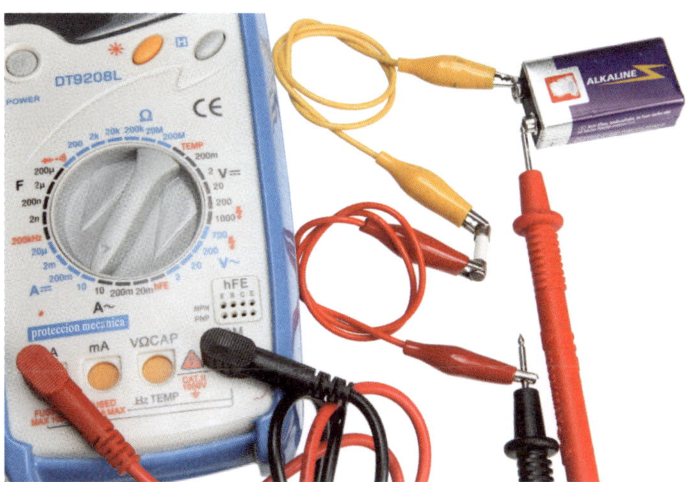

Kurzschluss der Batterie mit Sicherung

Du wirst einige Sekunden lang einen Wert vom Multimeter angezeigt bekommen. Wie schon beim vorherigen Versuch fließt ein hoher Strom. Die Sicherung macht das kurz mit. Wenn du eine Sicherung mit durchsichtigem Glaskolben hast, dann kannst du eventuell sehen, wie sich im Inneren etwas Rauch bildet oder der Draht sich verfärbt. Dann wird die Sicherung schmelzen und damit den Stromfluss unterbrechen, sodass dein Amperemeter 0 A zeigt. Vermutlich wird eher 0,001 oder so angezeigt, das liegt aber am Multimeter und nicht etwa daran, dass noch Strom fließt. Glückwunsch: Du hast erfolgreich eine Sicherung zerstört. Ab in den Müll damit. Immerhin wurde deine Batterie geschützt und das ist die Aufgabe einer Sicherung: Sie opfert sich für die Sicherheit.

Strombegrenzung mit Widerstand

Wie erwähnt: Auch Widerstände schützen bei Kurzschlüssen. Durch den Widerstand kann nur ein bestimmter Strom fließen, wenn eine definierte Spannung anliegt. Mit dem Ohm'schen Gesetz kannst du das berechnen, denn du weißt, was deine Batterie in etwa leistet (ca. 8,1 V bei meiner letzten Messung). Nehmen wir einen kleinen Widerstand von 22 Ω und rechnen mal den Strom aus:

$$\underline{\underline{I}} = \frac{U}{R} = \frac{8{,}1V}{22\,\Omega} = \underline{\underline{0{,}368\,A}}$$

Mehr als 368 mA können also nicht fließen, wenn du den Widerstand direkt an die Batterie anschließt. Erinnerst du dich daran, dass du auch immer die (Verlust-)Leistung im Auge behalten solltest? Wie viel Watt fallen am Widerstand ab?

$$P = U \times I = 8{,}1\,V \times 0{,}368\ A = 2{,}98\,W$$

Für einen üblichen 1/4-Watt-Widerstand ist das deutlich zu viel, aber du könntest so den maximalen Strom begrenzen. Wenn wir später zu den Leuchtdioden kommen, werden wir das noch einmal aufgreifen und praktisch nutzen.

1 und 2 ergibt 3

»Eine Schwalbe macht noch keinen Sommer« und ein Widerstand alleine langweilt sich. Wenn mehrere Widerstände zusammenwirken, kommt es zu ganz neuen Phänomenen, die genauer untersucht werden wollen.

Experiment

- Der Schaltplan zeigt dir, wie zwei Widerstände und eine Lampe in Reihe geschaltet wurden. Stecke die Teile auf deinem Board zusammen. Die Reihenfolge der drei Bauteile ist beliebig.

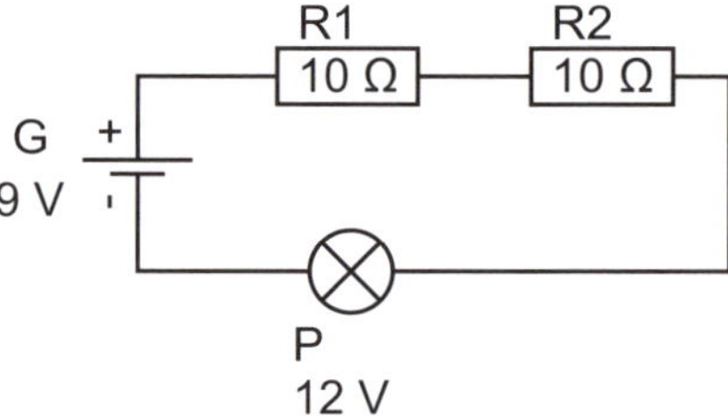

- Wenn du zum Schluss die Batterie anklemmst, wird die Lampe schwach leuchten.

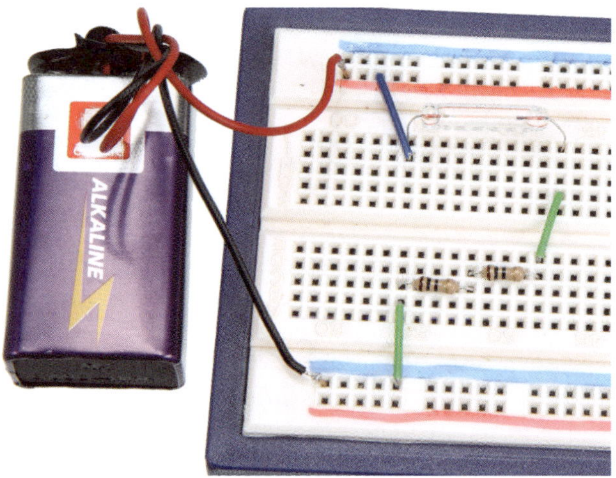

- Entferne einen der beiden Widerstände und ersetze ihn durch eine Drahtbrücke.
- Die Lampe leuchtet heller als mit den zwei Widerständen.

Offenbar stellen zwei Widerstände in einer **Reihenschaltung** dem Strom einen größeren Widerstand entgegen als nur einer. Wirklich verwunderlich hört sich das noch nicht an. Beginnen wir erst einmal mit ein paar Messungen. Ermittle an den beiden Widerständen, der Lampe und der Batterie die abfallende Spannung und trage deine Ergebnisse in die Tabelle ein:

Bauteil	von dir gemessen	Beispielaufbau
G		6,43 V
L		4,75 V
R1		0,85 V
R2		0,85 V

Die bisher von mir benutzte Batterie schwächelt langsam etwas. Vielleicht ist es bald Zeit, sie zu ersetzen. Aber noch reicht sie aus. Wichtig ist aber deshalb, immer auch die Batteriespannung zu messen und nicht einfach zu sagen, dass aus einem 9-Volt-Block auch 9 V rauskommen. Wenn die Spannung an deiner Batterie auch immer weniger wird, dann tausche sie bei Gelegenheit durch eine neue aus.

Da es sich um eine Reihenschaltung handelt, die nur eine einzige Masche (oder Umlauf) bildet, müssen die Teilspannungen an den Bauteilen gleich der Batteriespannung sein:

$$U_G = U_L + U_{R1} + U_{R2} = 4{,}75\,V + 0{,}85\,V + 0{,}85\,V = 6{,}45\,V$$

Das stimmt ja schon mal ziemlich gut. Abweichungen sind Rundungs- und Messfehlern geschuldet.

Stellt sich die nächste Frage: Wie hoch ist der Stromfluss in der Schaltung? Das könntest du natürlich nachmessen, indem du ein Amperemeter anstelle einer Drahtbrücke einsetzt. Aber wir können es auch ausrechnen. Da der Strom in der Reihenschaltung überall gleich sein muss, genügt es, ihn für eine Stelle beziehungsweise ein Bauteil auszurechnen. Das Ohm'sche Gesetz ist dabei unser Hilfsmittel. Für dies benötigen wir den Widerstand und die Spannung eines Bauteils. Bei den Widerständen kennen wir deren Wert und haben die Spannung gemessen. Also alles da:

$$\underline{\underline{I}} = \frac{U}{R} = \frac{0{,}85\,V}{10\,\Omega} = 0{,}085\,A = \underline{\underline{85\,mA}}$$

Das war doch gar nicht schwer.

Experiment

> Ersetze einen der beiden Widerstände aus dem vorherigen Aufbau durch einen mit dem Wert 22 Ω.

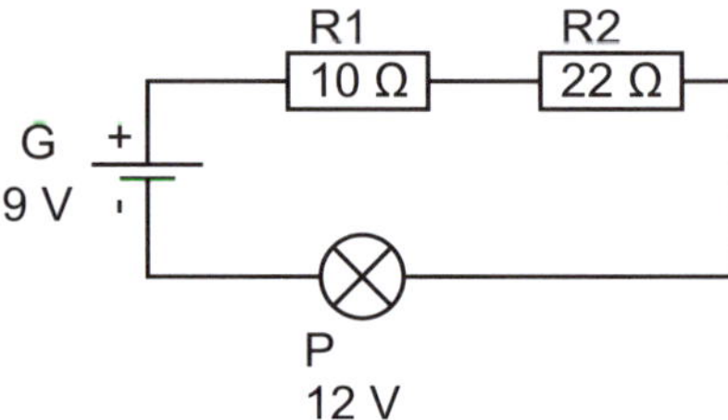

> Wie stark leuchtet die Lampe jetzt?

> Miss wieder alle Spannungen nach.

Bauteil	von dir gemessen	Beispielaufbau
G		6,6 V
L		4,2 V
R1 (10 Ω)		0,73 V
R2 (22 Ω)		1,65 V

> Probiere ein paar andere (kleine) Widerstandswerte aus. Ersetze wahlweise sowohl R1 als auch R2.

Die Lampe leuchtet noch weniger hell und am größeren Widerstand fällt wie erwartet mehr Spannung ab. Du kannst also durch Hinzufügen von relativ kleinen Widerstandswerten die Lampe dimmen. So wie du es anfangs schon gemacht hattest, als du nur einen Widerstand benutzt hast. Du hast aber jetzt mehr Möglichkeiten, die Helligkeit durch verschiedene Kombinationen zu beeinflussen.

Wenn die Widerstände unterschiedlich groß sind, dann fällt an jedem eine andere Spannung ab. Denkst du ein wenig darüber nach, ist das auch logisch. Der Strom in der Schaltung ist überall gleich. Wenn der Strom gleich ist und der Widerstand sich ändert, dann muss sich auch die Spannung ändern, denn das ergibt sich aus dem Ohm'schen Gesetz.

Der Reihen-Gesamtwiderstand

Wenn du mehrere Widerstände in Reihe schaltest, dann bilden alle diese Widerstände einen Gesamtwiderstand. Anstatt zwei einzelne Widerstände zu benutzen, hättest du auch einen einzigen verwenden können. Die Abbildung zeigt, wie du dir das vorstellen kannst.

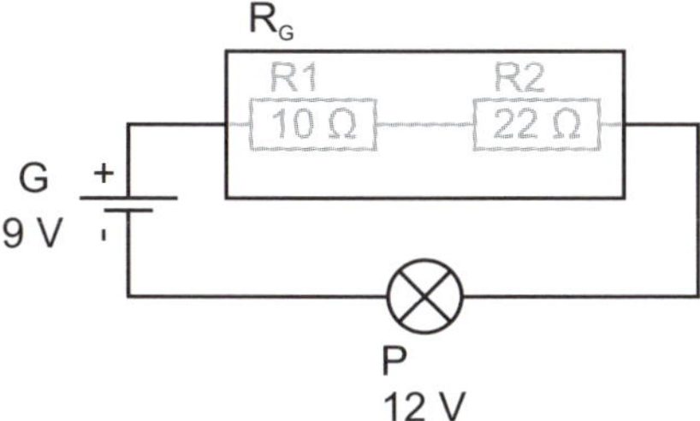

Widerstände in Reihenschaltung können zu einem Gesamtwiderstand zusammengefasst werden.

Der Gesamtwiderstand in der Reihenschaltung berechnet sich durch Addition aller Einzelwiderstände:

$$R_G = R_1 + R_2 + \ldots + R_n$$

Das »+...+R_n« in der Formel bedeutet einfach, dass du beliebig viele Widerstände auf diese Weise addieren kannst. Für die Beispielschaltung ergibt sich dann ein Ersatzwiderstand von

$$\underline{\underline{R_G}} = R_1 + R_2 = 10\,\Omega + 22\,\Omega = \underline{\underline{32\,\Omega}}$$

Wenn du also einen bestimmten Widerstandswert nicht zur Verfügung hast, dann kannst du mehrere einzelne Widerstände in Reihe schalten, bis du auf den benötigten Gesamtwiderstand kommst.

1 und 2 kann auch weniger als 1 sein

Neben der Reihenschaltung gibt es ja auch noch die **Parallelschaltung**. Das, was schon bei den Glühbirnchen ging, kannst du auch mit Widerständen anstellen.

Experiment

≫ Das Schaltbild zeigt dir eine Parallelschaltung von zwei Widerständen und einer dazu in Reihe geschalteten Lampe. Es handelt sich also um eine gemischte Schaltung. Achte auf die Werte für die Widerstände.

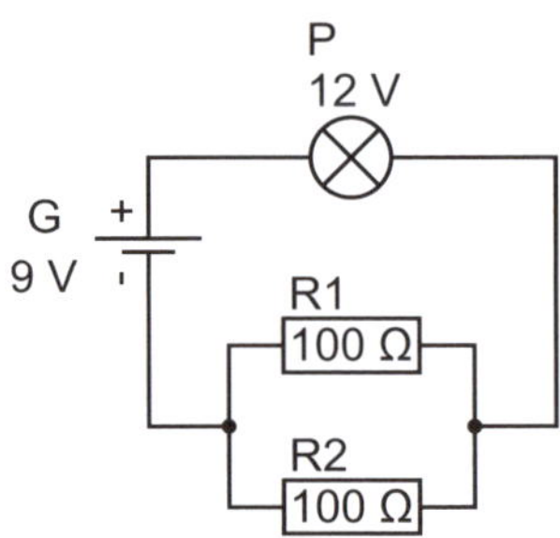

- Präge dir die Helligkeit der Lampe ein.

- Entferne einen der beiden Widerstände und sieh, wie hell die Lampe nun leuchtet.
- Setze den Widerstand wieder ein und ermittle die Spannung über der Batterie, der Lampe und den beiden Widerständen.
- Miss auch den Stromfluss in der Schaltung, indem du dein Amperemeter anstelle einer Drahtbrücke einfügst.

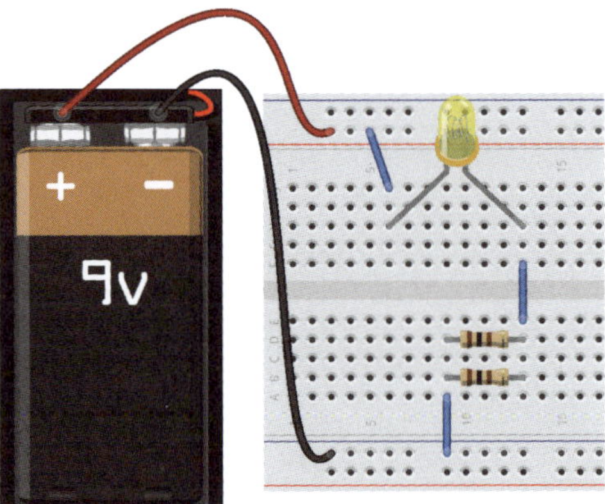

Die beiden Widerstände sind parallel geschaltet: Die Beine einer jeden Seite stecken in der gleichen senkrechten Buchsenreihe.

Bauteil	von dir gemessen	Beispielaufbau
G		6,4 V
L		3,0 V
R1 und R2 (parallel geschaltet)		3,3 V
Strom (bei R1 und R2)		62 mA
R (nur ein Widerstand)		4,7 V

Das ist doch erstaunlich: Wenn beide Widerstände eingesetzt sind, leuchtet die Lampe heller als mit nur einem. Vielleicht hilft es, wenn du dir Folgendes vorstellst: Du erinnerst dich an den Vergleich einer Glühlampe mit dir und deinen Klassenkameraden, die alle gleichzeitig den Raum verlassen wollen? So geht es auch dem Strom im Widerstand. Wenn nur ein Widerstand als Weg existiert, wird es eng. Zwei parallele Widerstände sind wie zwei nebeneinanderliegende Türen: Ihr habt mehr Platz, um den Raum zu verlassen. So wie ihr schneller in die Pause kommt, kann nun auch mehr Strom fließen und die Lampe heller leuchten lassen. Die Spannungsmessung belegt dies auch. Wenn nur ein Widerstand als Weg für die Elektronen bereitsteht, dann fällt an diesem Widerstand eine höhere Spannung ab. Für die Lampe bleibt dann nur noch weniger Spannung übrig, denn aus der Batterie kommen weiterhin nur ca. 6,4 V (zumindest bei meinem Aufbau).

Du befindest dich auf einer Wanderung zusammen mit deinen Freunden Elektroni und Elek, als ihr an eine Wegkreuzung kommt. Der eine Pfad führt ins Gebirge, durch dunklen Wald, über Hindernisse, vorbei an unbekannten Gefahren. Der andere Weg ist eben, gerade, gut gepflegt und sieht nach einem gemütlichen Spaziergang im Sonnenschein aus. Wofür entscheidet ihr euch? **Der elektrische Strom macht es sich leicht und wählt immer den Weg des geringsten (elektrischen) Widerstands.** Ein paar Elektronen machen sich auch auf den mühsamen Weg, die meisten wählen aber die Abkürzung. Nur wenn keiner der Wege deutlich weniger Widerstand bietet, verteilen sich die Elektronen.

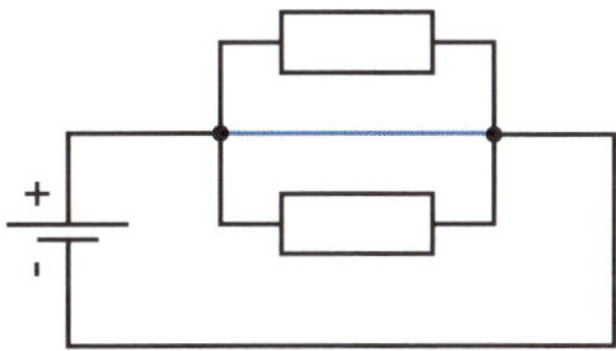

Der Strom wird den einfachen Weg durch die (blaue) Kurzschlussbrücke wählen und die beiden Widerstände haben so gut wie keine Wirkung. Dadurch wird die Batterie kurzgeschlossen, was keine gute Idee ist.

Der Parallel-Gesamtwiderstand

Stellt sich die Frage, wie groß der Gesamtwiderstand von parallel geschalteten Widerständen ist. Weil du so fleißig warst und alle notwendigen Messungen durchgeführt hast, kannst du das einfach ausrechnen, denn du kennst die Spannung an den Widerständen (Parallelschaltung: An beiden fällt die gleiche Spannung ab) sowie den Strom, der durch die Schaltung fließt. So wie bei der Reihenschaltung kannst du nämlich auch parallele Widerstände zu einem gedachten Einzelwiderstand zusammenfassen.

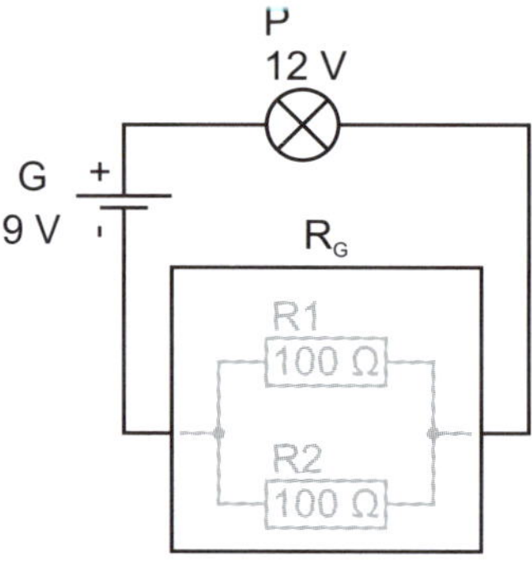

Widerstände in Parallelschaltung können zu einem Gesamtwiderstand zusammengefasst werden.

Der Strom teilt sich zwar an der Parallelschaltung auf und durch R1 und R2 fließt nur ein Teilstrom, aber wenn du die Parallelschaltung als Ganzes betrachtest, fließt durch sie der gleiche Strom wie auch beispielsweise durch die Lampe und du kannst mit dem Ohm'schen Gesetz rechnen:

$$\underline{\underline{R_G}} = \frac{U}{I} = \frac{3,3\,V}{0,062A} \approx \underline{\underline{53\,\Omega}}$$

Der Gesamtwiderstand ist also tatsächlich kleiner, als wenn nur ein Widerstand benutzt wird. Natürlich gibt es auch eine Formel, wie du den Gesamtwert ausrechnen kannst, wenn du nur die Widerstandswerte kennst:

$$R_G = \frac{R_1 \times R_2}{R_1 + R_2}$$

Bei einer Parallelschaltung werden die Kehrwerte, auch Leitwerte genannt, der Widerstände addiert. Die eben gezeigte Formel funktioniert nur bei zwei Widerständen. Für mehrere benötigst du diese Formel:

$$R_G = \frac{1}{\frac{1}{R_1} + \frac{1}{R_2} + \ldots + \frac{1}{Rn}}$$

Das aber nur der Vollständigkeit halber, falls du irgendwann in die Verlegenheit kommst, so etwas ausrechnen zu wollen.

Als wichtigste Erkenntnis und Faustformel kannst du dir Folgendes merken: **Der Gesamtwiderstand einer Parallelschaltung ist kleiner als der kleinste Einzelwiderstand.**

Gleichzeitig hell und dunkel

Mit dem ganzen neuen Wissen über Widerstände können wir etwas schaffen, was vorher nicht möglich war: Wir wollen zwei Lampen gleichzeitig betreiben und die eine soll heller als die andere leuchten.

Experiment

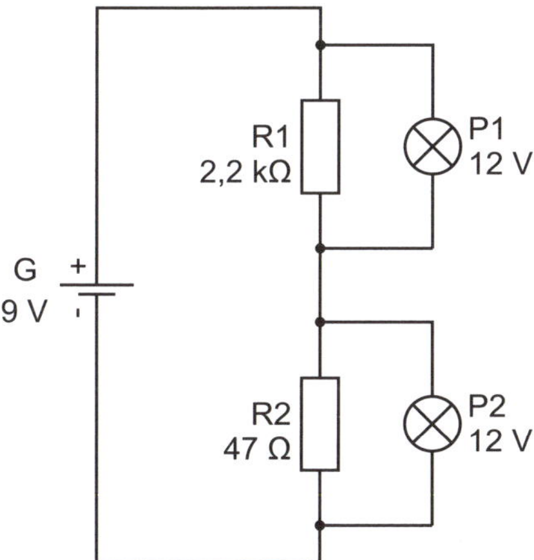

- Der Schaltplan wurde mit Absicht etwas umständlich gezeichnet, damit die folgenden Erklärungen einfacher zu verstehen sind.
- Wenn du es schaffst, die Schaltung auf deinem Steckbrett aufzubauen, ohne auf die beiden anderen Abbildungen zu schauen, bist du wirklich schon ganz gut als Elektroniker.
- Achte auf die Widerstandswerte.

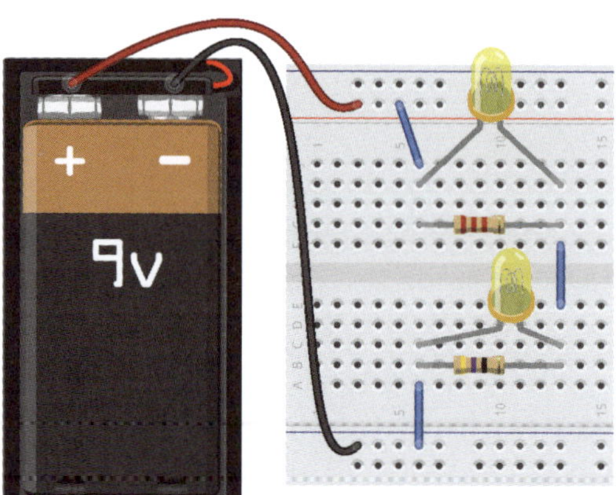

≫ Der Aufbau sieht in der Praxis vielleicht ein wenig anders aus als auf dem Schaltplan. Es ist überhaupt nicht schlimm, wenn du dir hier eine Anregung geholt hast.

Das Ergebnis dürfte für sich sprechen: Die Lämpchen leuchten wie gewünscht unterschiedlich hell.

Bei der Reihenschaltung hast du bereits die Grundlagen dazu kennengelernt: An beiden Widerständen fällt eine Spannung ab. Weil zwei verschiedene Werte benutzt wurden, entstehen auch zwei verschiedene Spannungen und die lassen die Glühbirnen entsprechend leuchten.

Teile und herrsche

Eine Schaltung, die nur aus zwei Widerständen in Reihe besteht, bezeichnet man auch als **unbelasteten Spannungsteiler**. Die Spannung teilt sich an den zwei Widerständen in zwei Teile auf. Das Teilungsverhältnis der Widerstände ist gleich dem Teilungsverhältnis der Spannungen. Wenn du die zwei Widerstandswerte nimmst und den größeren durch den kleineren dividierst, erhältst du das Teilungsverhältnis:

$$\underline{\underline{\mathit{Teilungsverhältnis}}} = \frac{R_2}{R_1} = \frac{2.200\,\Omega}{47\,\Omega} \approx \underline{\underline{47}}$$

R2 ist also um den Faktor 47 kleiner als R1.

Da wir aber noch zwei Lämpchen parallel geschaltet haben, handelt es sich um einen sogenannten **belasteten Spannungsteiler**.

Wenn man es genau nimmt, dann wird unter einem belasteten Spannungsteiler meistens eine Schaltung verstanden, bei der nur zu R2 eine Last parallel geschaltet wurde, und nicht auch an R1.

Wir könnten jetzt so weit gehen und diesen belasteten Spannungsteiler berechnen. Dazu müsstest du als Erstes den Ersatzwiderstand ausrechnen, der sich aus der Parallelschaltung von R1 und P1 ergibt. Anschließend das Gleiche für R2 und P2. Daraus ergibt sich ein neues Teilungsverhältnis. Das würde aber dann doch ein wenig zu weit führen, weshalb wir es an dieser Stelle gut sein lassen.

Widerstände für besondere Zwecke

Ein Widerstand muss nicht immer so aussehen wie die bisherigen. Es gibt eine Vielzahl an Bauteilen, die erst einmal gar nicht aussehen wie ein Widerstand, aus elektrischer Sicht aber genau das Gleiche machen.

Widerstand zum Drehen

Häufig weiß man gar nicht, welchen Widerstand man genau benötigt. Nachdem die Schaltung aufgebaut ist, soll sie **abgeglichen** werden. Das bedeutet, ein bestimmter Widerstand soll so lange verändert werden, bis die Schaltung sich auf eine bestimmte Weise verhält. Oder der Benutzer soll den Widerstand nach seinen Wünschen ändern können. Wenn du ein Radio oder so besitzt, bei dem du die Lautstärke mit einem Dreh- oder Schiebeknopf verstellen kannst, dann nutzt du einen veränderbaren Widerstand.

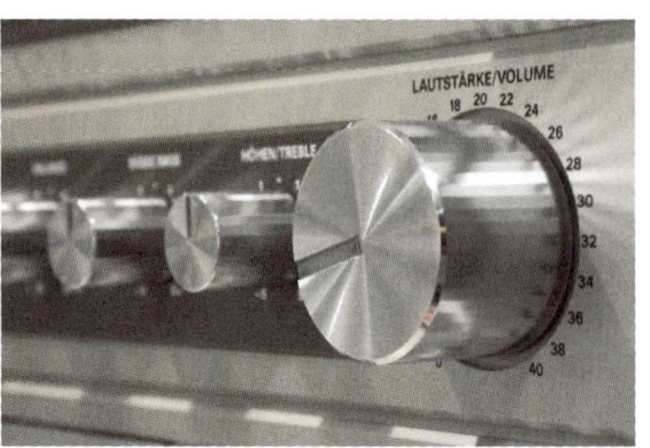

Drehknöpfe an einer Musikanlage

Widerstände, deren Wert du durch Drehen verändern kannst, nennen sich Potenziometer. Vom Funktionsprinzip sind sie recht einfach: Stell dir einen normalen Widerstand vor, den man der Länge nach aufgeschnitten hat, sodass du die Widerstandsschicht (Kohleschicht) sehen kannst. Mit einem Draht kannst du nun jede beliebige Stelle an dieser Schicht berühren. Je größer der Abstand zwischen dem einen Anschlussbeinchen und deinem Draht ist, desto größer ist der eingestellte Widerstand. Anstatt zum Cuttermesser zu greifen, benutzen wir natürlich ein fertiges Poti.

Verschiedene Bauformen für einstellbare Widerstände

Mechanisch verstellbare Widerstände haben alle möglichen Namen. Es sind eigentlich alles Potenziometer. Für Profis wie uns ist das Wort natürlich viel zu lang, also benutzen wir die gebräuchliche Abkürzung *Poti*. Es gibt Drehwiderstände, Trimmer, Spindeltrimmer, Schiebepotis usw. und immer ist das Gleiche gemeint. Wenn an dem Bauteil eine Achse zum Anfassen ist, spricht man meistens von einem Potenziometer. Muss der Widerstand mit einem Schraubenzieher eingestellt werden, nennt es sich Trimmpoti.

Im Schaltbild kann man schon ganz gut erkennen, das ein Potenziometer wie beschrieben funktioniert. Der Widerstand wird um einen Schleifer erweitert.

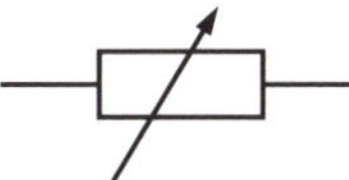

Schaltzeichen für einen einstellbaren Widerstand. Der Pfeil in der Mitte symbolisiert den Abgriff für den Schleifer.

Heute sind die meisten Bauteile in Plastik gekapselt, um sie vor Schmutz zu schützen, sodass man nicht mehr sehen kann, wie es funktioniert. Auf dem Foto siehst du ein älteres Poti. Eine ringförmige Kohleschicht Kreisbahn bildet den Widerstand. Der Schleifer kratzt über diese Bahn.

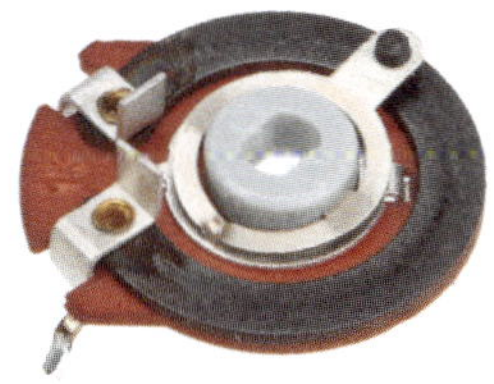

Trimmpoti. In die Mitte wird zum Verstellen des Schleifers ein kleiner Schraubenzieher gesteckt.

Seitenansicht. Der linke Anschluss des Trimmers ist mit dem Schleifer verbunden. Die zwei rechten Beinchen stellen den Kontakt zum linken und rechten Ende der Schleifbahn her.

Gefahr durch Potis: Ein Poti kannst du so einstellen, dass zwischen der einen Seite der Schleifbahn und dem Mittelabnehmer ein Widerstandswert von 0 Ω vorhanden ist. Wenn dieser Widerstandswert für die nachfolgende Schaltung schädlich ist, solltest du in Reihe zum Poti immer einen kleinen Widerstand einbauen. Dann kann der Gesamtwiderstand nie kleiner werden als dieser Schutzwiderstand.

Experiment

- Der Schaltplan zeigt dir, wie der nächste Versuch aufgebaut sein soll.

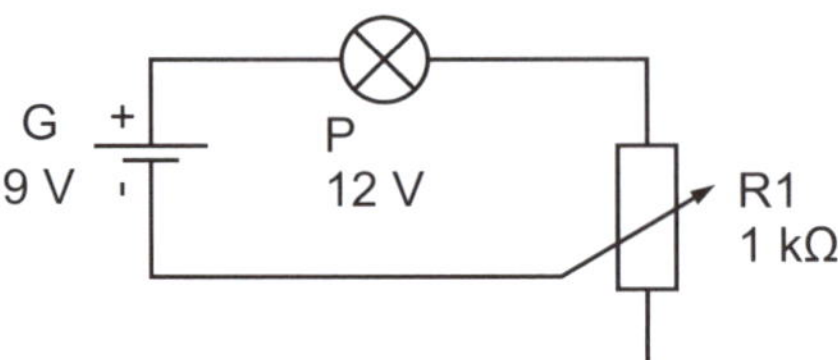

- Die Bauform deines Potenziometer kann etwas größer sein als das hier gezeigte. Dann musst du darauf achten, dass die Anschlüsse so eingesteckt sind, dass eine Verbindung zur Lampe und zur Batterie besteht.

- Das eine Anschlussbeinchen bleibt unbeschaltet.
- Wenn du die Batterie angeschlossen hast, verdrehe das Poti mit einem Schraubenzieher, bis die Lampe leuchtet.

In den bisherigen Aufbauten hast du immer den einen Festwiderstand durch einen anderen austauschen müssen, um die Helligkeit der Lampe zu verändern. Jetzt brauchst du nur noch das Poti zu verdrehen.

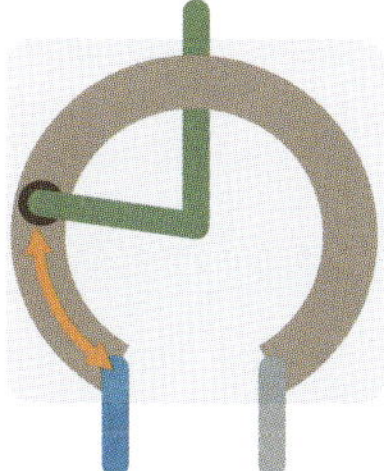

Links: kleiner Widerstand zwischen dem blauen und dem grünen Anschluss. Rechts: großer Widerstand eingestellt.

Bei einem Poti wird immer der Widerstandswert angegeben, der maximal möglich ist. Das ist der Widerstand, den du an den beiden Enden der Schleifbahn messen kannst. Wenn der Abnehmer ganz zu dem einen Ende gedreht ist, ist der Widerstand zwischen diesem Ende und dem mittleren Beinchen (das des Schleifers) meistens (fast) 0 Ω. Ob du dabei das linke oder das rechte Ende benutzt, ist egal. Ein Poti mit 1 kΩ kann also alle Widerstandswerte zwischen 0 Ω und 1.000 Ω annehmen.

Aus Platzgründen wird bei vielen Bauteilen der Wert in Kurzschreibweise aufgedruckt. Dabei wird auf die Angabe der Einheit verzichtet und nur der Buchstabe für die Tausenderstaffelung (**K**ilo, **M**ega und so weiter) angegeben. In einer anderen Darstellungsform wird die Anzahl der Nullen als letzte Zahl nach dem Wert aufgedruckt. Die Angabe »153« bedeutet dann, dass »15« mit drei Nullen gemeint ist, also »15000«.

Zusätzlich wird bei Potis noch angegeben, ob sie linear oder logarithmisch arbeiten. Bei einem linearen Poti ändert sich der Wert immer gleich stark. Wenn du den Schleifer um 5 mm verdrehst, steigt der Widerstandswert immer im gleichen Maße an – egal an welcher Stelle sich der Schleifer gerade befindet. Bei einem logarithmischen Poti steigt der Wert am Anfang der Schleifbahn nur ein wenig an und dann immer stärker, je weiter du zum Ende kommst. Dadurch lassen sich kleine Widerstandswerte besser einstellen als die größeren, die maximal möglich sind.

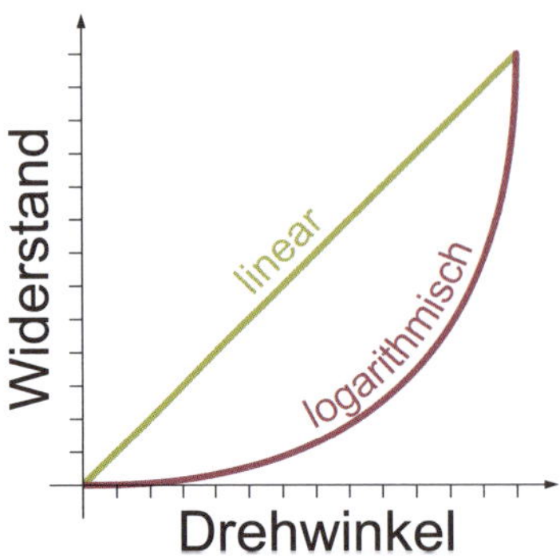

Potis können unterschiedlich beschaltet werden – je nach Anwendung. Wir haben nur zwei der drei Anschlüsse genutzt, das muss aber nicht immer so sein.

Wenn's dunkel wird, wird's hell

Ein weiterer spannender Widerstandstyp sind lichtempfindliche Widerstände (englisch: Light Dependent Resistor, LDR). Je nach Stärke des einfallenden Lichts ändern sie ihren Widerstand. Fällt helles Licht auf sie, wird der Widerstand klein und bei Dunkelheit wird er sehr groß. Dabei ändert sich der Wert nicht wie beim Poti bis hinunter zu 0 Ω. Die meisten Fotowiderstände, wie sie auch genannt werden, haben als kleinsten Wert immer noch einige Kiloohm.

Fotowiderstand (LDR)

Experiment

Prüfe es nach:

- Schalte dein Multimeter in den Widerstandsmessbereich.
- Verbinde die beiden Messleitungen mit den beiden Anschlüssen des LDR.
- Welchen Widerstandswert hat das Bauteil im Dunkeln und welchen, wenn es hell ist?

Licht	du	ich
dunkel		11 kΩ
schattig		1.500 Ω
hell		100 Ω

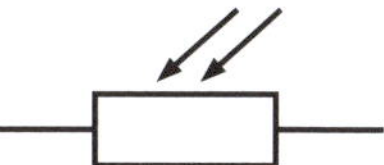

Schaltbild für einen lichtempfindlichen Fotowiderstand

Experiment

- Achte darauf, die Batterie wirklich erst zum Schluss als Letztes anzuschließen. Die Batterie sollte für diesen Versuch auch möglichst neu und voll sein, da der gewünschte Effekt sonst nur schwach zu erkennen ist.
- Der Fotowiderstand R3 hat nur zwei Anschlüsse. Im Schaltzeichen sind das die beiden Striche, die auch beim Widerstand benutzt werden. Der Widerstand ändert sich durch den Lichteinfall, der durch die zwei Pfeile symbolisiert wird.

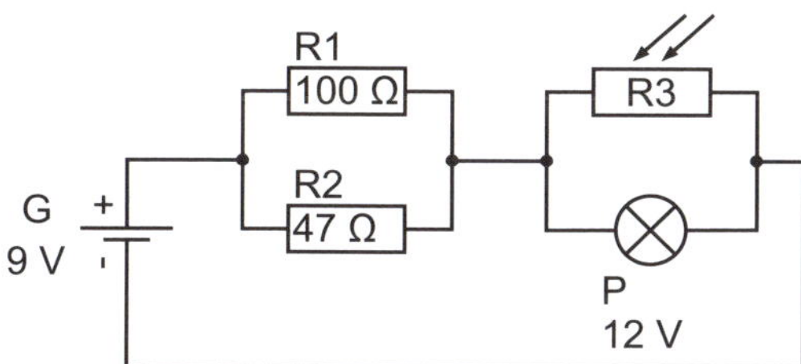

- Im Schaltbild ist es nicht zu erkennen, aber im Musteraufbau: Baue die Lampe entfernt vom Fotowiderstand ein, indem du längere Drahtbrücken benutzt.

≫ Wenn du die Schaltung in Betrieb nimmst, sorge dafür, dass Sonnenlicht auf die Oberseite des Fotowiderstands fällt. Du kannst auch eine Taschenlampe benutzen, wenn es gerade bewölkt ist.

≫ Schatte dann den Fotowiderstand mit der Hand ab.

Du kannst durch den Lichteinfall auf den LDR die Helligkeit der Glühbirne beeinflussen. Der Abstand zwischen der Lampe und dem LDR ist einfach nur deshalb etwas größer, damit du den Effekt besser sehen kannst. Du könntest auch noch längere Kabel benutzen und so das Licht in einem anderen Zimmer dimmen.

Die zwei normalen Widerstände wurden parallel geschaltet, sodass sich dort folgender Gesamtwiderstand ergibt:

$$\underline{\underline{R_G}} = \frac{R_1 \times R_2}{R_1 + R_2} = \frac{100\,\Omega \times 47\,\Omega}{100\,\Omega + 47\,\Omega} = \frac{4.700\,\Omega}{147\,\Omega} \approx \underline{\underline{32\,\Omega}}$$

Hätten wir einfach nur einen 33-Ω-Widerstand benutzt, würde dieser etwas zu warm werden, weil die an ihm abfallende Leistung über den erlaubten 0,25 W liegt. So teilt sich der Strom aber auf und beide Widerstände müssen nur einen Teil der Leistung aushalten.

Der Ersatzwiderstand aus R1 und R2 ergibt zusammen mit dem Fotowiderstand einen (belasteten) Spannungsteiler. Je dunkler es ist, desto größer wird der Widerstand des LDRs. Dadurch fällt an ihm eine größer werdende Spannung ab und die Lampe leuchtet heller.

Zusammenfassung

Normale Widerstände weisen einen Farbcode aus vier oder fünf Ringen auf, der darüber Auskunft gibt, welchen Wert in Ohm das Bauteil hat. Werden Widerstände in Reihe geschaltet, addiert sich ihr Wert. Bei einer Parallelschaltung wird der Wert kleiner als der kleinste Einzelwiderstand. Mit dem Ohm'schen Gesetz kann man den Strom, die Spannung oder den Widerstandswert ausrechnen, wenn die beiden jeweils anderen Werte bekannt sind. Du hast ein paar spezielle Widerstände kennengelernt, die sich verstellen lassen oder die auf Licht reagieren. Es gibt auch noch weitere Typen, die beispielsweise auf Temperatur reagieren.

Ein paar Fragen ...

1. Welche Widerstandswerte zeigen die Farbringe an?

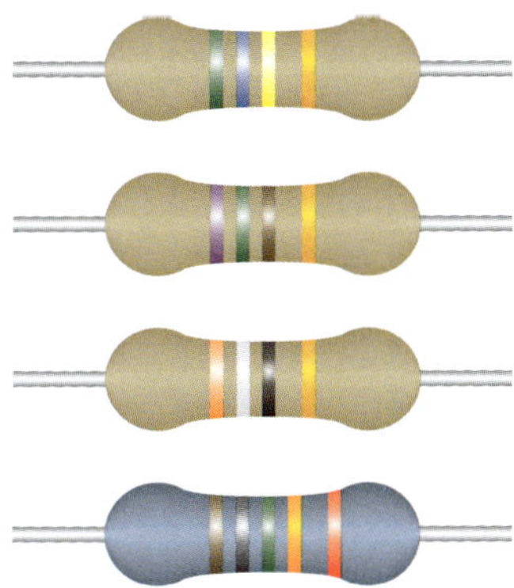

2. Welche Farbringe sind auf einem Widerstand mit den Werten 10 MΩ, 330 Ω, 56 kΩ?
3. In der gezeigten Schaltung sollen 20 mA fließen und an der Lampe sollen 4 V anliegen. Wie groß muss der Widerstand gewählt werden?

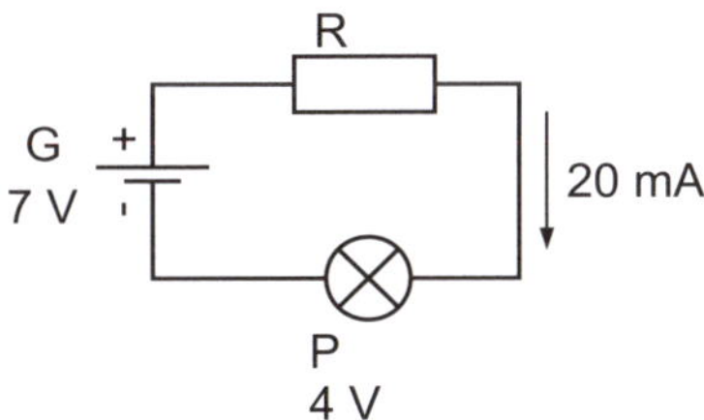

4. Drei Widerstände sind in Reihe geschaltet. Ihre Werte sind: 20 kΩ, 33 Ω und 4,7 kΩ. Wie groß ist der Gesamtwiderstand?

5. Wie groß ist der Gesamtwiderstand der zwei parallel geschalteten Widerstände 560 Ω und 330 Ω?

6. Wie groß ist der Strom I?

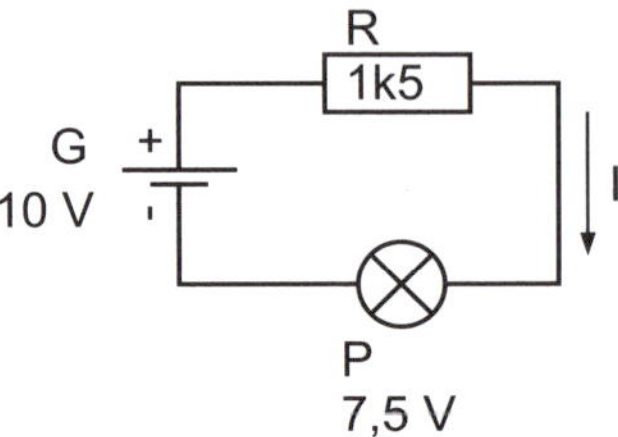

... und ein paar Aufgaben

1. Beschrifte alle deine Widerstände mit ihren jeweiligen Werten, sodass du in Zukunft immer gleich den passenden Wert findest.

2. Wähle an deinem Multimeter den Widerstandsmessbereich. Nimm dann dein Poti und miss den Widerstand zwischen dem einen Ende und dem Schleifer. Stelle verschiedene Werte so genau wie möglich ein: 10 Ω, 300 Ω und 950 Ω.

3. Probiere aus, was passiert, wenn du die abgebildete Schaltung aufgebaut hast und den Taster drückst.

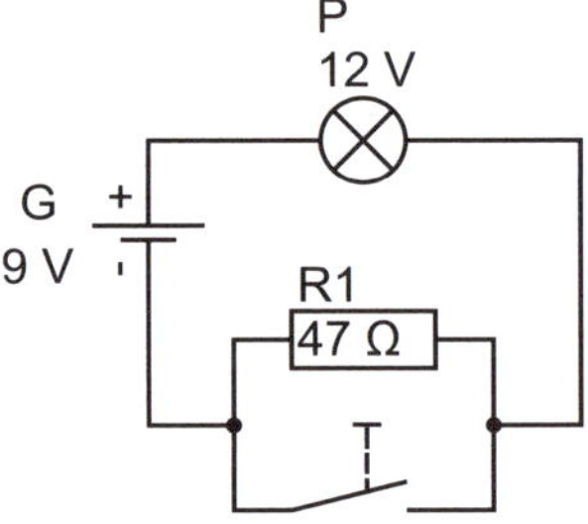

5

Jetzt wird es anziehend

In diesem Kapitel lernst du:

- dass jeder stromdurchflossene Leiter ein Magnetfeld um sich aufbaut.
- wie du einen Elektromagneten baust
- was Motoren und Stromerzeugung gemeinsam haben
- mit Strom Geräte zu schalten
- wie du mit Magnetismus Schallwellen erzeugst

Für dieses Kapitel legen wir das Experimentierboard erst einmal zur Seite und werden ein wenig handwerklich. Elektromagnetismus ist ein spannendes Thema, denn ohne hätten wir keine Elektromotoren für (Modell-)Autos, CD-Player, du könntest keine Musik hören und es gäbe nicht einmal genügend elektrischen Strom für den Haushalt und auch deine Fahrradbeleuchtung würde es nicht geben.

Magnetismus im Leiter

Für die folgenden Versuche benötigst du etwas Eisenstaub. Den kannst du recht einfach herstellen und vielleicht hilft dir auch ein Erwachsener dabei.

- Du benötigst einen alten Nagel, eine Schraube oder irgendein anderes Stück Metall und eine Metallfeile. Metallfeilen erkennst du meistens daran, dass die Raspeln sehr fein sind. Im Werkzeugkasten liegt bestimmt eine rum. Frage am besten deine Eltern. Im Notfall kannst du auch eine Nagelfeile nehmen. Aber nur, wenn sie danach nicht mehr gebraucht wird.

- Nimm ein Blatt Papier als Unterlage, auf dem du die Späne auffängst.
- Rasple so viele Späne von deinem Metallstück, wie du magst. Je mehr du hast, desto besser. Eine Messerspitze voll genügt aber.

Selbst gemachte Metallspäne

Magnetfelder und Feldlinien

Weil wir Magnetismus nicht sehen können, müssen wir zu einem kleinen Trick greifen, damit du sehen kannst, worum es geht.

Experiment

- Ihr habt bestimmt zu Hause den einen oder anderen Dauermagneten. Zum Beispiel als Kühlschrankmagnet für Zettel oder in der Bastel- und Werkzeugkiste.
- Halte den Magneten **unter** dein Papier mit den Eisenspänen.

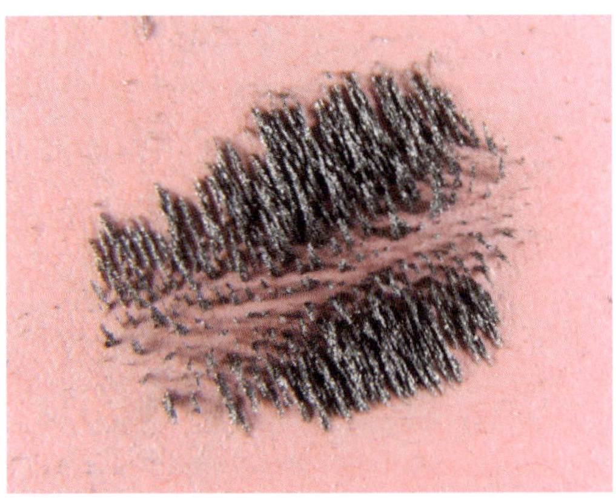

Die Eisenspäne richten sich aus und du siehst die Feldlinien, die sich um den Magneten bilden.

≫ Bewege den Magneten ein wenig oder klopfe vorsichtig gegen das Papier. Du wirst sehen, dass sich die Metallspäne auf- und ausrichten.

Je nachdem, was für einen Magneten du benutzt, siehst du etwas unterschiedliche Muster. Vielleicht kannst du sogar erkennen, dass sich kleine Türmchen bilden und die Späne nach oben »wachsen«.

Die Späne ordnen sich entlang der magnetischen Feldlinien an. Diese veranschaulichen die Richtung des Magnetfelds. Magnetische Feldlinien haben keinen Anfang und kein Ende, sondern verlaufen als geschlossene Bahnen dreidimensional durch den Raum. Durch Definition wurde festgelegt, dass am Nordpol eines Magneten die Feldlinien aus dem Magneten aus- und an seinem Südpol in ihn eintreten. Deshalb bezeichnet man allgemein bei Elektromagneten oder Permanentmagneten Gebiete, aus denen die Feldlinien austreten, als Nordpol und Gebiete, in die sie eintreten, als Südpol.

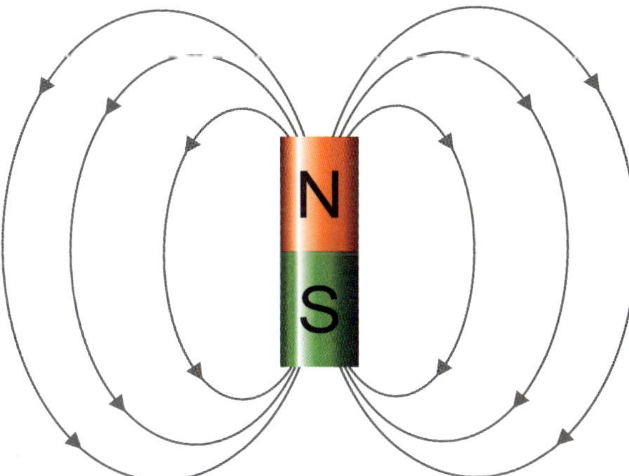

Feldlinien an einem Stabmagneten

Wie du sicher schon selbst erlebt hast, können sich zwei Magnete sowohl abstoßen als auch anziehen. Zwei gleiche Pole stoßen sich immer ab und zwei unterschiedliche ziehen sich gegenseitig an.

Ein Stabmagnet an der Erdoberfläche richtet sich bei Fehlen anderer Kräfte so aus, dass eines seiner Enden in Richtung Norden, zum arktischen Magnetpol, und das andere in Richtung des antarktischen (südlichen) Magnetpols zeigt. Das nach Norden zeigende Ende wird Nordpol des Magneten genannt. Da der Nordpol des Magneten vom arktischen Magnetpol im geografischen Norden angezogen wird, ist der arktische Magnetpol ein magnetischer Südpol.

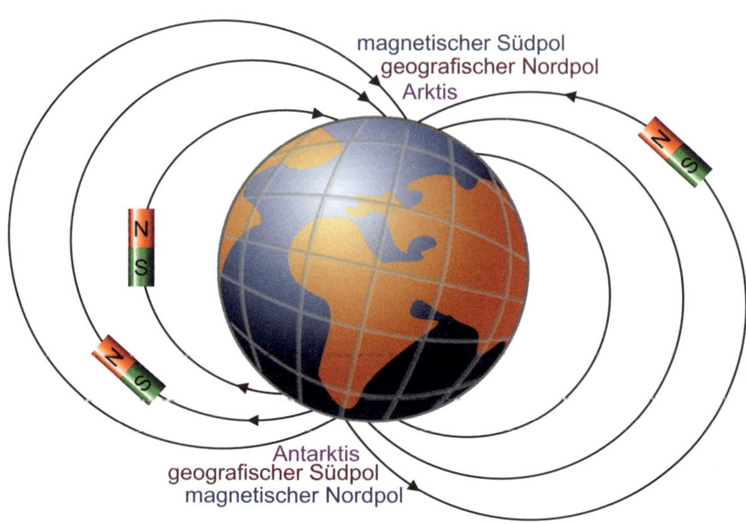

Erdmagnetfeldlinien

Der magnetische Nord- und Südpol haben mit dem elektrischen Plus und Minus nichts gemeinsam. Beides sind unterschiedliche Eigenschaften und du darfst sie nicht durcheinanderbringen.

Die magische Nähnadel

Ein jeder elektrische Leiter, durch den ein Strom fließt, bildet um sich herum ein elektromagnetisches Feld, das genau so wirkt wie ein Stabmagnet. 1820 beobachtete Hans Christian Ørsted die Ablenkung einer Kompassnadel durch einen stromdurchflossenen Draht und entdeckte somit die magnetische Wirkung des elektrischen Stromes.

Experiment

Du benötigst außer einer frischen Batterie und ein paar Kabeln noch ein flaches Gefäß mit Wasser, einen Magneten und eine Nähnadel.

- Das Gefäß sollte relativ voll sein.
- Nimm die Nadel in die Hand und magnetisiere sie. Streiche dazu mit dem Magneten etwa zehn Mal an der Spitze der Nadel entlang. Benutze immer die gleiche Seite des Magneten. Reibe immer nur in eine Richtung.
- Lege die Nadel vorsichtig auf die Wasseroberfläche. Sie ist so leicht, dass die Oberflächenspannung des Wassers ausreicht, um sie schwimmen zu lassen. Sollte sie doch untergehen, probier es noch mal mit

Gefühl. Du kannst auch zuerst ein kleines Stück Papier auf die Wasseroberfläche legen und dann darauf die Nadel. Besser klappt der Versuch aber ohne Papier.

- Die Nadel wird sich langsam im Wasser drehen. Pass auf, dass sie dabei nicht am Rand des Gefäßes anstößt und dass keine metallischen Gegenstände direkt daneben liegen.
- Nach ein paar Sekunden wird sich die Nadel in Richtung des magnetischen Feldes der Erde ausgerichtet haben und in Nord-Süd-Richtung liegen.
- Nimm ein Stück (dickeren) Draht, zwei Krokoklemmen und die 9-Volt-Blockbatterie. Lege den Draht so über das Gefäß, dass er parallel über der Nadel liegt. Ob der Draht isoliert ist oder blank, ist nicht wichtig. Zwischen Draht und Nadel sollte maximal ein Zentimeter Abstand sein.
- Verbinde die Enden des Drahts mit je einer Krokoklemme.
- Eine Krokoklemme kannst du bereits an die Batterie anschließen (egal welcher Pol).

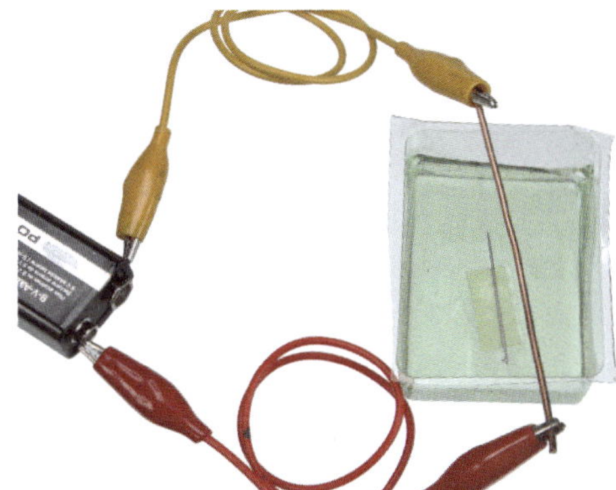

- Bereite dich darauf vor, die zweite Krokoklemme auch an die Batterie anzuschließen und dabei die Nadel zu beobachten.

Du wirst gleich die Batterie mit dem Draht kurzschließen. Wie du weißt, ist das eigentlich keine gute Idee, aber für den Versuch ist es in Ordnung, du darfst den Kurzschluss aber nur wenige Sekunden aufrechterhalten.

- Schließe die zweite Krokoklemme kurz an die Batterie und trenne sie dann wieder.

Wenn alles geklappt hat, dann verdreht sich die Nadel ein wenig. Sobald du die Batterie abklemmst, wird sie sich wieder zurückbewegen. Wenn du die Batterie anders herum anschließt und den Versuch wiederholst, wird sich die Nadel in die andere Richtung bewegen. Du hättest übrigens auch einen Kompass anstatt des Wasserbades und der Nadel benutzen können.

Mit diesem Versuch hast du nachgewiesen, dass ein stromdurchflossener Leiter um sich herum ein Magnetfeld aufbaut. Mit der Umfassungsregel kannst du dir merken, wie sich die Feldlinien ausrichten. Wenn du die Leitung mit deiner **rechten** Hand umschließt und der Daumen zum Minuspol zeigt, dann stehen deine Finger symbolisch für die Feldlinien und ihre Richtung.

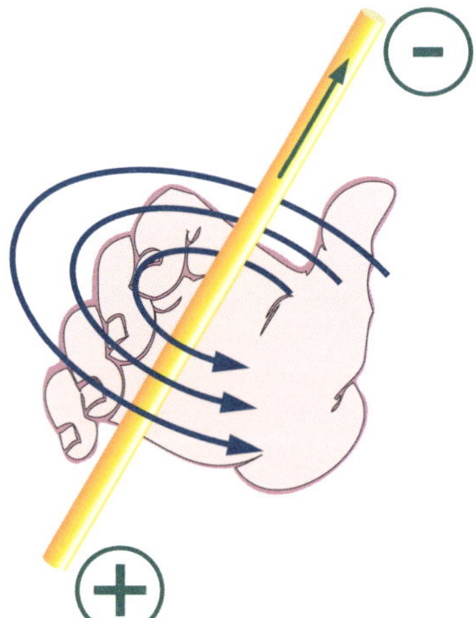

Die Umfassungsregel, alternativ auch Rechte-Faust-Regel, Rechter-Daumen-Regel, Schrauben- oder Korkenzieherregel genannt

Vom Draht zum Elektromagneten

So ein Draht mit seinem schwachen Magnetfeld ist irgendwie noch nicht wirklich hilfreich. Da muss doch noch mehr machbar sein.

Experiment

Du benötigst etwa zwei Meter isoliertes Elektrokabel und einen größeren Nagel von ca. 7 cm Länge oder eine Schraube. Du kannst auch einen Schaschlikspieß aus Metall oder ein ähnliches Küchenutensil benutzen.

- Isoliere an den Enden des Kabels etwa 1 cm ab.
- Dann mache einen Luftknoten in das Kabel etwa 10 cm von einem Ende entfernt.
- Stecke den Nagel durch den Knoten und ziehe ihn zusammen. Schiebe den Knoten nach oben bis zum Kopfende des Nagels.

- Jetzt wickle das lange Ende des Kabels in engen Windungen um den Nagel. Wenn du unten angekommen bist (etwa 2 cm vor der Spitze), dann wickle wieder nach oben. Hin und her, bis nur noch etwa 10 cm Kabel übrig sind. Du darfst nicht die Wickelrichtung ändern. Entweder immer im Uhrzeigersinn oder entgegen.
- Zum Schluss knote das Ende noch einmal am Nagel fest.

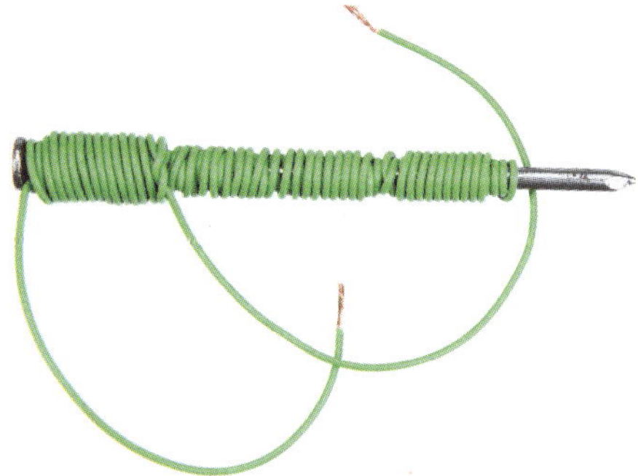

Du hast dir gerade eine Spule mit Eisenkern gebaut. Dafür gibt es natürlich auch ein Schaltzeichen: Es sieht aus wie ein schwarz gefüllter Widerstand. Beschriftet wird das Zeichen mit einem »L« zu Ehren des Physikers Emil Lenz – es erinnert aber auch an das englische Wort *loop* für Windung. Wie herum du die Spule anschließt, ist egal.

Schaltzeichen für eine Spule

- Das Schaltbild zeigt dir, wie deine selbst gewickelte Spule mit einer Batterie und einer Lampe verbunden werden soll.

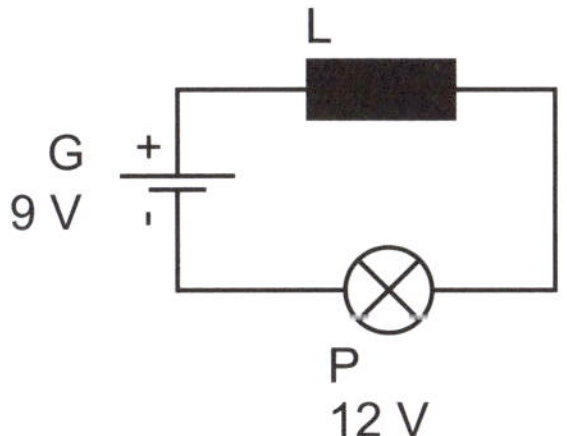

≫ Das Ganze kannst du mit ein paar Krokoklemmen zusammenstecken. Auf dem Foto siehst du, dass der einfach anmutende Schaltplan in der Praxis schon etwas komplexer aussieht.

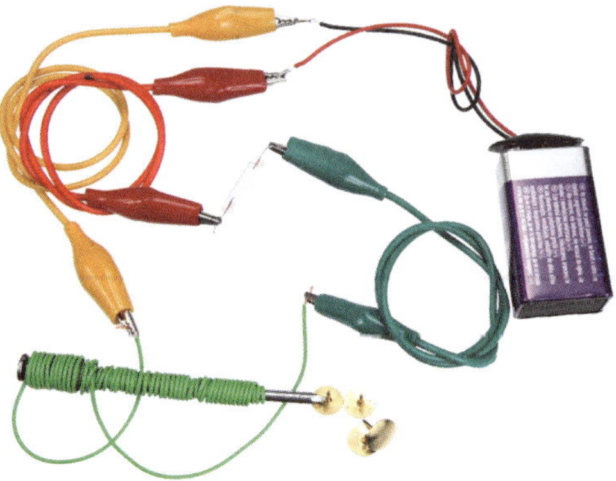

Jetzt hast du einen ganz ordentlichen Elektromagneten, mit dem du Reißzwecken und andere Metallteile hochheben kannst. Auch deine Eisenspäne kannst du damit anheben. Je voller deine Batterie noch ist, desto stärker ist der Magnet. Sobald du den Stromkreis unterbrichst, bricht das Magnetfeld zusammen und die hochgehobenen Teile fallen wieder herunter. Durch die Wicklung des Drahtes zur Spule erreichst du, dass sich das kleine magnetische Feld, das sich um einen einzelnen Leiter aufbaut, vervielfacht und stärker wird. Der Eisenkern verstärkt den Effekt noch zusätzlich.

Die Lampe ist übrigens nicht eingebaut worden, damit sie schön leuchtet und du siehst, dass der Magnet an ist. Sie dient als Strombegrenzung. Ohne Lampe würdest du die Batterie mit dem Draht der Spule kurzschließen und du könntest den Magneten nur kurz benutzen. Mit der Lampe ist der Dauereinsatz kein Problem.

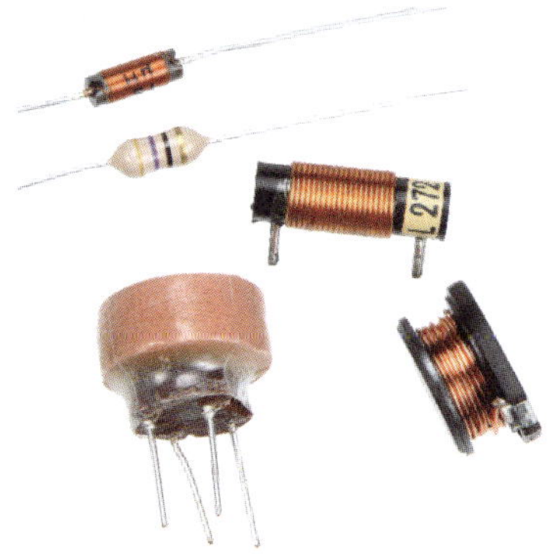

Verschiedene Formen von Spulen, die manchmal auch Drosseln genannt werden und sogar wie Widerstände aussehen können

Die Einheit für die Größe einer Spule ist die Induktivität und ist nach Joseph Henry benannt und wird mit »H« als Einheitenzeichen beschriftet.

Auch die Magnetschwebebahn Transrapid nutzt Elektromagnete, um über der Fahrbahn zu schweben. Urheber: Hans Weingartz, CC BY-SA 2.0 DE

Schalten und walten

Eine Hauptanwendung für Elektromagnete sind Relais (wird etwa »rehlee« ausgesprochen). Diese Bauteile sind zwar schon sehr betagt, aber werden für viele Aufgaben noch immer benötigt. In Autos werden beispielsweise noch viele Relais benutzt. Ein ganz besonderes ist das Blinker-Relais. Sobald der Fahrer den Blinkerhebel drückt, hört man deutlich das typische Klackergeräusch. Erst in modernen Fahrzeugen wird das Relais ersetzt und das Geräusch wird künstlich über die Musikanlage erzeugt. Sobald du alle notwendigen Bauteile kennst, werden wir auch so einen Blinker bauen.

Das Funktionsprinzip ist recht einfach: Ein Elektromagnet bewegt einen Schalter. Das Schaltzeichen für ein Relais ist deshalb auch einfach nur die Kombination aus Spule und Schalter.

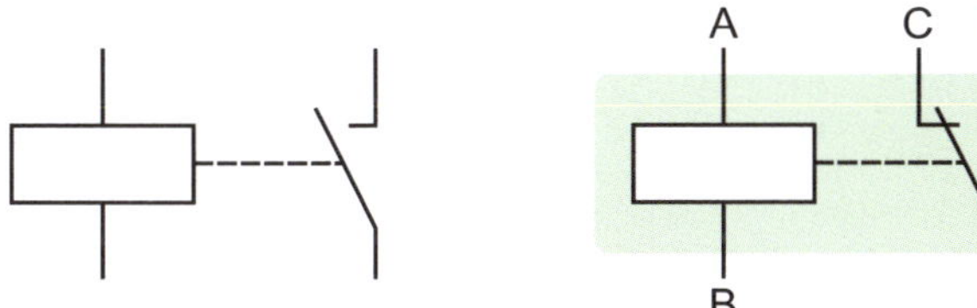

Schaltzeichen Relais. Grün hinterlegt ist alles, was sich bei einem Relais in einem Gehäuse befindet.

Die Spule wird allerdings nicht ausgefüllt und die Anschlüsse befinden sich an der Längsseite. Ein Relais, das nur einen einfachen Schalter beinhaltet, wie es links zu sehen ist, wird man kaum finden. Die meisten Relais sind als Umschalter gebaut, wie es die rechte Abbildung zeigt: Im

Ruhezustand, also ohne Spannung an der Magnetspule, ist der Schalter über die Anschlüsse C-E geschlossen. Wenn der Magnet eingeschaltet wird, schaltet der Kontakt um und die Strecke D-E wird geschlossen. Meistens gibt es in einem Relais sogar gleich mehrere dieser Umschalter. Das Relais wird dann als *1xUM*, *2xUM* und so weiter bezeichnet. Auch das Relais aus der Einkaufsliste besitzt zwei dieser Umschalter, die gleichzeitig bewegt werden. Wir nutzen aber nur einen davon.

Experiment

- Das Relais aus der Einkaufsliste ist so gewählt, dass es auf dein Steckboard passt. Die Anschlüsse verschwinden dann allerdings unter dem Gehäuse und sind nicht mehr sichtbar. Merke dir also, wo die Anschlüsse ins Steckboard piken. Du kannst dir das auch mit einem wasserfesten Stift am Gehäuse markieren.
- Für die Schaltung benötigst du zwei Batterien. Prüfe vor deren Verwendung mit dem Multimeter, welche weniger Spannung hat. Diese benutzt du als G1.

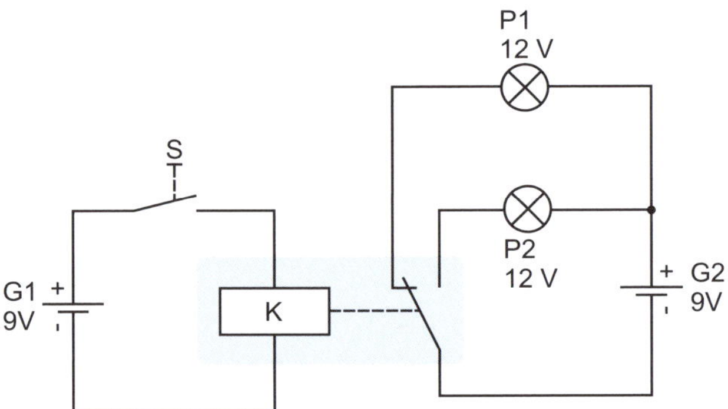

Um es dir leichter zu machen, das Relais zu erkennen, wurde es blau hinterlegt.

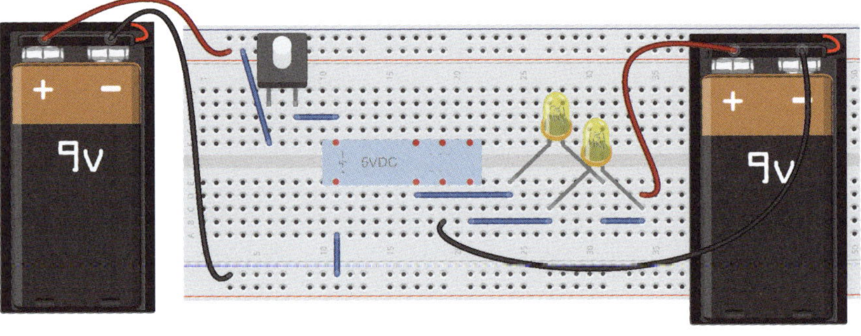

Das Relais ist so eingesetzt, dass auf der linken Unterseite die zwei gegenüberliegenden Pins sind und an der rechten Seite die zwei Reihen mit je drei Pins. Die Pins sind mit kleinen roten Punkten markiert.

- Achte darauf, die zweite Batterie wie gezeigt anzuschließen und die Anschlüsse nicht auch in die obere und untere horizontale Reihe der linken Batterie zu stecken.
- Drücke auf den Taster und sieh, wie die Lampen blinken.

Das sieht zwar etwas verwirrend aus, ist aber ganz einfach. Du brauchst dir die Schaltung nur in zwei Abschnitte zu unterteilen. Auf der linken Seite ist ein Stromkreis mit einem Taster und einer Spule, die als Magnet arbeitet. Sobald du den Taster drückst, wird der Stromkreis geschlossen und der Magnet wird eingeschaltet: Das Relais zieht an und es klackt deutlich hörbar.

Das Relais in Ruhestellung (ohne Gehäuse)

Rechts ist ein zweiter Stromkreis. Dieser ist elektrisch gesehen völlig getrennt vom linken. Deshalb sagt man dazu auch, er ist galvanisch getrennt. Solange das Relais in Ruhestellung ist, weil du den Taster nicht gedrückt hast, befindet sich der Umschalter in der linken Position. Dadurch ist der Stromkreis über die Lampe P1 geschlossen und die Birne leuchtet. Sobald das Relais anzieht, wird der Schalter umgelegt. Der bisher geschlossene Kreislauf mit P1 öffnet sich, P1 erlischt und der Stromkreis mit P2 wird geschlossen: P2 leuchtet. Solange du den Taster gedrückt hältst, bleibt das Relais in dieser Arbeitsstellung. Lässt du den Taster los, wird der Magnet im Relais stromlos und der Schalter schnappt wieder zurück. Du hörst wieder ein Klickgeräusch.

Mit einem Relais kannst du also einen anderen Stromkreis steuern. Das Praktische ist vor allem, dass du nur eine geringe Steuerspannung auf der Spulenseite benötigst. Anstatt der Batterie rechts könnte auch eine viel höhere Spannung geschaltet werden. Beispielsweise kann man so auch eine Netzspannung für die Zimmerbeleuchtung schalten. Weil Kupferkabel für Netzspannung dicker sein müssen als für Kleinspannungen, hat man früher vor allem in Ostdeutschland (zu Zeiten der DDR) in vielen Wohnungen Relais zusammen mit Lichtschaltern in der Wohnung eingesetzt und so teures Kupfer eingespart. Die ersten Computer wie der Zuse Z3 (1941) bestanden aus Hunderten von Relais und füllten damit ganze Zimmer, nur um ein paar Zahlen zusammenrechnen zu können.

Nachbau der Zuse Z3 im Deutschen Museum in München mit ca. 600 Relais, Urheber: Venusianer, CC BY-SA 3.0

Weil die Spule im Relais aus einem sehr langen Draht besteht, bildet sie einen Widerstand von einigen Hundert Ohm. Deshalb können wir das Relais direkt an die Batterie anschließen, ohne diese kurzzuschließen. Das

Relais ist zwar eigentlich für 6 V Ansteuerspannung ausgelegt, aber dabei herrscht genügend Spielraum, sodass die 9-V-Batterie benutzt werden kann.

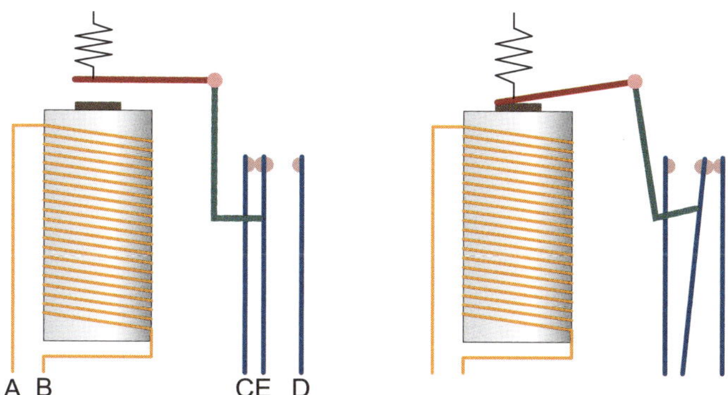

Funktionsprinzip eines Relais mit Umschalter. Im stromlosen Zustand zieht die Feder oben den Anker genannten roten Hebel in die Ruheposition und der Kontakt C liegt an E (linkes Bild). Wenn Strom durch die Spule fließt (rechtes Bild), zieht der Magnet in der Spule den Anker an und der Hebel drückt den Kontakt E gegen D. Sobald das Magnetfeld zusammenbricht, zieht die Feder den Anker wieder in die Ruheposition.

Fast schon Musik

Auch das nächste Bauteil funktioniert mit Elektromagnetismus: Lautsprecher. Ein wenig funktioniert der wie ein Relais – nur arbeitet der Lautsprecher um ein Vielfaches schneller. Während das Relais vielleicht einmal pro Sekunde schalten kann, schafft ein Lautsprecher Hunderttausende Wechsel.

Ein Lautsprecher ist nicht besonders empfindlich. Auch wenn die schwarze Membran eingedellt ist oder gar ein kleines Loch aufweist, funktioniert er noch. Die Klangqualität leidet dann zwar, aber das macht bei unseren Versuchen nichts aus. An der Unterseite befindet sich ein starker Magnet. Weil das englische Wort für Lautsprecher *speaker* heißt, wird zur Kennzeichnung meistens »SP« im Schaltplan benutzt.

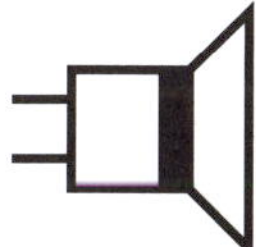

Schaltzeichen für einen Lautsprecher

Experiment

- Wenn dein Lautsprecher keine Anschlusskabel hat, dann isoliere zwei kurze Stück Litze an beiden Seiten ab und verdrille die Enden je eines Kabels um die zwei Anschlussösen. Die Anschlüsse sind mit Plus und Minus gekennzeichnet. Für unsere Experimente ist die Polung aber unwichtig.
- Wenn du selber löten kannst oder jemanden hast, der das für dich machen kann, dann ist es natürlich besser, wenn du die Kabel anlötest und die Litze an den anderen Enden verzinnst.

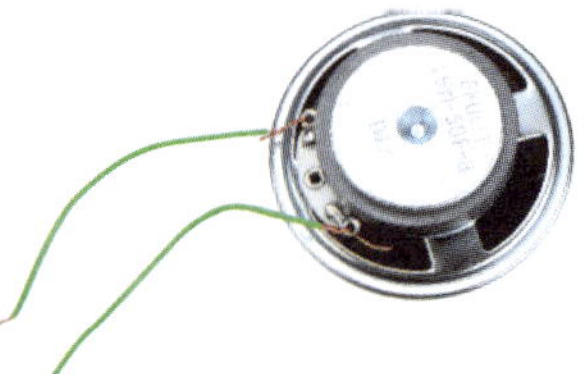

Lautsprecherunterseite mit an den Ösen verdrillten Anschlussdrähten

- Der Aufbau dürfte dir inzwischen kaum noch Probleme bereiten, wenn du dir die Abbildungen ansiehst.

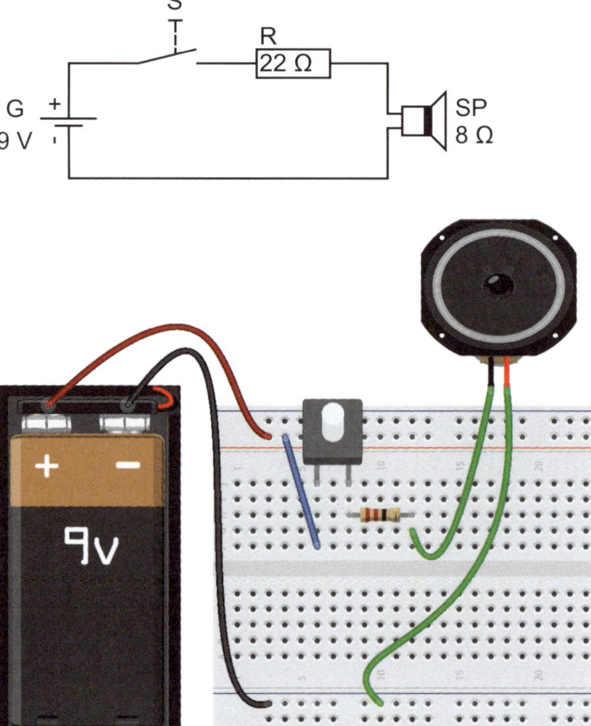

≫ Drücke auf den Taster und lausche.

≫ Wenn du am Betätigungsknopf des Tasters etwas wackelst, dann wirst du gleich mehrere Knackgeräusche als Knistern hören.

Das Knistern und Knacken entsteht durch Öffnen und Schließen des Stromkreises. Wenn du den Stromkreis geschlossen hältst, wirst du nichts hören. Wie du im Schaltplan siehst, wurde beim Lautsprecher ein Widerstandswert von 8 Ω angegeben. Die Spule im Inneren besteht wie bei einem Relais aus einem langen Draht, der einen kleinen elektrischen Widerstand erzeugt. Wenn du dich an die ersten Versuche mit Widerständen erinnerst, darf der Widerstand eines Stromkreises nicht zu klein werden, da er dann viel Strom fließen lässt und überhitzt. Damit dies nicht passiert, wurde der normale Widerstand zusätzlich eingefügt, sodass sich ein Gesamtwiderstand von etwa 30 Ω ergibt.

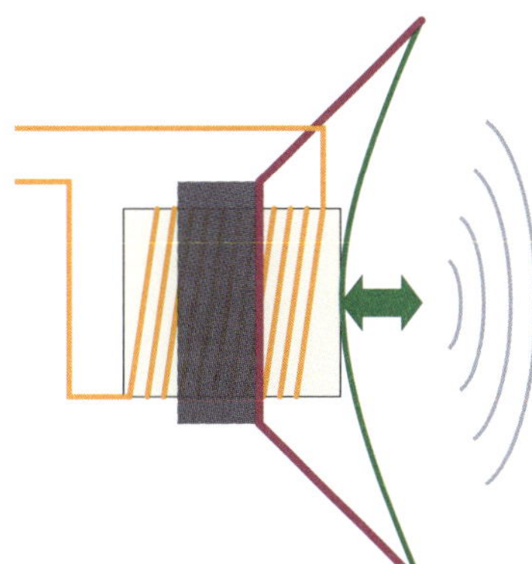

Funktionsprinzip dynamischer Lautsprecher

Die Grafik zeigt dir in vereinfachter Form, wie ein Lautsprecher aufgebaut ist. Ein ringförmiger Permanentmagnet (grau) umgibt eine Spule, die mit der (grünen) Lautsprechermembran verbunden ist. Durchfließt die Spule ein Strom, wirkt sie wie ein Magnet. Dieser wird vom äußeren Permanentmagneten abgestoßen. Je nach Polung der Stromquelle ändert sich die Ausrichtung der Feldlinien der Spule und die Spule wird nach links oder nach rechts bewegt. Die Auslenkung ist so gering, dass du es vermutlich nicht einmal richtig sehen kannst. Sie reicht aber aus, um die Luft um den Lautsprecher ein wenig in Schwingung zu versetzen. Und dein Ohr ist ein äußerst empfindliches Messgerät für diese kleinsten Schwingungen, die du dann als Schall hören kannst. Wenn du schnell genug hin und her schalten könntest – so zwischen 1.000- und 10.000-mal pro Sekunde –, dann würdest du einen richtigen Ton erzeugen. Das macht dann dein CD-Player und du kannst Musik hören.

Zu den knirschenden Geräuschen kommt es, weil dein Schalter nicht sauber zwischen den zwei Zuständen Ein und Aus umschalten kann. Jeder Schalter schwingt beim Betätigen ein wenig hin und her. Man nennt dies **prellen**. Wenn du ihn also von Aus nach Ein schaltest, schaltet er tatsächlich für einen Sekundenbruchteil mehrmals ein und aus, bis er seinen endgültigen Zustand erreicht hat. Der Lautsprecher ist schnell genug, um das in Bewegungen der Membran umzusetzen, die du dann hörst. So wie du bereits per Lichtzeichen Morsecode gesendet hast, kannst du das jetzt auch akustisch, wenn du die Anschlüsse für den Lautsprecher entsprechend verlängerst.

Immer im Kreis herum

Ein Elektromotor ist eine weitere Anwendung für Elektromagneten. Wie schon beim Lautsprecher macht man sich hier zunutze, dass sich zwei gleiche magnetische Pole abstoßen und zwei unterschiedliche sich anziehen.

Experiment

- Analog zum Lautsprecher benötigst du zwei Anschlusskabel an deinem Motor. Entweder du lässt dir welche anlöten oder du verdrillst wieder zwei Kupferlitzen an den Ösen.
- Schneide ein rundes Stück dickere Pappe mit einem Durchmesser von etwa 6 cm aus. Du kannst beispielsweise einen leeren und ausgespülten Getränkekarton nehmen.
- Zeichne mit Lineal und Bleistift drei sich in der Mitte kreuzende Linien auf die Pappe.
- Schneide entlang der Linien die Pappe ein. Aber nur bis etwa 0,5 cm vor der Mitte.

- Pikse in die Mitte ein kleines Loch mit einer Nadel oder Ähnlichem.

- Verbiege die einzelnen Segmente alle ein wenig nach oben und unten – aber alle in die gleiche Richtung, sodass ein Windrad entsteht.

- Stecke dein Windrad auf die Achse des Motors. Wenn es zu locker sitzt, kannst du es mit einem kleinen Stück Klebestreifen befestigen.
- Halte den Motor in der einen Hand, sodass sich der Pappaufsatz frei drehen kann, und schließe dann die beiden Zuleitungen des Motors mit Krokoklemmen an die Batterie an.

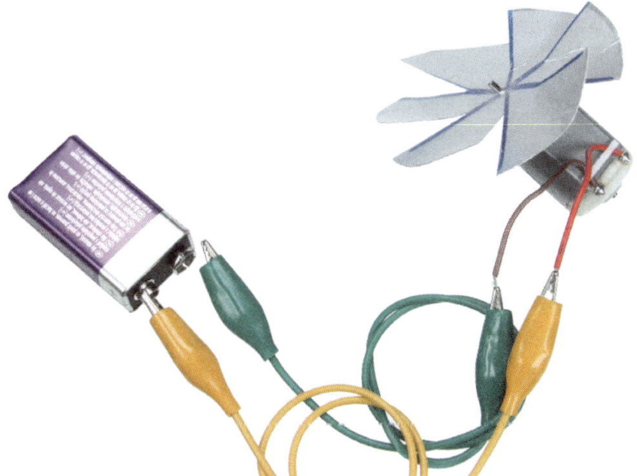

Du solltest jetzt einen leichten Windhauch wie von einem Ventilator verspüren. Wenn dir der Wind nicht entgegenbläst, dann kannst du entweder das Windrad anders herum auf die Motorachse stecken, oder einfacher, du vertauscht die beiden Kabel an den Batteriepolen. So gut ausgestattet kann es jetzt ruhig sommerlich heiß werden – du behältst trotzdem einen kühlen Kopf.

Elektromotoren werden auch in Slotcar-Rennautos benutzt.

Ein regelbarer Ventilator

Motoren drehen sich abhängig von der Polung der Spannungsquelle in die eine oder andere Richtung. Meistens sind die Anschlüsse bei kleinen Modellen nicht beschriftet. Im Schaltplan wird nicht die Polung angegeben, sondern die gewünschte Drehrichtung. Man spricht hier von *Links-* und *Rechtslauf* – wie bei einer Uhr.

Schaltzeichen linksdrehender Motor (gegen den Uhrzeigersinn)

Wie wäre es, wenn du die Geschwindigkeit deines Motors noch verändern könntest? Zuerst einmal könntest du probieren, was passiert, wenn du eine andere Batterie benutzt, die vielleicht schon etwas leerer oder noch voller ist.

Je nachdem, wie hoch die Spannung aus der Batterie ist, dreht sich der Motor unterschiedlich schnell. Du kennst ein Bauteil, mit dem du die Spannung ändern kannst, ohne jedes Mal die Batterie wechseln zu müssen.

Experiment

- Ein Poti ist die Lösung. Bevor wir es aber benutzen, müssen wir sicherstellen, dass du es nicht überlastest. Deshalb musst du als Erstes ausrechnen, wie viel Leistung dein Motor aufnimmt.
- Miss mit dem Amperemeter die Stromaufnahme des Motors. Ermittle auch die Spannung aus der Batterie, während der Motor angeschlossen ist, also nicht die Leerlaufspannung ohne Last.

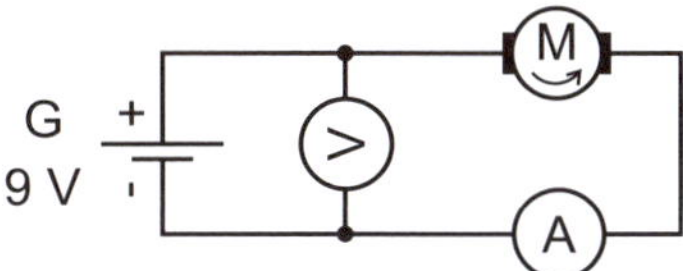

Messung	deine Werte	meine Werte
U		4,5 V
I		52 mA

- Wieder nutzen wir die schon bekannte Formel zur Berechnung der Leistung (natürlich mit deinen eigenen Werten):

$$\underline{\underline{P}} = U \times I = 4{,}5\,V \times 0{,}052\,A = \underline{\underline{0{,}234\,W}} = 234\,mW$$

- Potis vertragen oft etwas mehr Leistung (ca. 0,5 W) als die üblichen 1/4-Watt-(0,25-W-)Widerstände. Aber auch so wäre der berechnete Wert des von mir gemessenen Motors noch gerade im erlaubten Bereich. Wenn die Leistung bei dir nicht mehr als 400 mW beträgt, kannst du bedenkenlos weitermachen.
- Die Schaltung benutzt zusätzlich noch einen Taster, damit du den Motor bequem ein- und ausschalten kannst.

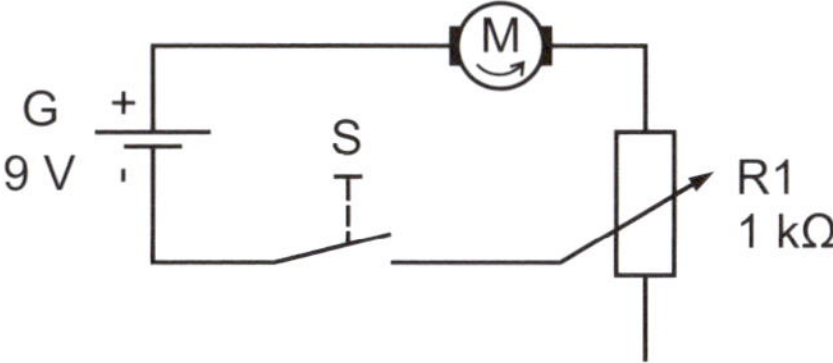

Motorsteuerung mit Poti

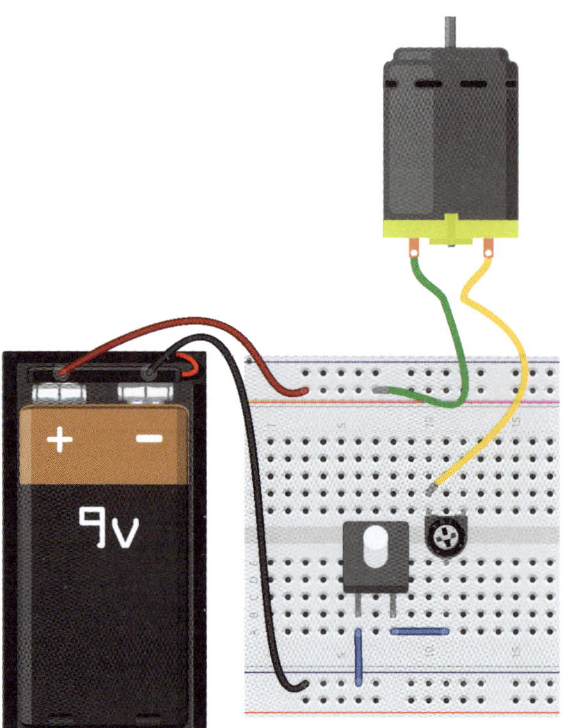

- Jetzt kannst du den Motor durch Drücken des Tasters laufen lassen und mit dem Poti die Drehzahl einstellen.

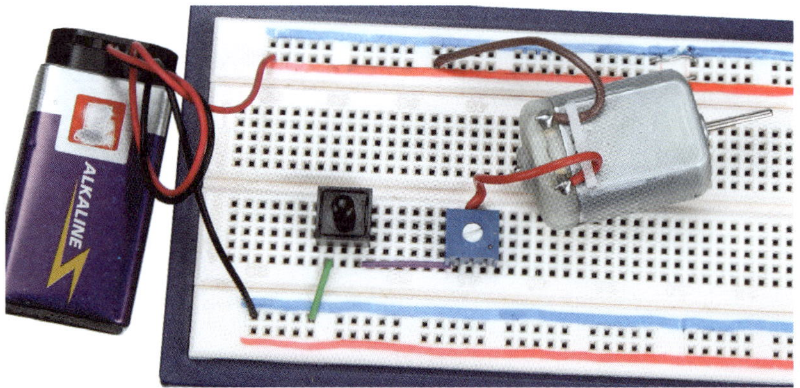

Schlaumeierwissen: Eigentlich soll man die Geschwindigkeit bei einem Motor nicht dadurch ändern, dass die Spannung variiert wird. Wie du sicher auch feststellen kannst, geht das auch nicht optimal. Wenn er ganz langsam laufen soll, stockt er manchmal ein wenig und läuft nur schwer an.

Im Idealfall benutzt man eine schnelle Folge nur sehr kurzer Impulse mit hoher Spannung. Versuche es einmal selber: Entferne den Widerstand und verbinde den Motor direkt mit dem Taster. Dann tippe so schnell du kannst immer ganz kurz auf den Taster. Mit einer speziellen Schaltung kann man viele Impulse pro Sekunde erzeugen. Wenn jeder Impuls dann nur ein klein wenig länger oder kürzer ist, dreht der Motor schneller oder langsamer. Das liegt daran, dass er zu träge ist, bei jeder Impulspause stehen zu bleiben, sondern sich weiterdreht. Mit dieser Technik, die sich Pulsweitenmodulation (PWM) nennt, kann man die Drehzahl in sehr kleinen Schritten ändern. Die Spannung an sich ist dabei immer gleich und so hoch, wie es der Motor maximal verkraftet.

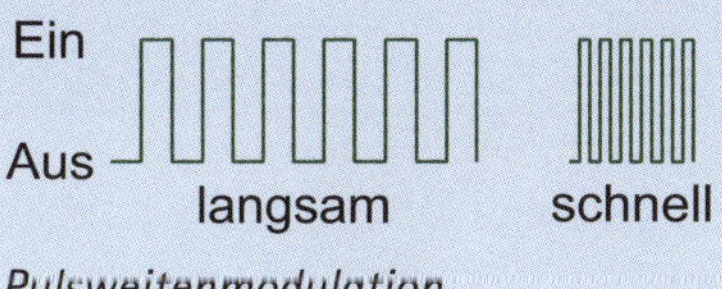

Pulsweitenmodulation

Wenn du oder deine Freunde eine Slotcar-Rennbahn besitzen, dann kennst du eine praktische Anwendung für die Motorsteuerung mit Poti. Die Handregler älterer oder auch preiswerter, nicht digitaler, Rennbahnen funktionieren nämlich genau so. Durch Drücken auf den Hebel wird dein Auto schneller oder langsamer.

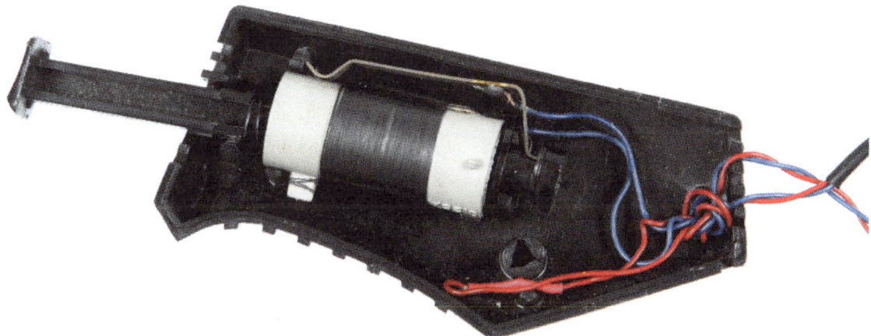

Rheostat im Handregler zur Geschwindigkeitssteuerung bei einer Slotcar-Rennanlage

Im Inneren befindet sich ein **Rheostat**. Das ist nichts anderes als der Trimmwiderstand in deinem Experiment. Ein Widerstandsdraht wurde dazu aufgewickelt. Ein Schleifer wird über diese Wicklungen geschoben und greift dadurch wie ein Poti einen unterschiedlich großen Widerstand ab. So ein Rheostat aus Draht kann mehr Leistung verkraften als ein schlichtes Poti, das bei den Modellautos einfach zu heiß werden würde. In etwas neueren Handreglern werden aber inzwischen auch handelsübliche Schiebepotis verbaut, weil diese billiger und zuverlässiger sind und die Motoren weniger Leistung benötigen.

Warum sich der Motor dreht

Durch deinen Versuch mit dem Nagel weißt du bereits, dass sich in einem Metall durch Umgeben mit einer Drahtwicklung und Strom anlegen ein Magnetfeld aufbaut. Je nachdem, wie herum die Spannungsquelle angeschlossen ist, bauen sich Feldlinien auf, deren Verlauf du mit der Umfassungsregel bestimmen kannst. Gleichsinnig gerichtete Feldlinien zweier Objekte entsprechen zwei gleichen Magnetpolen: Sie stoßen sich ab.

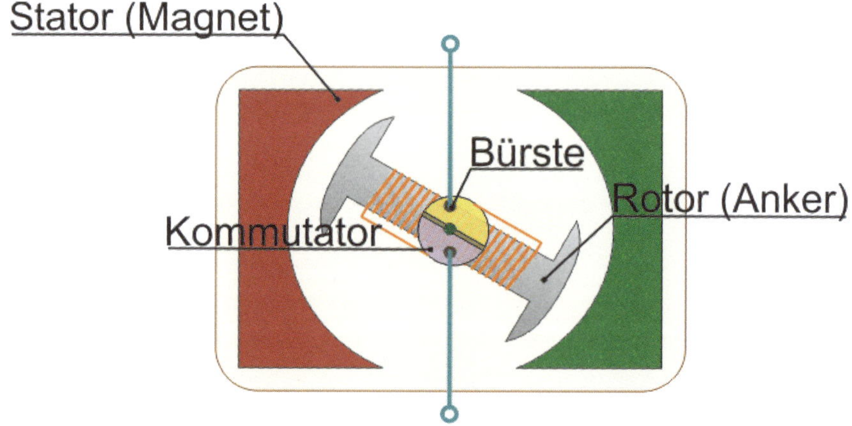

Funktionsprinzip eines einfachen Elektromotors

Bei einem einfachen Motormodell befindet sich außen ein Permanentmagnet (*Stator*) mit einem Nord- und Südpol (Rot/Grün). In dessen Mitte ist der Motorkern gelagert, der sich drehen kann und *Rotor* genannt wird. Der Anker ist mit einer Spule umwickelt, deren beide Anschlüsse fest mit dem Kommutator verbunden sind. Das ist eine Scheibe, deren metallische Oberfläche zweigeteilt ist (Violett und Gelb im Bild). Auf diese Oberfläche drücken zwei (Kohle- oder Graphit-)Bürsten, die mit den beiden Anschlüssen verbunden sind.

Legst du nun eine Spannung an die Anschlüsse (beispielsweise an den oberen Anschluss Plus), dann fließt der Strom über die eine Hälfte des Kommutators (Violett) in die Spule, induziert dort das Magnetfeld und fließt über die andere Hälfte des Kommutators (Gelb) wieder ab.

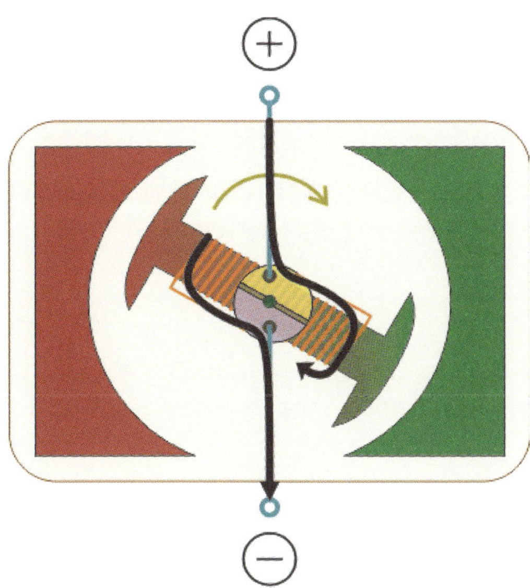

Strom wird an den Motor angelegt und ein Magnetfeld baut sich auf.

Das Magnetfeld im Anker ist genau so ausgerichtet wie das des Stators. Also stoßen sich die beiden Metalle ab. Weil der Rotor aber nirgends hin kann, dreht er sich auf der Achse in eine Richtung. Dadurch dreht sich auch der Kommutator mit.

Dreht sich die Achse weit genug, dann fließt jetzt aber der Strom vom Pluspol über die andere Hälfte des Kommutators (Violett) und danach bei der gelben Fläche raus. Dadurch wird die Spule umgepolt und das Magnetfeld im Anker dreht sich um. Jetzt liegen sich wieder zwei gleiche Magnetpole gegenüber, die sich abstoßen wollen. Und weil der Motor sich schon ein Stück gedreht hat, dreht er sich in die gleiche Richtung einfach weiter.

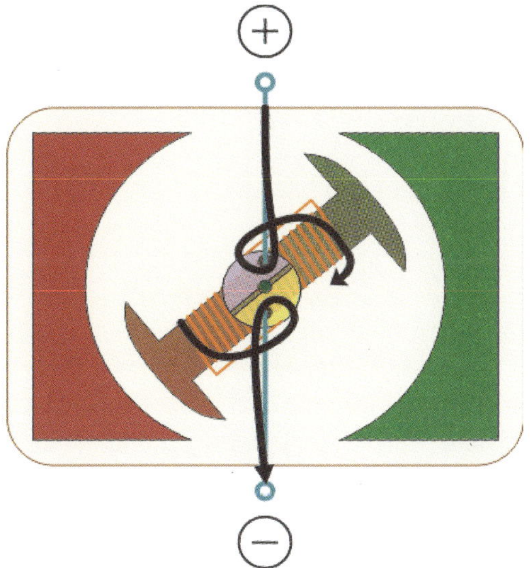

Hat der Rotor sich gedreht, wird die Spule umgepolt.

Sobald der Rotor sich weit genug gedreht hat, wird die Spule wieder umgepolt und das Spiel beginnt von vorne. Der Motor dreht sich immer weiter.

Wieso dreht sich der Motor in die eine und nicht in die andere Richtung, wenn du ihn immer gleich herum an die Batterie anschließt? Und was würde passieren, wenn du die Batterie in den Beispielbildern anders herum angeschlossen hättest? Dann wäre doch gar kein zum Stator entgegengesetztes Magnetfeld im Anker entstanden. Es handelt sich hier nur um ein vereinfachtes Anschauungsmodell. Bei echten Motoren ist der Kommutator viel öfter unterteilt und der Anker ist wesentlich komplizierter aufgebaut, sodass dieser fiktive Fall nicht vorkommt.

Beispiel für den Rotor eines Staubsaugermotors. Links befindet sich der Kommutator und rechts der Anker. Urheber: Sebastian Stabinger, CC BY-SA 3.0

Wir erzeugen mit dem Motor Strom

An deinem Fahrrad hast du wahrscheinlich einen Dynamo für das Licht. Entweder ist das noch so ein älteres Modell, das gegen den Reifen gedrückt wird oder du hast schon einen modernen Nabendynamo, der in der Achse des Vorderrades sitzt. Auch wenn der Nabendynamo schicker ist, weil man weniger Kraft beim Treten braucht und er besser funktioniert, so funktioniert er ähnlich wie der alte Dynamo. Im Grunde handelt es sich dabei einfach um einen zweckentfremdeten Motor. Anstatt dass Strom eingespeist wird, damit er sich dreht, drehst du die Motorachse und dadurch wird Strom erzeugt.

Experiment

- Wähle an deinem Multimeter den Gleichspannungsmessbereich mit 200 mV. Wenn du ein Multimeter mit automatischer Bereichswahl hast, dann wähle manuell diesen Bereich, da ansonsten das Messgerät zu lange braucht, um gleich einen Wert anzuzeigen.
- Verbinde die Anschlüsse deines Elektromotors mit dem Multimeter. Die Polung ist egal.
- Drehe möglichst schnell die Achse des Motors und beobachte dabei die Messwerte.
- Drehe die Achse in die eine Richtung und dann auch mal in die andere und achte auf das Vorzeichen der Zahlen.

Wenn du den Motor zwischen den Fingern drehst, erzeugst du eine Spannung (je nach Motor etwa 80...200 mV). Je nach Drehrichtung ist entweder der eine Anschluss Pluspol oder der andere, was du daran erkennen kannst, dass bei der einen Drehrichtung ein Minuszeichen erscheint, wenn die Plusklemme des Multimeters mit dem derzeitigen Minuspol des Motors verbunden ist.

Wenn du auch eine Spannung zwischen etwa 80 und 200 mV erzeugen kannst, dann reicht das, um die Low-Current-LED zum Aufblitzen zu bringen. Verbinde dazu einfach statt des Multimeters die LED mit dem Motor und drehe in die eine oder andere Richtung.

In billigen Dynamotaschenlampen, die man mit einer Kurbel betreiben kann, werden oft die gleichen kleinen Elektromotoren benutzt, wie du einen hast. Das silberne ist der Motor/Dynamo, das grüne Bauteil ein kleiner Akku, der aufgeladen wird, wenn über die Kurbel die Zahnräder und die Motorachse gedreht werden.

Ein Elektromotor ist nicht der ideale Dynamo, aber wie du siehst, geht es trotzdem. Vom Funktionsprinzip her ist der Dynamo, der auch manchmal Lichtmaschine oder (Gleichstrom-)Generator genannt wird, wie ein Motor aufgebaut. Bewegt sich eine Spule durch ein Magnetfeld, wird in der Spule Strom induziert. Durch die Drehung des Rotors bewegst du die Spule auf dem Anker kreisförmig durch das Magnetfeld des Stators und erzeugst Strom.

Würdest du an deinen Motor ein Wasserrad anbringen, hättest du ein Wasserkraftwerk. Zusammen mit einem Windrad wäre es eine Windkraftanlage, wie sie mittlerweile auf vielen Feldern stehen. In einem Atomkraftwerk wird durch die Kernspaltung Hitze erzeugt, die Wasser zum Kochen bringt und der heiße Wasserdampf treibt eine Turbine an. Das ist nichts anderes als ein Rad, das einen (riesigen) Generator dreht. Und so schließt sich der Kreis zur Behauptung am Kapitelanfang: Ohne Elektromagnetismus gäbe es keinen Strom, denn Solaranlagen helfen nachts rein gar nichts.

Zusammenfassung

Elektromagnetismus begegnet uns überall im Alltag. Viele Geräte, die wir täglich benutzen, basieren auf dem Effekt, dass ein Leiter, der von Strom durchflossen wird, um sich herum ein Magnetfeld aufbaut. Auch der umgekehrte Fall ist praktisch: Ein Leiter, der durch ein Magnetfeld bewegt wird, erzeugt in sich eine Spannung. Mit den Bauteilen, die du hier kennengelernt hast, kannst du deiner Fantasie freien Lauf lassen und neues Spielzeug entwerfen. Wie wäre es mit einem kleinen Auto mit Elektromotor, einem Wasserkraftwerk oder einem Elektromagneten für deinen Spielzeugkran?

Ein paar Fragen ...

1. Zeichne die Feldlinien in den von Strom durchflossenen Leiter ein.

2. Stoßen sich zwei gleichpolige Seiten eines Magneten ab oder ziehen sie sich gegenseitig an?

3. Welches Bauteil benötigt keinen zusätzlichen Permanentmagneten, damit es funktioniert: Dynamo, Relais, Motor, Elektromagnet, Lautsprecher?
4. Darfst du eine Spule immer direkt an die Batterie anschließen?
5. Was versteht man unter *galvanischer Trennung*?

... und ein paar Aufgaben

1. Besuche ein Museum, in dem physikalische Experimente zum Ausprobieren ausgestellt sind. Solche Science Center findest du mittlerweile in vielen Städten. Zum Beispiel München: Deutsches Museum (*http:/ /www.deutsches-museum.de/*), Berlin: Science Center Spectrum des Deutschen Technikmuseum (*http://www.sdtb.de/*) oder Wolfsburg: phæno (*http://www.phaeno.de/*). Dort kannst du noch viel mehr Elektromagnetismus erleben.
2. Die folgende Schaltung sieht ein wenig aus wie die, die du schon mal aufgebaut hast. Sie unterscheidet sich aber ein wenig im Aufbau und gewaltig in der Funktion. Probier es aus. Das Relais hält sich nach dem Umschalten selber, was *Selbsthaltefunktion* genannt wird und in einem sehr wichtigen Baustein für Computer genutzt wird: dem Flip-Flop.

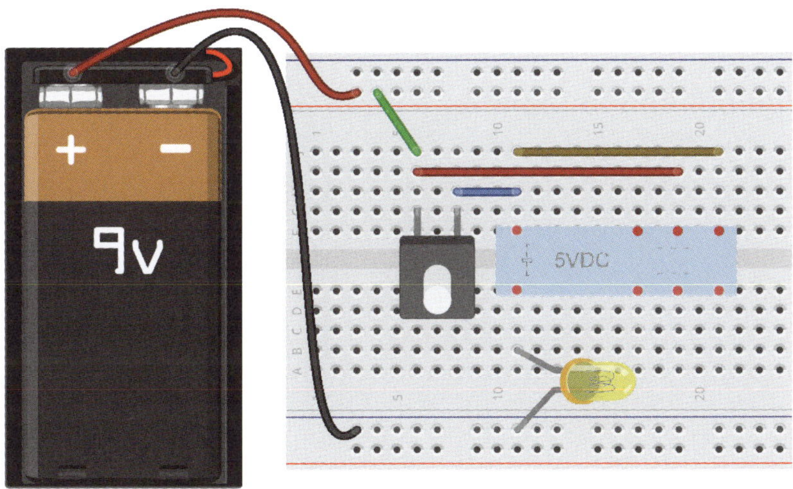

3. Probier aus, selber einen Schaltplan für die vorherige Schaltung zu zeichnen. Das ist schon ziemlich verzwickt. Im Anhang findest du eine Beispiellösung.

6

Die Einbahnstraße für den Strom

In diesem Kapitel lernst du:

- die Feld-Wald-und-Wiesen-Diode kennen
- woher man alles über ein Bauteil in Erfahrung bringen kann
- endlich Leuchtdioden richtig kennen
- wie du unsichtbares Licht für dich nutzen kannst

Dioden gehören zu den aktiven Bauteilen der Elektrotechnik, da sie eine Steuerung von Signalen erlauben. Wieso Dioden sich so verhalten, wie du es kennenlernen wirst, ist schon ziemlich schwer zu verstehen, da wir uns dazu noch mal die Elektronen anschauen müssen. Du wirst aber sehen, dass man das vielleicht auch gar nicht unbedingt wissen muss, um Dioden zu benutzen. Und dann wird ihr Einsatz sehr einfach und man kann tolle Effekte mit ihnen erzielen.

Verkehrt herum geht gar nicht(s)

In der Einkaufsliste sind zwei verschiedene Dioden aufgeführt, die du jetzt kennenlernen wirst. Schau dir beide Typen mal ganz genau an. Die eine ist so klein, dass du vielleicht sogar eine Lupe benötigst, um die Schrift darauf lesen zu können, wenn du keine Adleraugen hast.

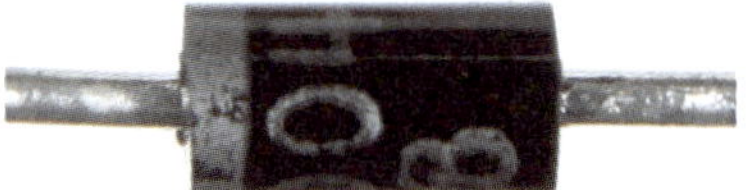

Zwei Dioden: 1N4148 oben und 1N4004 unten

Auf beiden Bauteilen stehen ein paar Buchstaben, Zahlen und eventuell noch ein Firmenlogo des Herstellers. Es gibt aber noch eine Besonderheit: An einer Seite befindet sich ein umlaufender Strich. Dieser ist besonders interessant, denn Dioden gehören zu den Bauteilen, bei denen es wichtig ist, wie herum du sie in die Schaltung einsetzt. Falsch herum können sie kaputtgehen oder etwas funktioniert nicht oder anders als gewollt.

Der Strich auf dem Bauteil findet sich auch im Schaltzeichen wieder.

Wenn du also eine Diode benutzt, achte darauf, wohin der Strich (auf den die Pfeilspitze deutet) im Schaltbild zeigt. Die umlaufende Markierung auf dem Bauteil muss in die gleiche Richtung zeigen.

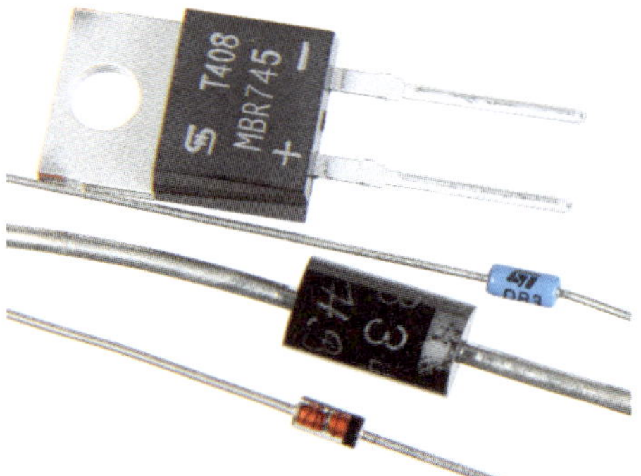

Verschiedene Bauformen von (speziellen) Dioden

Experiment

- Wir benutzen zuerst die Diode mit dem Aufdruck 1N4004. Das ist die dickere, schwarze. Beim Biegen der Anschlussdrähte benutze bitte unbedingt eine Zange oder Biegelehre, um die Beine zwischen Gehäuserand und Biegestelle festzuhalten. Biege die Beine nicht freihändig um.

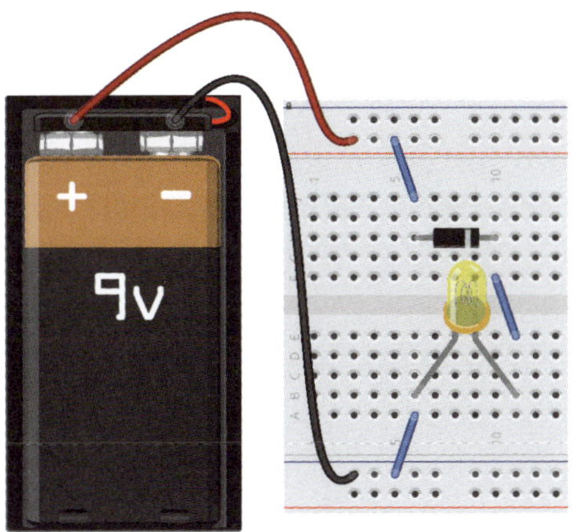

Achte auf die Ausrichtung der Diode. Der Strich muss nach rechts zeigen.

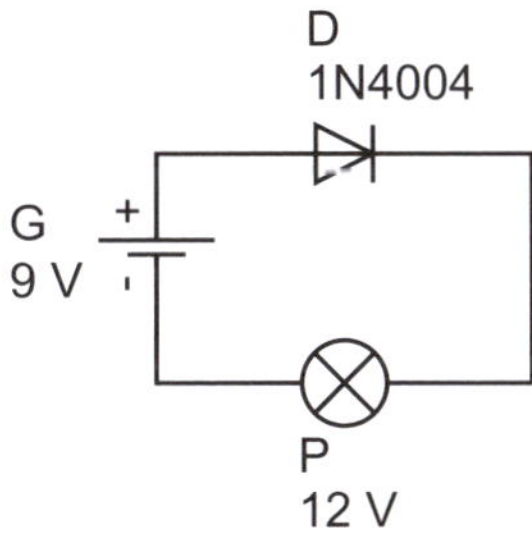

- Für einen Profi wie dich dürfte der Nachbau der kleinen Schaltung kein Problem sein.
- Wenn du fertig bist, sollte die Lampe leuchten. Klappt das, dann kannst du gleich weiter experimentieren.

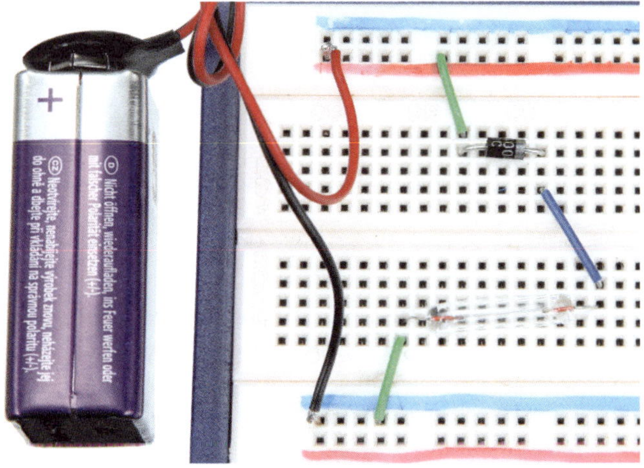

So aufgebaut sollte die Lampe leuchten.

- Nimm die Diode aus der Schaltung und drehe sie andersherum, sodass der Ring auf dem Gehäuse nach links zeigt. Was passiert mit der Lampe?
- Jetzt probier das Ganze noch mit der anderen Diodentype aus, der 1N4148. Die dürfte deutlich kleiner sein und ein durchsichtiges Gehäuse haben.
- Gibt es einen Unterschied bei der Funktion im Vergleich zur 1N4004?

Wenn alles wie gewünscht funktioniert hat, dann hast du zwei Erkenntnisse gewonnen:

1. Wenn du die Diode »falsch herum« einbaust, leuchtet die Lampe nicht.
2. Zwischen den beiden Typen scheint es auf den ersten Blick keinen Unterschied zu geben.

Grundprinzip der Diode

Werfen wir zuerst einen Blick auf die erste Feststellung: Die Diode lässt den Strom nur in eine Richtung fließen. Wird sie andersherum benutzt, verhindert sie den Stromfluss. Dieser Fall wird als **Sperrrichtung** bezeichnet. Die Bauteilausrichtung wird dabei unter Berücksichtigung der technischen Stromrichtung betrachtet, wenn der Strom also von Plus zu Minus fließt. Die Diodenseite, die für die Beschaltung in Durchlassrichtung zum Pluspol weisen muss, wird **Anode** genannt. Die Seite mit dem Querstrich, die zum Minuspol zeigt, nennt man **Kathode**.

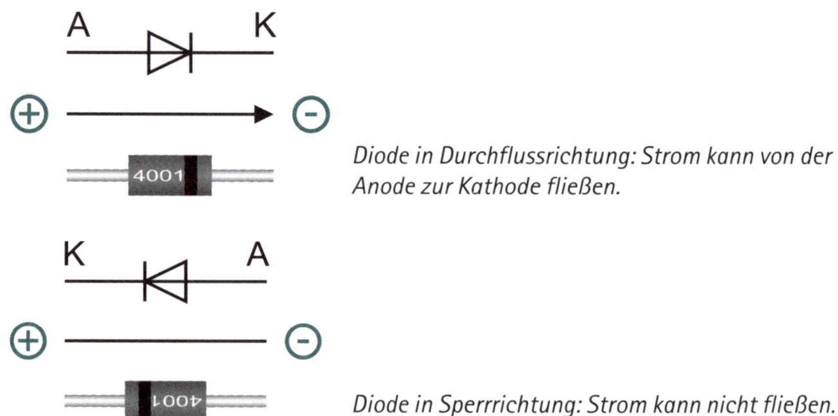

Diode in Durchflussrichtung: Strom kann von der Anode zur Kathode fließen.

Diode in Sperrrichtung: Strom kann nicht fließen.

Damit wirkt die Diode wie ein Ventil. Das Luftventil an deinen Fahrradreifen macht genau das Gleiche: Du kannst Luft in den Reifen pumpen, aber es kommt keine heraus (zumindest nicht aus dem Ventil, sondern eher aus einem Loch im Reifen, aber das ist ein anderes Problem). Wie bei einer Einbahnstraße können sich die Elektronen nur in eine Richtung (legal) durch die Diode hindurchbewegen. Entgegen der »Fahrtrichtung« geht es nicht.

Dioden eignen sich durch ihre Eigenschaft dazu, sicherzustellen, dass der Strom nur in eine bestimmte Richtung fließen kann. Wird die Spannungsquelle falsch herum angeschlossen, dann sperrt die Diode und verhindert beispielsweise so, dass Schaden entsteht.

Experiment

- Modifiziere deine vorherige Schaltung ein klein wenig:

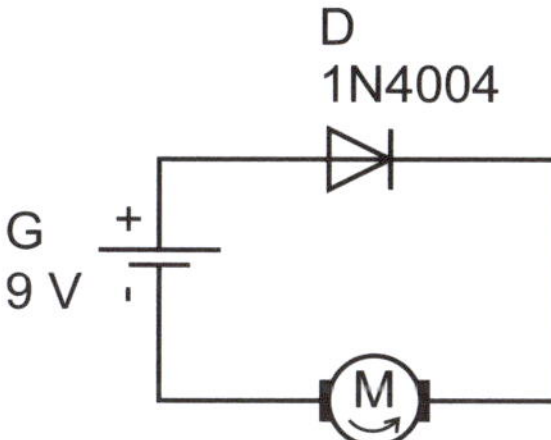

- Der einzige Unterschied ist, dass jetzt anstatt der Glühbirne der kleine Elektromotor benutzt wird.
- Wenn der Motor läuft, achte darauf, in welche Richtung er sich dreht.
- Vertausche die Anschlüsse der Batterie.

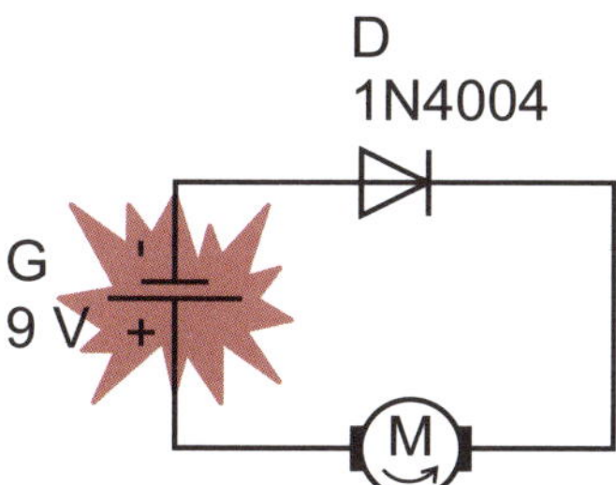

Die Batterie wurde verpolt.

Die Diode wird nun in Sperrrichtung betrieben und blockiert deshalb den Strom, sodass der Motor sich nicht dreht. Auf diese Weise kannst du also zum Beispiel sicherstellen, dass sich der Motor immer nur in die eine Richtung dreht.

In fast allen elektronischen Geräten befindet sich so eine Diode als Verpolschutz. Wenn du die Batterien falsch herum in eine Fernbedienung oder deinen MP3-Player einsetzt, soll ja nicht gleich das ganze Gerät kaputt gehen.

Eine Diode ist nicht ideal

Es steht noch eine Aussage im Raum: Zwischen den beiden Diodentypen konntest du bisher keinen Unterschied erkennen. Das wollen wir noch ein wenig genauer untersuchen.

Experiment

- Die Schaltung betreibt zwei Lämpchen parallel.

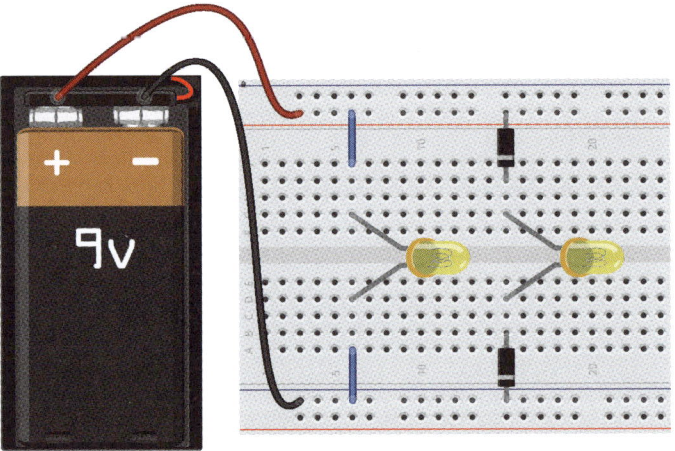

Obwohl beide Dioden hier gleich aussehen, sind sie es nicht!

- Im Schaltplan kannst du erkennen, dass zwei verschiedene Dioden benutzt werden.

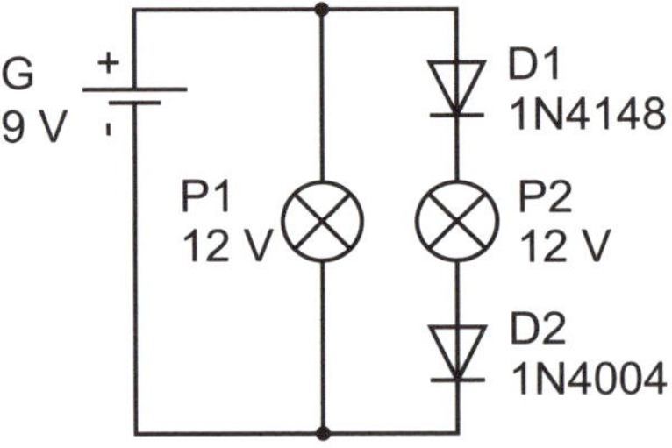

Nur noch mal zur Erinnerung und Wiederholung: Der rechte Teil mit D1, D2 und P2 ist eine Reihenschaltung. In dieser ist es egal, in welcher Reihenfolge die Bauteile eingesetzt werden. Nur die Ausrichtung (Richtung des Markierungsrings) der Diode ist wichtig. Du könntest also auch die beiden Dioden hintereinanderschalten und erst dann die Lampe – probier es ruhig einmal aus!

≫ Beobachte die Helligkeit der Lampen. Wenn deine Batterie schon zu schwach ist, leuchtet die eine vielleicht gar nicht mehr, dann wird es Zeit, eine neue Batterie zu benutzen.

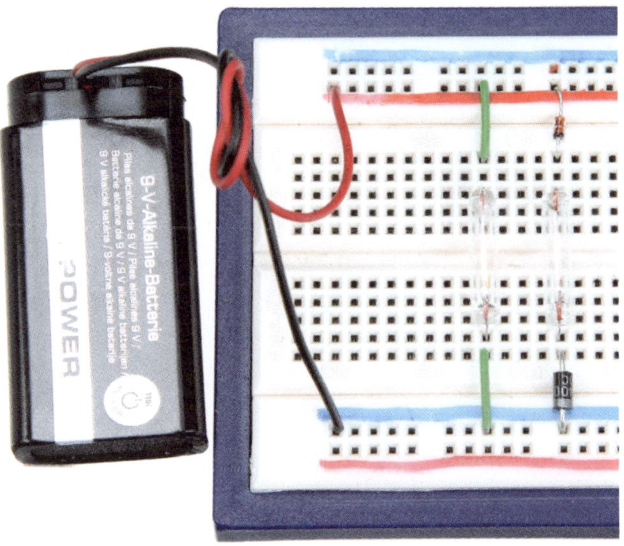

Du wirst sehen, dass die Lampe P2 weniger hell leuchtet als P1. Bei einer Parallelschaltung zweier gleicher Lampen sollten aber eigentlich beide gleich hell leuchten. Dioden sind aber keine idealen Leiter wie ein Stück Draht. Anscheinend stellen die Dioden so etwas wie einen Widerstand dar, an denen auch Spannung abfällt.

Das solltest du genauer untersuchen. Ich schlage vor, wir messen einmal die Spannung, die über den Dioden abfällt.

Spannung Diode	deine Werte	Beispielwerte
1N4148		0,889 V
1N4004		0,794 V

Was du gerade gemessen hast, wird **Durchbruchspannung** genannt. Erst wenn diese Spannung überschritten ist, wird die Diode (in Durchlassrichtung betrieben) leitend. Je nach Diode und Stromfluss ist diese Spannungsschwelle ein klein wenig anders. Um die Sache etwas zu vereinfachen, rechnet man meistens mit 0,7 V. Im Gegensatz zum Widerstand ändert sich die an der Diode abfallende Schwellenspannung nicht, wenn sich der Strom durch die Diode ändert. Hier gilt also **nicht** das Ohm'sche Gesetz.

Ein Blick auf die Details

Wie schon eingangs erwähnt, schauen wir uns mal genau an, wie eine Diode im Inneren funktioniert, wenn wir die Elektronen unter die (sehr starke) Lupe nehmen. Zugegeben, das ist schon ziemlich verzwickt, aber vielleicht ist es doch ganz hilfreich, zu versuchen, das zu verstehen, und wer weiß: Möglicherweise findest du es nachher sogar genauso spannend wie ich.

Dioden gehören in die Gruppe der **Halbleiter**. Das sind feste Materialien, die abhängig von der Temperatur elektrische Leiter oder Nichtleiter sein können. Die Leitfähigkeit kann auch durch Anlegen einer Steuerspannung oder eines Steuerstroms verändert werden.

Ausgangsmaterial für die meisten gebräuchlichen Dioden ist das Halbmetall Silizium. Es gibt auch Dioden aus Germanium, die früher noch gängig waren, aber inzwischen kaum noch Bedeutung haben. Die Silizium-Atome sind vierwertig, haben also vier Elektronen (sogenannte **Valenzelektronen**) auf ihrer Außenhülle. Jedes dieser Elektronen kann sich an ein Valenzelektron eines benachbarten Atoms binden. Dadurch krallen sich die Atome gewissermaßen aneinander und bilden ein Kristallgitter. Reines Silizium wird bei der Herstellung dann mit einem anderen chemischen Element gewissermaßen gezielt verunreinigt. Der Vorgang wird **Dotierung** genannt.

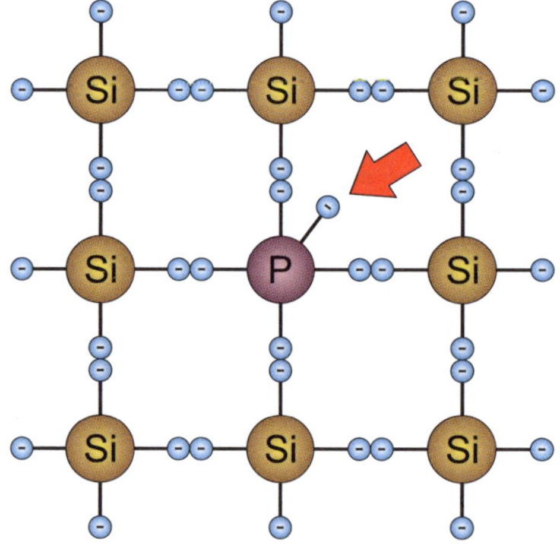

N-Dotierung im Siliziumkristallgitter mit Phosphor: Elektronenüberschuss

Wird dem Silizium ein Element beigefügt, das ein Elektron mehr als Silizium hat (beispielsweise Phosphor), dann gibt es in dem Kristallgitter nun einen Elektronenüberschuss. Auf diese Weise entsteht die **N-Dotierung**.

Bringt man in das reine Silizium ein Element (z. B. Aluminium) ein, das ein Elektron weniger als die Silizium-Atome hat, dann verbleibt ein Silizium-Elektron übrig, das keine Bindung zu einem benachbarten Atom aufbauen kann. Dieses Defektelektron bildet gewissermaßen ein Elektronenloch. Hier könnte ein Elektron reinrutschen, aber es ist einfach keins da. So behandeltes Silizium wird **P-dotiert** genannt.

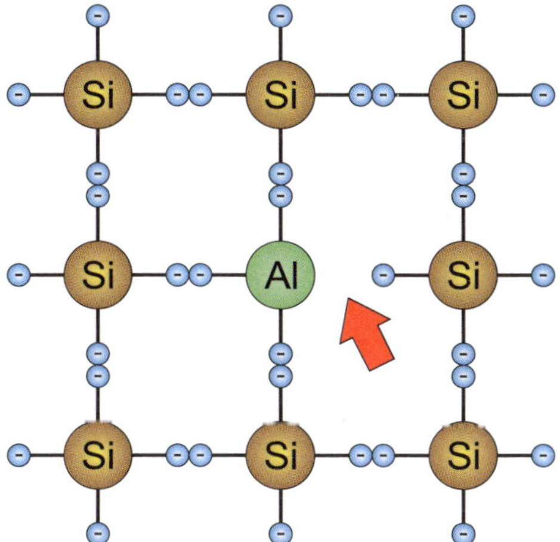

P-Dotierung im Siliziumkristallgitter mit Aluminium: Elektronenmangel (Löcher)

Für eine Diode bringt man nun eine kleine Menge N-dotiertes und P-dotiertes Silizium zusammen. Solange keine Spannung anliegt, bildet sich in der Nähe der Kontaktfläche beider Siliziumhälften ein PN-Übergang. In diesem schmalen Bereich können die Elektronen von sich aus genügend Kraft aufbringen, um den Überschuss und die Löcher auszugleichen. Aus dem N-dotierten Teil wandern dazu Elektronen in die Löcher in der P-Dotierung. Im restlichen Silizium kommt es nicht zu dieser Elektronenbewegung.

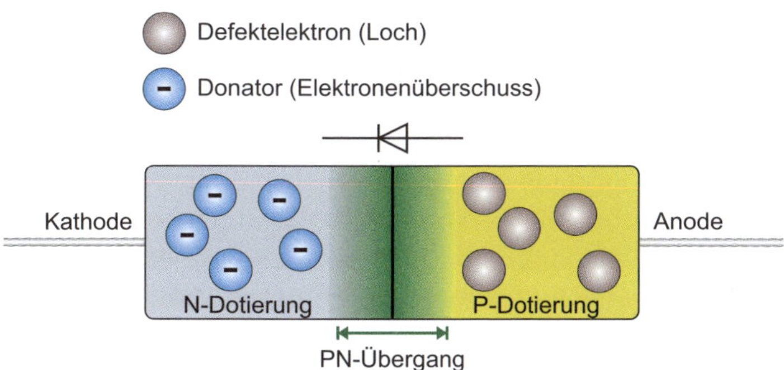

Diode ohne Spannung

Betrieb in Sperrrichtung

Wird an die Diode eine Spannung in Sperrrichtung angelegt, dann blockiert sie. Der Grund ist der PN-Übergang, der dabei größer wird und für die Elektronenbewegung ein unüberwindliches Hindernis wird. Auf der einen Seite saugt der Pluspol gewissermaßen die Donatoren (also die überschüssigen Elektronen) der N-Dotierung aus der Diode. In der Hälfte mit P-Dotierung passiert das Gleiche mit den Löchern. Die Elektronen, die vom Minuspol der Batterie zum Pluspol wandern wollen, haben keine Chance, die Diode zu passieren – es fließt kein Strom.

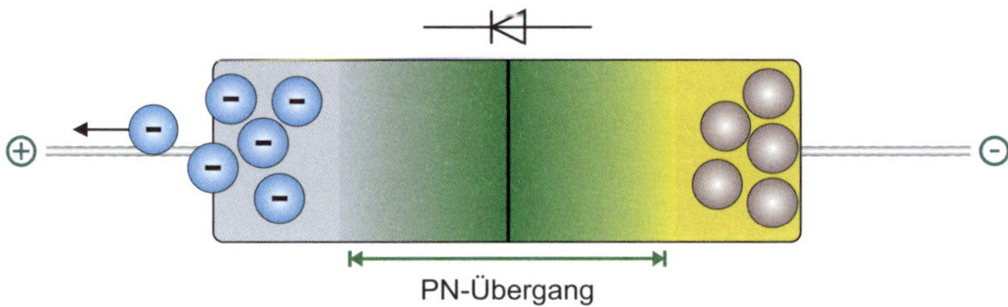

Diode in Sperrrichtung betrieben

Betrieb in Durchlassrichtung

Anders sieht es aus, wenn die Diode in Durchflussrichtung betrieben wird. Dabei liegt der Pluspol der Spannungsquelle an der P-dotierten Anode. Der Querstrich im Schaltzeichen und die umlaufende Ringmarkierung wiesen dann in Richtung Minuspol.

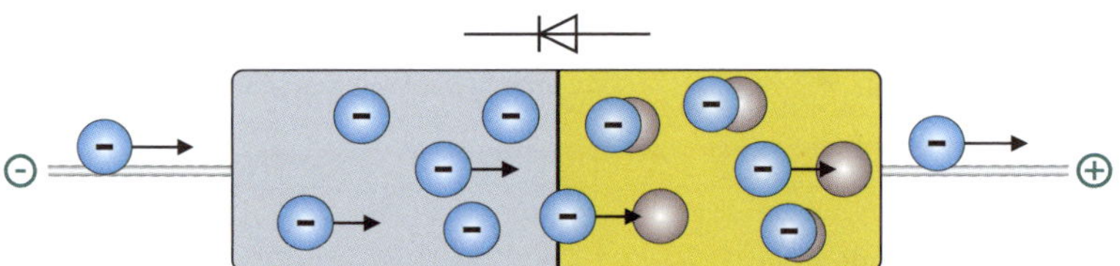

Diode in Durchlassrichtung: Strom fließt.

Die zusätzlich vom Minuspol heranströmenden Elektronen überfluten die Diode regelrecht. Der Batteriepluspol wirkt dabei außerdem wie ein Staubsauger und unterstützt den Elektronenfluss. Dadurch gelangen freie Elektronen in den PN-Übergang und füllen auch die Löcher im Bereich der P-Dotierung. Weil ständig Elektronen nachgeführt werden, kann der PN-Übergang vollständig abgebaut werden, sobald die Durchbruchspannung erreicht ist. Diese Schwellenspannung wird also benötigt, um den Elektronenmangel in der Diode auszugleichen, weshalb im Betrieb immer die gleiche Spannung an der Diode abfällt – egal, welcher Strom fließt.

Wie gut kennst du deine Diode?

Eine charakteristische Eigenschaft der zwei unterschiedlichen Dioden hast du bereits kennengelernt: die Durchbruchspannung. Sie ist nicht immer gleich, liegt aber meistens in etwa bei 0,7 V. Es gibt noch drei weitere wichtige Kennwerte:

1. wie viel Spannung die Diode in Sperrrichtung verträgt
2. wie viel Strom sie verträgt
3. wie schnell sie vom Sperrbetrieb zurück in Durchlass wechselt

Diese und weitere Daten findest du für im Grunde jedes Bauteil in seinem zugehörigen Datenblatt. Das ist eine kleine Infobroschüre des Herstellers, in der alles Wichtige steht. Die beiden Dioden 1N4148 und 1N4004 gehören zu den Standarddioden, die in vielleicht 95 % aller Fälle benutzt werden, wenn eine einfache Diode gebraucht wird. Aufgrund ihres Einsatzgebietes werden sie auch als Gleichrichterdioden (1N4004) oder Schaltdioden (1N4148) bezeichnet, wobei für uns diese Unterscheidung nicht wichtig ist.

Weil sie fast überall gebraucht werden, gibt es auch verschiedene Hersteller, die aber alle gleichwertige Dioden mit genau den gleichen Daten produzieren. Solange die Typenangabe identisch ist, brauchst du dir keine Gedanken darüber zu machen, wer das Bauteil hergestellt hat. Die Datenblätter unterscheiden sich allerdings in der Qualität. Manche sind ausführlicher oder übersichtlicher, manche sehr knapp.

Bei mir im Schrank stapeln sich noch dicke Bücher, die ich mir mal teuer gekauft habe und in denen für viele Bauteile die Kenndaten abgedruckt sind. Seit Jahren habe ich sie nicht mehr genutzt, denn inzwischen findet man alle Datenblätter legal und frei verfügbar kostenlos online im Internet.

≫ Gehe mit deinem Webbrowser ins Internet.

Wenn du deine Eltern um Erlaubnis fragen musst, dann bitte sie darum. Vielleicht können sie dir auch ein wenig helfen und dann sehen sie auch gleich, dass du das Web für die wissenschaftliche Arbeit nutzt und nicht für Unsinn.

≫ Gehe auf die Seite einer Suchmaschine wie Google, DuckDuckGo, Yahoo etc.

- Als Suchanfrage gibst du »datasheet 1n4148 f:pdf« ein. Wenn du nach einem anderen Bauteil suchst, dann benutzt du natürlich dessen Bezeichner. »datasheet« ist das englische Wort für Datenblatt. Du wirst so gut wie nie ein deutschsprachiges Datenblatt finden, da die meisten Hersteller aus dem amerikanischen oder asiatischen Raum kommen und die Welt nun mal eher Englisch als Deutsch spricht. Aber das wird kein Problem sein. »f:pdf« sorgt bei den meisten Suchmaschinen dafür, dass hauptsächlich Dokumente in dem universellen PDF-Format aufgelistet werden. So bekommst du gleich das Datenblatt angezeigt, wenn du auf den Treffer klickst. Wenn das nicht klappt, schreibe »filetype:pdf« stattdessen.

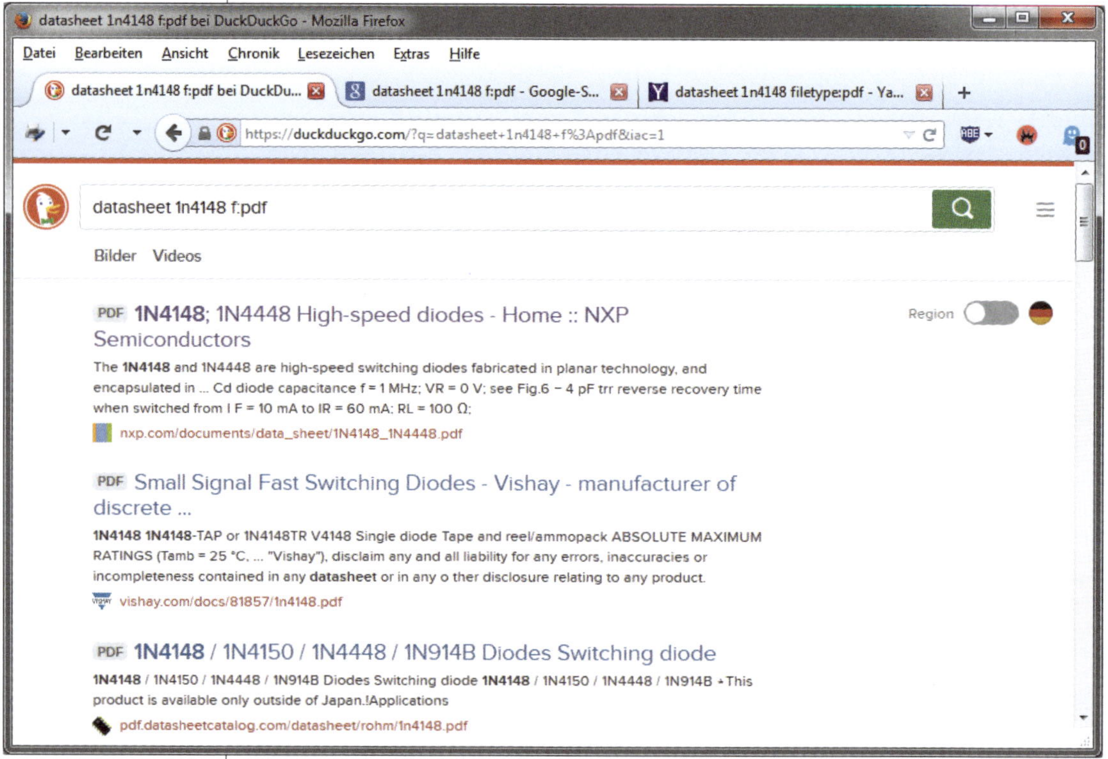

Suchergebnis nach einem Datenblatt im Browser

- Am besten ist es immer, ein Datenblatt direkt von der Webseite der Hersteller zu benutzen. Bekannte Hersteller sind u. a. Vishay, NXP, Fairchild, ST und TI – es gibt aber je nach Baustein auch viele andere.

Wenn du öfter suchst, wirst du auch auf ein paar Datenblattsammlungen stoßen, die es sich zur Aufgabe gemacht haben, alle (und vor allem ältere) Datenblätter zu archivieren. Auch die sind gut.

Auf gar keinen Fall darfst du für ein Datenblatt etwas bezahlen sollen oder irgendwelche Daten für eine Anmeldung eingeben. Es handelt sich immer um unseriöse Anbieter, die dich nur abzocken wollen. Datenblätter sind immer kostenlos. Nur für extrem alte und exotische Bauteile, mit denen du es in nächster Zeit nicht zu tun bekommen wirst, muss man manchmal etwas bezahlen. Vorher lohnt es sich aber, in einer Diskussionsgruppe (siehe erstes Kapitel) zu fragen, ob jemand anderes dir helfen kann.

- Klicke auf einen Eintrag in der Trefferliste. Es ist nicht wirklich wichtig, welches PDF du dir anschaust. Wenn du aber feststellst, dass das Datenblatt dir nicht gefällt, probier eins von einem anderen Anbieter/Hersteller aus, vielleicht taugt das mehr.
- Je nachdem, wie dein Browser konfiguriert ist, öffnet sich das Datenblatt direkt oder das Anzeigeprogramm Adobe Reader wird gestartet und darin das Datenblatt angezeigt. Solltest du noch keinen Adobe Reader (*http://www.adobe.com/products/reader.html*) installiert haben, bitte deine Eltern, ihn dir zu installieren.

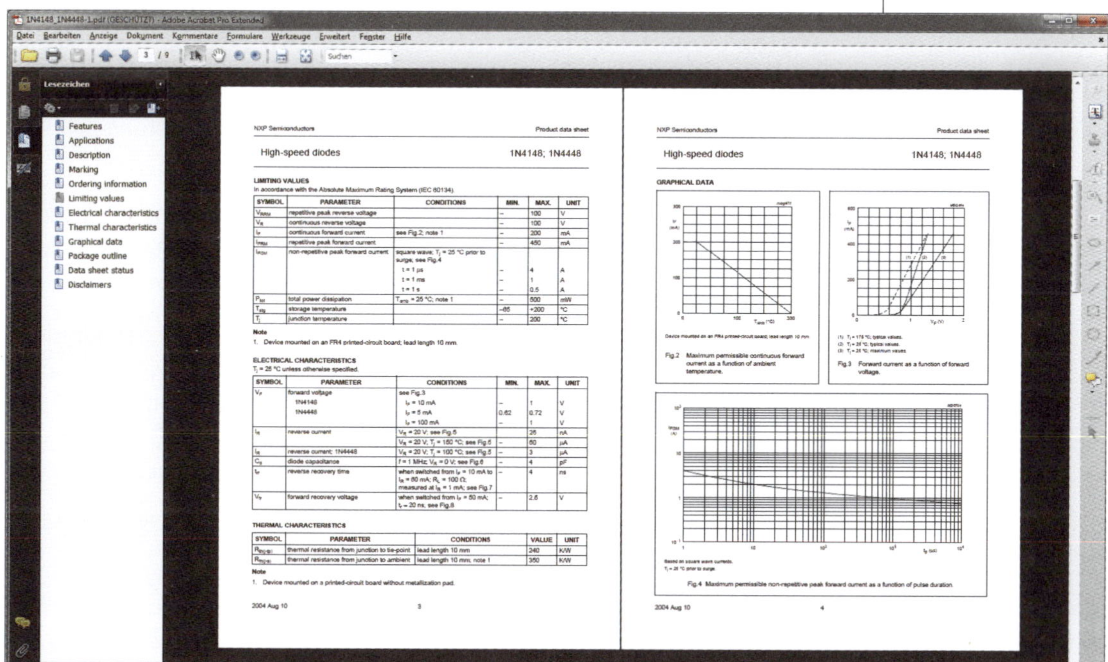

NXP Semiconductors — Product data sheet

High-speed diodes — 1N4148; 1N4448

LIMITING VALUES

In accordance with the Absolute Maximum Rating System (IEC 60134).

SYMBOL	PARAMETER	CONDITIONS	MIN.	MAX.	UNIT
V_{RRM}	repetitive peak reverse voltage		–	100	V
V_R	continuous reverse voltage		–	100	V
I_F	continuous forward current	see Fig.2; note 1	–	200	mA
I_{FRM}	repetitive peak forward current		–	450	mA
I_{FSM}	non-repetitive peak forward current	square wave; T_j = 25 °C prior to surge; see Fig.4			
		t = 1 µs	–	4	A
		t = 1 ms	–	1	A
		t = 1 s	–	0.5	A
P_{tot}	total power dissipation	T_{amb} = 25 °C; note 1	–	500	mW
T_{stg}	storage temperature		–65	+200	°C
T_j	junction temperature		–	200	°C

Note

1. Device mounted on an FR4 printed-circuit board; lead length 10 mm.

ELECTRICAL CHARACTERISTICS

T_j = 25 °C unless otherwise specified.

SYMBOL	PARAMETER	CONDITIONS	MIN.	MAX.	UNIT
V_F	forward voltage	see Fig.3			
	1N4148	I_F = 10 mA	–	1	V
	1N4448	I_F = 5 mA	0.62	0.72	V
		I_F = 100 mA	–	1	V
I_R	reverse current	V_R = 20 V; see Fig.5		25	nA
		V_R = 20 V; T_j = 150 °C; see Fig.5	–	50	µA
I_R	reverse current; 1N4448	V_R = 20 V; T_j = 100 °C; see Fig.5	–	3	µA
C_d	diode capacitance	f = 1 MHz; V_R = 0 V; see Fig.6	–	4	pF
t_{rr}	reverse recovery time	when switched from I_F = 10 mA to I_R = 60 mA; R_L = 100 Ω; measured at I_R = 1 mA; see Fig.7	–	4	ns
V_{fr}	forward recovery voltage	when switched from I_F = 50 mA; t_r = 20 ns; see Fig.8	–	2.5	V

THERMAL CHARACTERISTICS

SYMBOL	PARAMETER	CONDITIONS	VALUE	UNIT
$R_{th(j-tp)}$	thermal resistance from junction to tie-point	lead length 10 mm	240	K/W
$R_{th(j-a)}$	thermal resistance from junction to ambient	lead length 10 mm; note 1	350	K/W

Note

1. Device mounted on a printed-circuit board without metallization pad.

2004 Aug 10 — 3

NXP Semiconductors — Product data sheet

High-speed diodes — 1N4148; 1N4448

GRAPHICAL DATA

Device mounted on an FR4 printed-circuit board; lead length 10 mm.

Fig.2 Maximum permissible continuous forward current as a function of ambient temperature.

(1) T_j = 175 °C; typical values.
(2) T_j = 25 °C; typical values.
(3) T_j = 25 °C; maximum values.

Fig.3 Forward current as a function of forward voltage.

Fig.4 Maximum permissible non-repetitive peak forward current as a function of pulse duration.

2004 Aug 10 — 4

Datenblatt als PDF (NXP)

- Blättere ein wenig durch das Datenblatt. Du wirst sehr viele Informationen sehen, die bestimmt erst einmal total verwirren. Da sind Tabellen, Diagramme, Schaltpläne und so weiter. Alles ist wichtig, aber das meiste interessiert uns gar nicht. So weit wollen wir dann doch nicht gehen.

> Am Anfang dieses Kapitel steht, was wir wissen wollen: Drei Werte suchen wir. Je nachdem, wie dein Datenblatt aufgebaut ist, wirst du die Angaben vielleicht sogar schon auf der ersten Seite des Datenblatts in der Übersicht finden, da es sich um drei der wichtigsten Eigenschaften handelt.

FEATURES

- Hermetically sealed leaded glass SOD27 (DO-35) package
- High switching speed: max. 4 ns
- General application
- Continuous reverse voltage: max. 100 V
- Repetitive peak reverse voltage: max. 100 V
- Repetitive peak forward current: max. 450 mA.

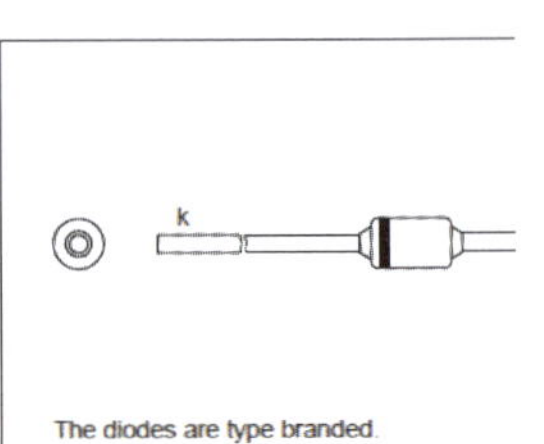

Ausschnitt aus einem Datenblatt (NXP)

1. »Switching speed« bedeutet Umschaltzeit. Das ist die Zeit, die die Diode benötigt, wenn sie eben noch in Sperrrichtung arbeitete und nun in Durchlassrichtung. Also die Zeit, bis der PN-Übergang sich komplett abgebaut hat und die Diode leitfähig ist.

2. »Reverse Voltage« steht für Spannung in Gegenrichtung. Darunter wird die Spannung verstanden, die die Diode in Sperrrichtung aushält. Der Zusatz »continous« bedeutet »dauerhaft«.

3. »Forward current« ist der Strom, der in Durchlassrichtung (sozusagen vorwärtsgerichtet) erlaubt ist. Die Angabe bei »Peak« steht für Spitzenbelastung, also nur kurze Stromstöße dürfen so hoch sein.

Im Datenblatt sind aber auch noch Tabellen, die diese Werte genau angeben. Dazu muss man zwar wissen, was man sucht, aber wenn du eine ungefähre Vorstellung von der Funktionsweise des Bauteils hast, dann weißt du auch ungefähr, welchen Wert du suchst, wie groß er über den Daumen gepeilt sein kann und in welcher Einheit er angegeben wird. Danach kannst du suchen.

ABSOLUTE MAXIMUM RATINGS (T_{amb} = 25 °C, unless otherwise specified)

PARAMETER	TEST CONDITION	SYMBOL	VALUE	UNIT
Repetitive peak reverse voltage		V_{RRM}	100	V
Reverse voltage		V_R	75	V
Peak forward surge current	t_p = 1 µs	I_{FSM}	2	A
Repetitive peak forward current		I_{FRM}	500	mA
Forward continuous current		I_F	300	mA
Average forward current	V_R = 0	$I_{F(AV)}$	150	mA

Ausschnitt aus einem Datenblatt (Vishay)

Im abgebildeten Beispiel des Datenblatts von Vishay findest du die Angaben erst in der Tabelle. Hier steht aber dafür auch der »Forward continous current«, also der dauerhafte Vorwärtsstrom und nicht nur der erlaubte Spitzenwert. Zusätzlich siehst du die Angaben in der Spalte *Symbol*: V_R und I_F. Diese Bezeichner sind meistens bei allen Anbietern identisch, da sie sich auf festgelegte Größen eines Bauteils beziehen. So lassen sich Daten zwischen zwei Datenblättern schnell vergleichen und du kannst zielgerichtet nach dem jeweiligen Wert suchen, wenn dir jemand sagt, worauf es zu achten gilt.

Electrical Characteristics: (T_A = +25°C, unless otherwise specified)

Parameter	Symbol	Test Conditions	Min	Typ	Max	Unit
Maximum Forward Voltage 1N4148	V_{FM}	I_F = 10mA	-	-	1	V
1N4448		I_F = 5mA	0.62	-	0.72	V
		I_F = 100mA	-	-	1	V
Maximum Forward Voltage	I_{RM}	V_R = 75V	-	-	5	µA
		V_R = 70V, Tj = +150°C	-	-	50	µA
		V_R = 20V, Tj = +150°C	-	-	30	µA
		V_R = 20V	-	-	25	µA
Capacitance	Cj	V_R = 0, f = 1MHz	-	-	4	pF
Reverse Recovery Time	t_{rr}	I_F = 10mA to I_R = 1mA V_R = 6V, R_L = 100Ω	-	-	4	ns

Ausschnitt aus einem Datenblatt (NTE)

Die Durchbruchspannung wird mit V_F (oder V_{FM} für »Maximum«) bezeichnet. Je nach Datenblatt gibt es eventuell mehrere Werte. Zum Beispiel hängt die Spannung davon ab, wie viel Strom fließt. In der Abbildung siehst du, dass die Spannung bei einem Stromfluss von 5 mA zwischen dem Minimum von 0,62 V und dem Maximum bei 0,72 V liegen kann. Die Angabe »Typ.« bedeutet *typisch*, also so etwas wie ein Durchschnittswert. Damit hast du auch gleich bewiesen, dass deine Messung der Schwellenspannung ziemlich nah an diese Werte herankommt. Als letzter Wert fehlte noch die Zeit, die vergeht, um einen maximal breiten PN-Übergang (Sperrbetrieb) komplett abzubauen und leitfähig zu werden (Durchlassbetrieb): t_{rr} beträgt gerade mal 4 ns (vier Nanosekunden – Licht legt in einer Nanosekunde etwa 0,3 Meter zurück).

Welche Diode ist die richtige?

Die beiden »Allerweltsdioden« 1N4148 und 1N4004 eignen sich für die meisten Anwendungen. Die 1N4148 ist vielleicht dabei noch ein wenig mehr verbreitet, weil sie im Bereich der Kleinsignalspannungen alle wünschenswerten Eigenschaften aufweist und in einem kleinen Gehäuse gebaut wird. Sie ist also eine gute Wahl für dich. Weil sie so schnell die Sperrschicht aufbauen kann, wird sie auch als **Schaltdiode** bezeichnet.

Von der 1N4004 gibt es kleine und große Geschwister. Die letzte Zahl gibt an, wie viel Volt die Diode in Sperrrichtung vertragen kann. Die 1N4001 verträgt 50 V und die 1N4007 ganze 1.000 V. Da sich die Typen ansonsten nicht unterscheiden, könnte man eigentlich immer gleich zur 1N4007 greifen. Früher waren aber leistungsfähige Dioden deutlich teurer als inzwischen. Deshalb gibt es die Artenvielfalt. Weil die kleinen Typen heutzutage alle gleich viel kosten, greift man gerne zur mittleren Type, die selbst für Profis ausreicht, die mit höheren Spannungen arbeiten. Aufgrund der hohen Sperrleistung werden die Dioden oft als **Gleichrichtdioden** bezeichnet.

Die vielleicht schönste Diode der Welt

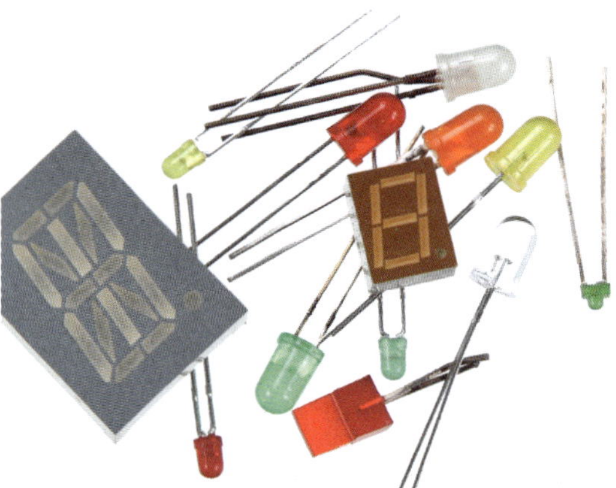

LEDs können in vielen verschiedenen Bauformen und Farben hergestellt werden.

Nach so viel Theorie hast du dir eine Belohnung verdient. Deshalb schauen wir uns jetzt leuchtende Dioden an. LEDs (von englisch *light-emitting diode*, deutsch Licht-emittierende Diode, auch Lumineszenz-Diode) hast du schon zusammen mit den galvanischen Elementen benutzt. Da wurde nicht weiter erklärt, wie die Dinger funktionieren, weil es um etwas anderes ging.

Leuchtdioden können extrem hell leuchten. Die Helligkeit wird in der Maßeinheit mcd (Mikro-Candela) angegeben. Normale LEDs erreichen etwa 20 bis 50 mcd. Waren früher hellere Typen gar nicht möglich, gibt es inzwischen preiswerte Modelle, die als *bright* (hell) oder *ultrabright* (superhell) bezeichnet werden.

Diese erreichen 1.000 mcd und bis zu 18.000 mcd (entspricht 18 Candela) und werden zum Beispiel in Taschenlampen und (Fahrrad-)Beleuchtungen eingesetzt. Weil das Licht an einer sehr kleinen Stelle fokussiert austritt, können solch starke Leuchtdioden Augenschäden verursachen, wenn du direkt hineinsiehst. Für Experimente sollten deshalb nur die hier benutzten, ungefährlichen Standardtypen zum Einsatz kommen.

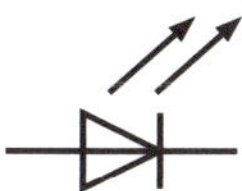

Das Schaltzeichen für eine Leuchtdiode entspricht dem einer normalen Diode, das um zwei Pfeile zur Symbolisierung des abgestrahlten Lichts ergänzt wird.

Zuerst werfen wir einen kurzen Blick auf deine LEDs. Du hast zwei verschiedene Typen, wenn du die Einkaufsliste benutzt hast. Die kleinen LEDs haben einen Durchmesser von 3 mm und die großen von 5 mm. Das sind die zwei gängigsten Baugrößen. Die kleinen LEDs sind sogenannte Low-Current-LEDs, die wir uns später anschauen. Jetzt benutzen wir die großen Standard-Leuchtdioden.

Da es sich bei LEDs um eine spezielle Form von Dioden handelt, ist die Polung bei ihrer Benutzung wichtig. Es gibt drei Merkmale, um den Pluspol (Anode) und den Minuspol (Kathode) zu erkennen:

1. Die Anschlussbeinchen sind unterschiedlich lang. Das längere ist die Anode.

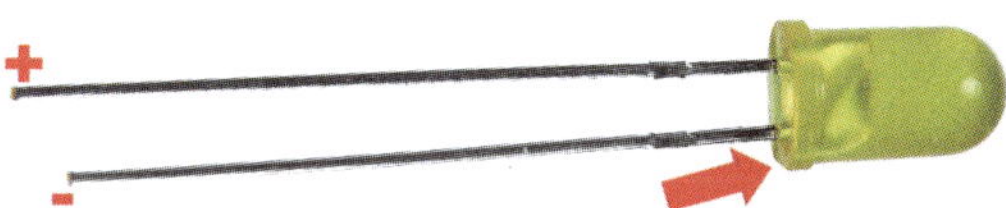

Eine gelbe 5-mm-LED. Es sind alle drei Erkennungsmerkmale für die Ausrichtung zu erkennen.

2. Das (bunte) Plastikgehäuse hat einen etwas breiteren Kragen. Dieser ist an einer Seite nicht rund, sondern abgeflacht. Dies ist die Kathode. Du kannst dir als Merkhilfe vorstellen, dass diese Kante wie ein Strich aussieht und dem Querstrich im Schaltbild der LED entspricht.

Bei größeren Leuchtdioden ist die abgeflachte Seite des Kragens gut zu erkennen.

3. Wenn das Gehäuse transparent ist, kannst du erkennen, dass im Inneren eine größere und eine kleinere Fläche vorhanden sind. Die größere Fläche gehört zur Kathode.

Experiment

- Im Schaltplan wird eine LED benutzt und keine einfache Diode, was du erkennst, wenn du aufmerksam bist und die zwei zusätzlichen Pfeile am Symbol beachtest.

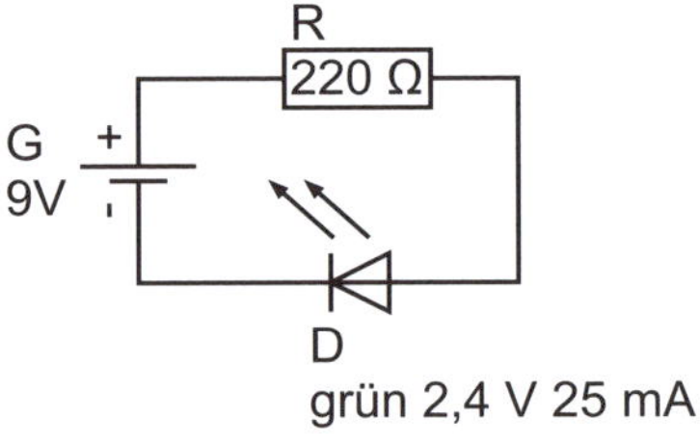

- Wie angegeben soll die Standard-LED aus der Einkaufsliste benutzt werden. Das sind die großen, grünen, deren rundes Plastikoberteil 5 mm Durchmesser hat.

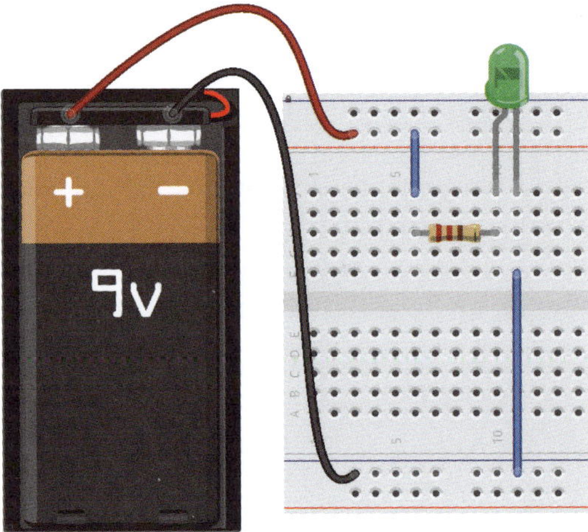

≫ Beim Nachbau achte auf die Polung des Bauteils. Das kurze Beinchen weist in Richtung Minuspol.

Wenn der Aufbau funktioniert und die grüne LED leuchtet, kannst du auch noch andere LEDs einsetzen, wenn du die Teile aus der Ergänzungsliste besitzt. Dort sind noch andersfarbige Leuchtdioden aufgeführt.

Benutze aber nur die 5-mm-Standard-LEDs und nicht die kleineren Low-Current-Varianten und auch nicht die violett-transparente.

Wie du feststellen wirst, leuchten nicht alle Farben gleich hell.

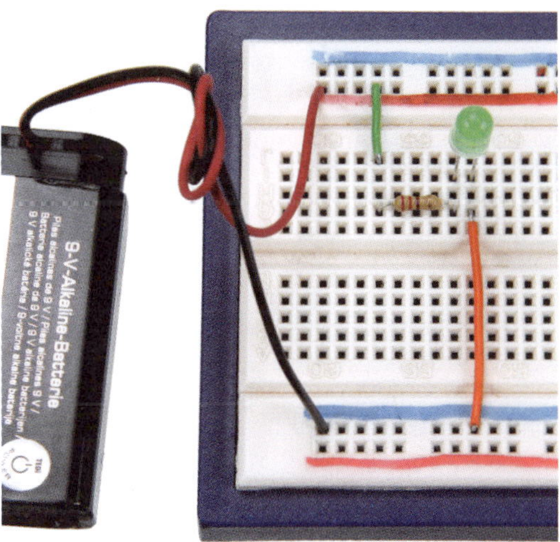

Experiment

≫ Setze die LED in der vorherigen Schaltung verkehrt herum ein.

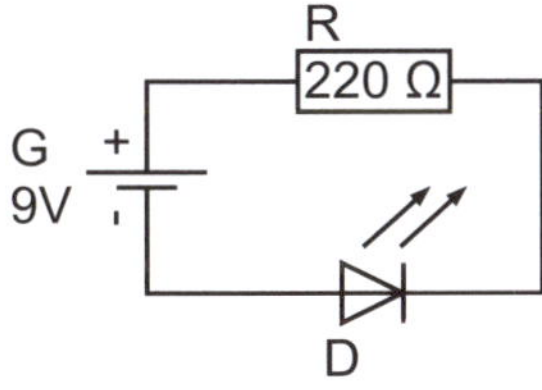

Die LED wird in Sperrrichtung betrieben.

≫ Was kannst du beobachten?

In Sperrrichtung leuchtet die LED nicht und wirkt wie eine normale Diode. Das können wir ausnutzen und einen Stromdetektiv bauen, der dir anzeigt, ob die Batterie verpolt oder richtig eingesetzt ist.

Experiment

- Es dürfte dir keine Probleme bereiten, die Schaltung nachzubauen, es gibt aber dennoch drei kleine Punkte, die zu beachten sind.

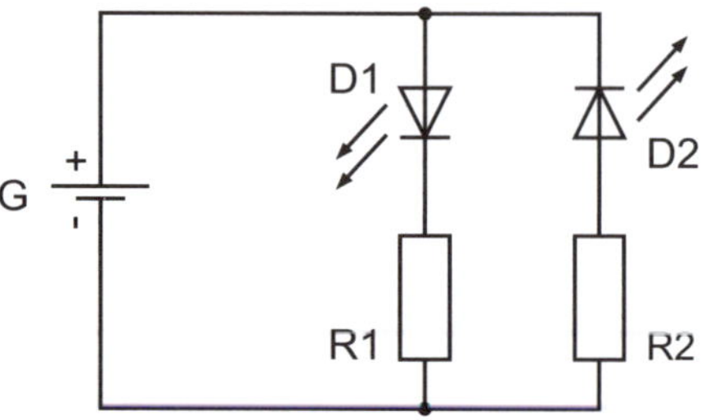

- Eine Neuerung ist auch, dass die Bauteildimensionen nicht mehr im Plan angegeben sind. Bei umfangreicheren Schaltungen wird das sonst nämlich schnell unübersichtlich. Deshalb gibt es jetzt eine Bauteilliste. In der kannst du nachsehen, welche Dimensionen für die Bauteile benutzt werden sollen:

Bauteil	Wert
G	9-V-Blockbatterie
R1	220 Ω (rot-rot-braun)
R2	2.200 Ω (rot-rot-rot)
D1	grün; 5 mm; 2,4 V; 25 mA
D2	rot; 3 mm; 1,7 V; 2 mA

- Achte auf die Ausrichtung und Typen der beiden LEDs. Bei der kleinen roten Leuchtdiode handelt es sich um die Low-Current-Type. Diese wird mit dem langen Beinchen nach unten eingesetzt.

- Die zwei Widerstände sind nicht gleich.
- Schau mal genau auf die Anschlüsse der Batterie in den Abbildungen.

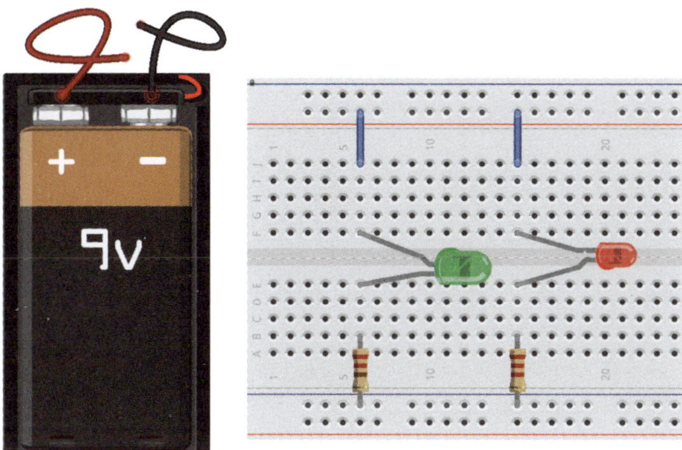

Im Foto sind sie falsch herum und in der Grafik des Experimentierboards sind sie gar nicht eingesteckt. Was soll das? Nur Mut, diesmal darfst du die Batterie anschließen, wie du willst. Pluspol oben oder unten und Minuspol auf der anderen Seite. Es wird immer nur eine LED leuchten. Das ist ganz praktisch: Wenn du die Batterie richtig herum (so wie bisher immer) anschließt, leuchtet die grüne LED und bei Verpolung die rote. Wenn du dir den Schaltplan anschaust, ist das leicht zu verstehen:

1. Liegt der Pluspol oben, dann kann der Strom durch die grüne LED zum Minuspol (unten) fließen. Die grüne LED leuchtet. Die rote LED liegt in dem Fall aber in Sperrrichtung im Stromkreis, weshalb sie nicht leuchtet.

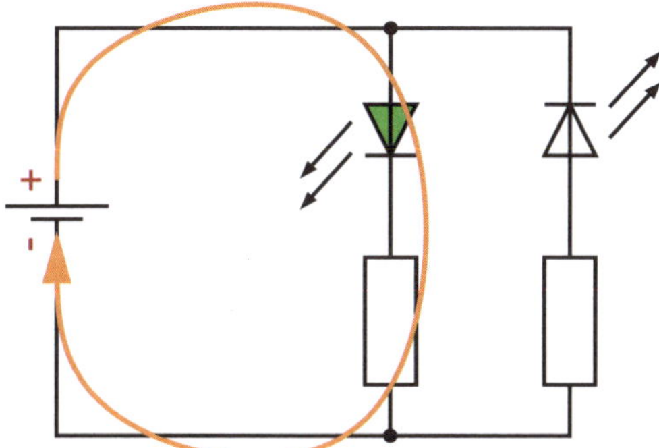

Die grüne LED leuchtet, weil sie als einzige in Durchlassrichtung liegt.

2. Vertauschst du die Batterieanschlüsse, dann liegt der Pluspol unten. Die grüne LED sperrt jetzt und leuchtet nicht. Dafür befindet sich die rote LED nun in Durchlassrichtung, weil der Strom »nach oben« zum Pluspol fließen will. Und weil er durch die rote LED nun auch fließen kann, leuchtet sie.

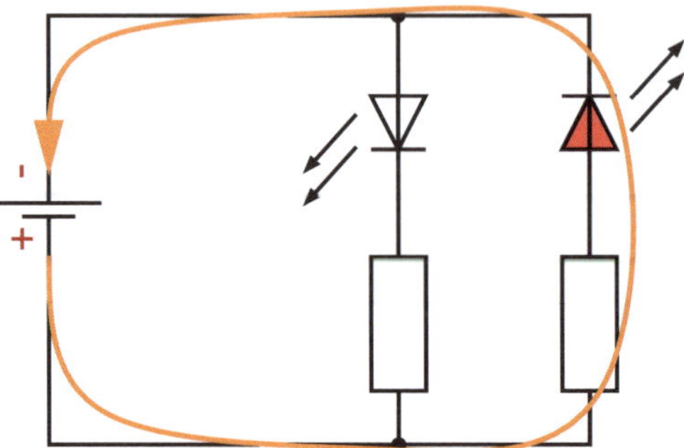

Liegt die rote in Durchlassrichtung, sperrt gleichzeitig die grüne.

Eine LED ist keine Diode

Zumindest kann man eine LED nicht genau so bedenkenlos einsetzen wie eine Universaldiode. Du hast ja bereits erfahren, dass für deine Standarddioden im Datenblatt angegeben ist, welche Parameter nicht überschritten werden dürfen. Bei den Aufgaben am Ende des Kapitels wirst du dich auch noch einmal damit befassen können. Für Leuchtdioden gelten auch solche Grenzwerte. Im Gegensatz zu Dioden wie der 1N4148 sind LEDs aber in mancher Beziehung sehr empfindlich, sodass zwei wichtige Merkregeln zu beherzigen sind:

1. Der Strom durch die LED muss begrenzt werden, weshalb **immer** ein Vorwiderstand notwendig ist.
2. In Sperrrichtung halten LEDs nur sehr kleine Spannungen aus.

Jede LED-Bauart hat eigene Kennwerte, die du im entsprechenden Datenblatt nachsehen kannst. Leider gehören LEDs zu den wenigen Bauteilen, die gar keine Beschriftung aufweisen. Von außen kannst du nicht erkennen, wer der Hersteller ist oder welche Type es ist. Bei LEDs mit durchsichtig klarem Gehäuse kannst du nicht einmal die Leuchtfarbe erkennen. Deshalb ist es eine gute Idee, LEDs sortiert aufzubewahren und zu beschriften.

Für die zwei Typen, die in der Einkaufsliste stehen, sind hier die wichtigen Kennwerte aufgelistet:

Wert	Bezeichnung	rote Low-Current-LED	grüne Standard-LED
V_F	Vorwärts-/Durchlassspannung	1,7 V	2,2 V
I_F	Vorwärts-/Durchlassstrom	2 mA	25 mA
V_R	Sperrspannung	5 V	5 V
I_V	Helligkeit	0,8...5 mcd	5...20 mcd

Eine Leuchtdiode ist kein ohmscher Verbraucher, dessen Widerstand immer gleich ist, sondern ein Halbleiter, dessen Widerstand nach Anlegen einer Spannung gegen null sinkt. Das bedeutet, der Strom steigt rein theoretisch unendlich an, wodurch sie sehr stromhungrig wird. Doch zu viel Strom verträgt die Leuchtdiode nicht. Zu viel Strom zerstört die Leuchtdiode. LEDs reagieren ziemlich sensibel auf zu hohe Spannungen. Während es dem Glühlämpchen ziemlich egal ist, wenn die Spannung ein wenig schwankt, beförderst du eine LED in die ewigen Jagdgründe, wenn du sie direkt an eine 9-Volt-Blockbatterie anschließen würdest.

Experiment

Probier es ruhig mal aus, **wenn du auf eine LED verzichten kannst** – zum Glück sind sie ja sehr billig. Die grüne LED wird sofort orange statt grün leuchten. Nach wenigen Sekunden wird sie ziemlich heiß und verlischt dann für immer. Die rote Low-Current-LED macht noch viel schneller schlapp. Ein kurzes Aufblitzen und das war's.

Blaue LEDs sind mit Abstand die teuersten. Während die drei Standardfarben Rot, Grün und Gelb gerade einmal 10 Cent kosten, landest du bei Blau schon mal bei einem Euro. Auch Weiß ist recht teuer. Das liegt daran, dass diese beiden Farben erst seit wenigen Jahren verfügbar sind, sodass die großen Stückzahlen noch fehlen und die Elemente für die Fertigung teurer sind. Mach also lieber eine billige LED kaputt.

Der richtige Vorwiderstand

Damit das nicht wieder passiert, benötigst du einen Vorwiderstand. Immer wieder findet man im Internet Fragen nach dem passenden Wert und Online-Rechnern. Alles unnötig für Profis wie dich. Mit dem Ohm'schen Gesetz hast du alles, was du brauchst.

1. Du musst ermitteln, wie viel Spannung am Widerstand abfallen soll. Dazu musst du wissen, bei welcher Spannung die LED betrieben werden darf. Das steht im Datenblatt unter dem Stichwort Durchbruchspannung (englisch: *forward voltage*). Je nach Farbe ist die Spannung unterschiedlich. Im Schnitt liegt sie bei 2,0 V. Deine grüne verträgt 2,2 V. Nur blaue LEDs benötigen deutlich mehr (etwa 3,2 V).

2. Wenn du weißt, wie viel Spannung deine Spannungsquelle liefert, dann musst du davon den Wert für die Durchlassspannung subtrahieren. Das Ergebnis ist die Spannung, die am Widerstand »verbraten« werden soll. Gehen wir von einer etwas entleerten Blockbatterie aus, die noch 8,0 V liefert:

   $$\underline{\underline{U_R}} = U_{Batt.} - U_{LED} = 8{,}0\,V - 2{,}2\,V = \underline{\underline{5{,}8\,V}}$$

3. Im Datenblatt ist der Vorwärtsstrom angegeben, den die LED verkraftet. Diesen Wert nutzt du für das Ohm'sche Gesetz, um zu berechnen, wie groß der Widerstand sein soll:

   $$\underline{\underline{R_1}} = \frac{U_R}{I_F} = \frac{5{,}8\,V}{0{,}025A} = \underline{\underline{232\,\Omega}}$$

Damit ist der Vorwiderstand für die grüne LED berechnet. Weil es den Wert nicht genau in unserem Sortiment gibt, nehmen wir den nächsten erreichbaren. Eigentlich sollte man dann den größeren benutzen (470 Ω) aber so genau müssen wir es nicht nehmen und der Wert wäre dann schon recht groß. Aber probier es mal aus: Wie leuchtet D1 mit einem größeren Vorwiderstand R1?

Bei der roten LED handelt es sich, wie nun schon mehrmals geschrieben, um einen Low-Current-Typ. Das bedeutet, eine LED, die mit einem sehr niedrigen (engl.: *low*) Strom (engl.: *current*) auskommt. Bei gerade einmal 2 mA leuchtet sie dafür aber auch weniger hell. Weil ein anderer Strom und eine andere Spannung erforderlich sind, müssen wir auch den Vorwiderstand extra berechnen:

$$\underline{\underline{U_R}} = U_{Batt.} - U_{LED} = 8{,}0\,V - 1{,}7\,V = \underline{\underline{6{,}3\,V}}$$

$$\underline{\underline{R_2}} = \frac{U_R}{I_F} = \frac{6{,}3\,V}{0{,}002A} = \underline{\underline{3.150\,\Omega}}$$

Auch hier wäre eigentlich der nächstgrößere Widerstandswert mit 4,7 kΩ die ideale Wahl. Aber aus Erfahrung weiß ich, dass es auch mit

2,2 kΩ im Rahmen der Toleranzgrenzen bleibt – zumal deine Batterie vermutlich eh nicht mehr so voll sein wird nach den vielen Experimenten.

Bleibt ein Punkt, den man gerne vergisst: Machen die Widerstände das auch mit? Die kleinen Standard-Widerstände halten ja nur ¼ Watt aus. Wenn wir aber so viel Spannung am Widerstand in Wärme umsetzen, müssen wir schnell nachrechnen, ob es da Probleme gibt:

$$\underline{\underline{P_{R1}}} = U \times I = 5{,}8\,V \times 0{,}025\,A = \underline{\underline{145\,mW}} < 250\,mW$$

$$\underline{\underline{P_{R2}}} = U \times I = 6{,}3\,V \times 0{,}002\,A = \underline{\underline{12{,}6\,mW}} < 250\,mW$$

Alles in Ordnung. In beiden Fällen bleibt die Verlustleistung unter dem erlaubten Wert. Die Sorge war umsonst, aber besser, wir haben das überprüft.

Nicht in Sperrrichtung betreiben

Das zweite Problem ist, dass LEDs im Grunde keine Spannung in Sperrrichtung vertragen. Egal bei welchem Typ, es sind meistens nur 5 V. Liegt eine höhere Spannung sozusagen verkehrt herum an, dann geht die Leuchtdiode nicht gleich kaputt, aber ihre Lebenserwartung wird jedes Mal deutlich kürzer. Leuchtdioden sind nicht dazu da, Verpolungen in der Betriebsspannung zu überstehen. Sie sind nur dazu da, zu leuchten – und das können sie nur in Durchlassrichtung. Ein Betrieb in Sperrrichtung ist also eigentlich gar nicht vorgesehen. Von daher ist die Schaltung, die wir zuvor aufgebaut haben und die uns anzeigte, wenn die Batterie verpolt wurde, nicht ganz koscher.

Auch in Sperrrichtung fließt ein extrem kleiner Strom durch jede Diode. Dieser liegt bei etwa 5 µA und ist so gering, dass er üblicherweise vernachlässigt wird. Selbst wenn du einen Vorwiderstand für die Durchlassrichtung verwendest, so bewirkt dieser kleine Strom in Sperrrichtung am Widerstand so gut wie gar keinen Spannungsabfall (nur ca. 1 mV bei 8 V und 220 Ω). An der LED liegt also in Sperrrichtung betrieben die ganze Batteriespannung an.

Experiment

Damit die Lebenserwartung der Diode nicht verkürzt wird und weil wir es ja richtig machen wollen, müssen wir unsere Schaltung ein wenig erweitern.

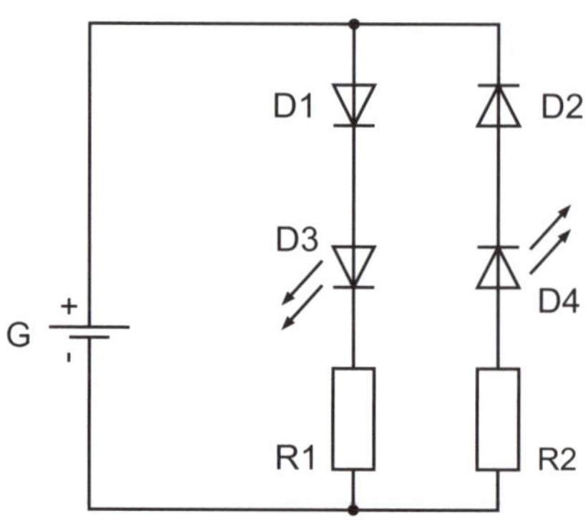

Bauteil	Wert
G	9-V-Blockbatterie
R1	220 Ω (rot-rot-braun)
R2	2.200 Ω (rot-rot-rot)
D1, D2	1N4148
D3	grün; 5 mm; 2,4 V; 25 mA
D4	rot; 3 mm; 1,7 V; 2 mA

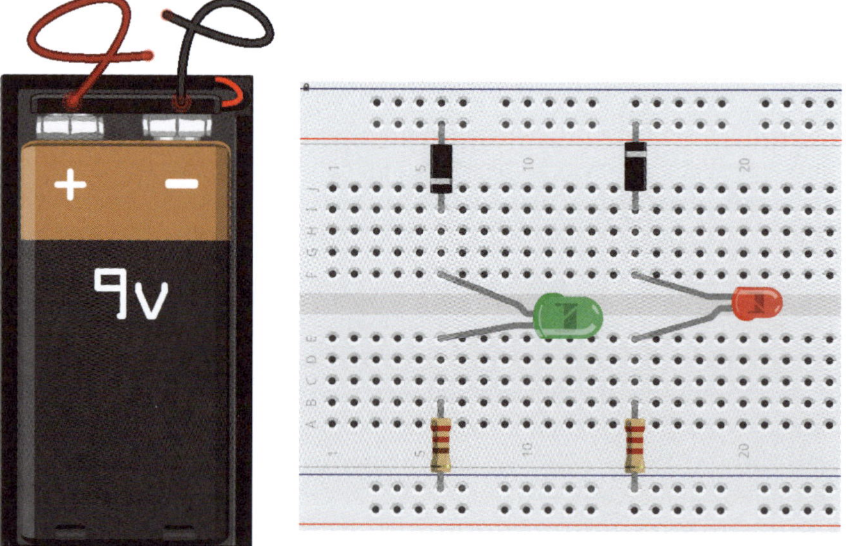

Die Drahtbrücken aus dem vorherigen Aufbau müssen lediglich durch Dioden ersetzt werden. Achte auf die Ausrichtung!

Jetzt übernehmen die 1N4004-Dioden die Sperrfunktion. Diese (und auch die 1N4148) sind genau dafür gemacht und können das ganz locker ab.

Räusper. Darf ich mich noch mal einmischen? Haben wir da nicht eine Kleinigkeit vergessen? Wenn ich mich recht erinnere, dann hieß es doch vor Kurzem noch, dass eine (Standard-)Diode kein idealer Leiter ist. An ihr fällt doch in Durchlassrichtung auch eine kleine Spannung ab. Die Rede war da von durchschnittlich 0,7 V. Wenn aber an der Diode Spannung »verloren« geht, dann bekommt doch die LED weniger Spannung und leuchtet weniger hell, wenn wir den gleichen Widerstand benutzen. Der Strom wird ja durch die LED definiert und bleibt gleich.

So weit zumindest die Theorie. Allerdings wirst du vermutlich trotzdem kaum einen Unterschied erkennen können. Schuld daran sind die großen Toleranzen bei den Widerständen und der Batteriespannung. Rechnest du nämlich das Ganze mal neu nach, ergibt sich Folgendes für die grüne LED:

$$\underline{\underline{U_{R1}}} = U_{Batt.} - U_{D1} - U_{LED} = 8{,}0\,V - 0{,}7\,V - 2{,}2\,V = \underline{\underline{5{,}1\,V}}$$

$$\underline{\underline{R_1}} = \frac{U_R}{I_F} = \frac{5{,}1\,V}{0{,}025\,A} = \underline{\underline{204\,\Omega}}$$

Der Widerstand, den du also bei Verwendung der zusätzlichen Diode einsetzen müsstest, entspricht fast dem Wert, den wir schon ausgerechnet haben, als wir keine weitere Diode benutzten (232 Ω). Da wir weder den einen noch den anderen Widerstandswert besitzen, haben wir zum nächsten vorhandenen Wert gegriffen und das sind in beiden Fällen 220 Ω. Also ist mein Gedankengang zwar theoretisch richtig, aber in der Praxis stört die zusätzliche Diode nicht. Elektronik ist manchmal ganz schön verzwickt, an was man alles denken muss. Aber zum Glück ist dann das meiste doch recht einfach nachzurechnen.

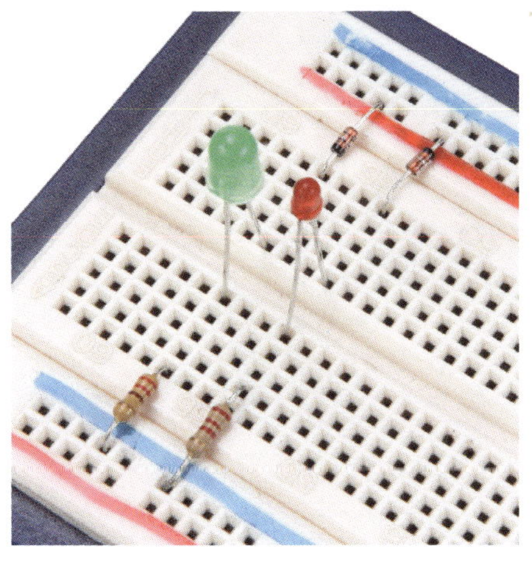

Freilaufdiode gegen die Gefahr der Selbstinduktion

Du hast schon in die Welt der elektromagnetischen Effekte hineingeschnuppert. Als wir das Relais benutzt haben, haben wir einen Effekt gar nicht beachtet und nur ausgenutzt, dass es funktioniert: Ein Strom in einer Spule erzeugt ein Magnetfeld. Jetzt, wo wir die Diode kennen, wird es Zeit für einen kleinen Wissensnachschlag.

Experiment

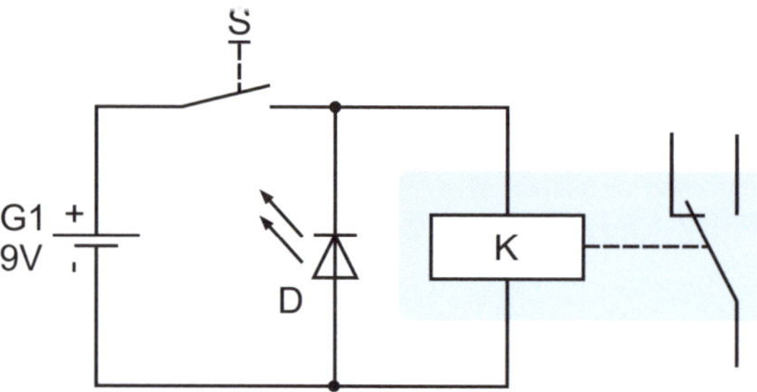

- Die Schaltung ist ganz einfach. Lediglich auf die Ausrichtung der grünen Leuchtdiode musst du unbedingt achten: Sie ist in Sperrrichtung eingebaut.
- Drücke kurz auf den Taster: Das Relais zieht an. Weil nichts an dessen Ausgängen angeschlossen ist, passiert nichts weiter, als dass es klickt. Das Wesentliche kommt jetzt:
- Lasse den Taster wieder los. Die LED blitzt auf.

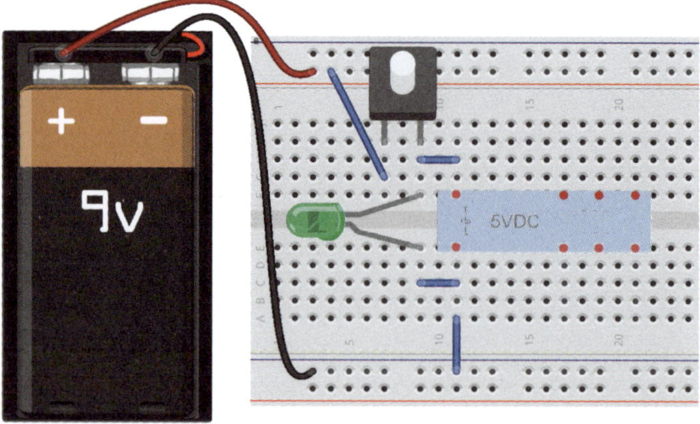

Achte auf die Ausrichtung der LED. Wenn sie leuchtet, während du den Taster drückst, hast du sie falsch herum eingesetzt und sie kann schnell durchbrennen.

- Wenn du noch deinen selbst gewickelten Elektromagneten besitzt, dann kannst du auch diesen anstatt des Relais einsetzen. Es wird ja nur die Spule mit ihren zwei Anschlüssen vom Relais genutzt und dort steckst du dann die zwei Anschlüsse des umwickelten Nagels ein.
- Wenn der Lichtblitz beim Loslassen des Tasters mit deinem Elektromagneten zu schwach ist, kannst du die Standard-LED auch durch die Low-Current-Version austauschen (achte unbedingt auf die Ausrichtung!).

Auch mit der selbst gewickelten Spule funktioniert die Selbstinduktion.

Nach dem Abschalten der Speisespannung (so wird manchmal die Spannung genannt, die in die Schaltung eingespeist wird) durch Öffnen des Tasters sorgt die **Selbstinduktion** der Spule dafür, dass sie einen kurzen Stromstoß freisetzt und dieser in der ursprünglichen Richtung weiter fließt. Dies führt zu einer Spannungsspitze, die sehr hoch sein kann und durchaus mehr als 100 V erreichen kann. Diese Spannung ist nur extrem kurz vorhanden. Aber sie kann auftreten und dann Bauteile beschädigen, die nicht für solch eine hohe Spannung ausgelegt sind. Weil die hohe Spannung nur extrem kurz vorhanden ist, schadet sie der LED in der Regel nicht und wir können sogar ausnahmsweise auf den Vorwiderstand verzichten. Wir können unsere Schaltung aber wirkungsvoll schützen.

Experiment

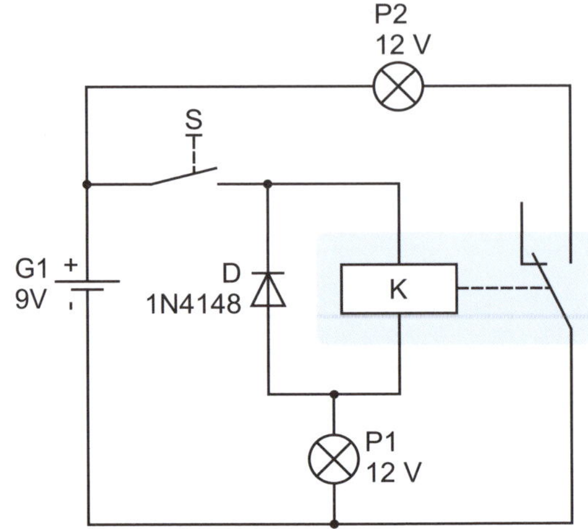

Die Schaltung nutzt das Relais und ähnelt ein wenig dem Aufbau, den du bereits im vorherigen Kapitel benutzt hast.

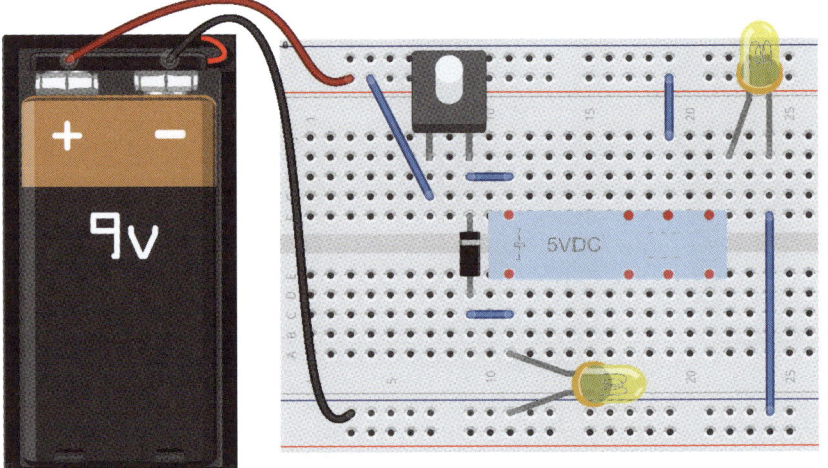

Nach dem Aufbau wirst du sehen, dass die Lampe P1 nicht so hell leuchtet, wie du es gewohnt bist, sobald du auf den Taster drückst. P2 leuchtet so hell, wie es die Batteriespannung erlaubt. Warum leuchtet P1 weniger hell als P2? Denk darüber nach und schau erst dann die Antwort nach, die du bei den Lösungen findest.

Was uns aber viel mehr interessieren soll, ist die Diode in der Schaltung. Wieso ist die da, die macht doch so gar nichts? Auf den ersten Blick hast du recht, und wenn du sie entfernst (probier es aus), dann funktioniert die Schaltung trotzdem. Es könnte aber sein, dass deine Lampe P1 kaputtgeht, wenn du den Taster loslässt. Wie gesagt: *könnte*. In der Praxis wirst du es nicht erleben, weil die Lampe zu robust ist. Andere Bauteile, die empfindlicher sind, würden ohne Diode aber eventuell das Zeitliche segnen.

Werfen wir einen Blick auf die Phasen, die das Relais durchmacht:

- Es liegt in Ruhestellung. Der Taster ist nicht gedrückt, nichts passiert. Langweilig.
- Du drückst den Taster. Die Relaisspule wird vom Strom durchflossen und baut ein Magnetfeld auf. Dadurch bewegt sich das Relais und schaltet um. Die Diode hat keine Wirkung, weil sie in Sperrrichtung liegt. Der Strom könnte zwar theoretisch durch die Spule und dann durch die Diode immer im Kreis fließen, er wählt aber immer den Weg des geringsten Widerstandes und fließt deshalb zum Minuspol ab. Deshalb hat auch die LED im vorherigen Versuch nicht geleuchtet, als du den Taster gedrückt hast.

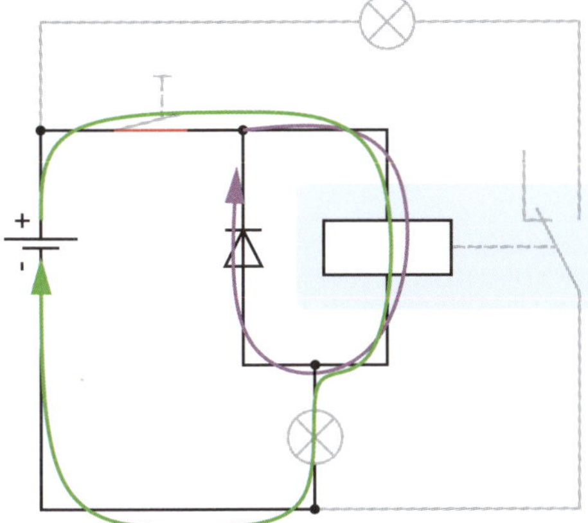

Der grüne Pfad markiert den tatsächlichen Stromfluss bei geschlossenem Taster. Der Strom fließt nicht im violetten Kreis durch die Diode, weil der Weg mit dem geringsten Widerstand zum Minuspol führt.

- Solange du die Taste festhältst, ändert sich nichts.
- Sobald du loslässt, hört der Strom auf, von der Batterie durch die Spule zu fließen. Und jetzt kommt wieder die Physik ins Spiel, es kommt zur Selbstinduktion der Spule:

Die Diode verursacht jetzt aber einen Kurzschluss zwischen den beiden Spulenanschlüssen. Der Strom will eigentlich für einen kurzen Sekundenbruchteil weiter wie bisher fließen. Der Stromkreis der Batterie ist aber unterbrochen, weil der Schalter offen ist. Der gesamte Strom fließt deshalb über die Diode. Die Spannungsspitze wird auf diese Weise auf die Durchlassspannung der Diode (etwa 0,7 V) begrenzt.

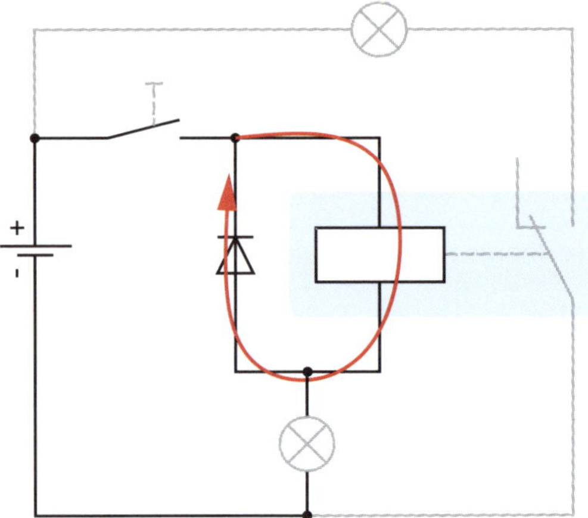

Beim Öffnen des Tasters fließt der durch die Spule erzeugte Strom (rot) über die Diode. Dadurch werden Bauteile geschützt, die in der ursprünglichen Schaltstrecke vorhanden sein können.

Die Diode sollte für diese Schutzfunktion schnell von der Sperrfunktion in Durchlassrichtung umschalten können und muss die hohe Spannung von ca. 100 V verkraften. Eine 1N4148 eignet sich hierfür sehr gut. So eingesetzt wird sie zwar als *Freilaufdiode* bezeichnet, aber damit wird nur ihre Aufgabe beschrieben, es ist weiterhin eine normale Diode.

Es ist guter Elektrotechniker-Stil, immer eine Freilaufdiode parallel zur Spule eines Relais einzubauen.

Unsichtbare Botschaften

Von den vielen speziellen Diodentypen wollen wir uns noch eine herauspicken und kurz ausprobieren: Infrarot-(IR-)Leuchtdioden.

Starkes Infrarotlicht ist noch gefährlicher als extrem helles Licht aus einer normalen LED. Das Auge sieht die Lichtstrahlen nicht und deswegen reagiert die Pupille nicht mit ihrer Schutzfunktion: Sie schließt sich nicht. Deshalb nicht direkt in IR-LEDs schauen und auch keine helleren Typen benutzen oder auf den Vorwiderstand verzichten. Die hier gezeigte Anwendung ist natürlich ungefährlich.

Experiment

≫ Die Schaltung bietet auf den ersten Blick nichts Neues.

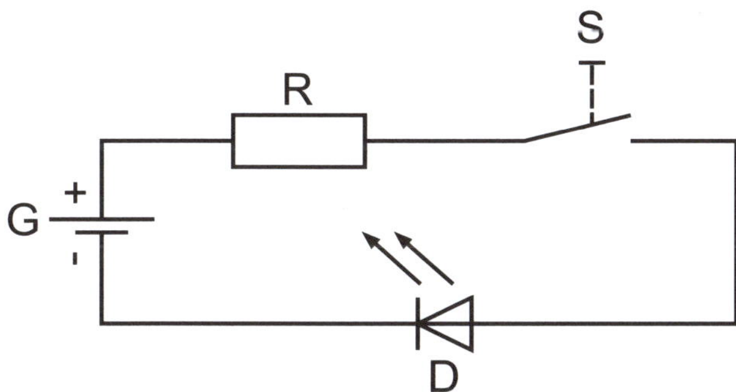

Bauteil	Wert
G	9-V-Blockbatterie
R	100 Ω (Braun-Schwarz-Braun)
S	Taster
D	IR-LED SFH 484

- Wirf aber mal einen zweiten Blick auf die Bauteilliste: Die LED ist keine normale. Es handelt sich um die Infrarot-LED. Diese ist violett-transparent.
- Schau dir die LED genau an. Ganz genau. Noch genauer! Vergleiche sie mit einer (grünen) Standard-LED.

Achtung, böse Falle: Du hast bisher drei Merkmale kennengelernt, an denen du die Ausrichtung einer LED erkennen kannst. In 99,99 % aller Fälle sind die auch richtig. Wie das Leben so spielt, hier haben wir den einen exotischen Fall, bei dem wir aufpassen müssen. Warum auch immer hält man sich bei Infrarot-LEDs nicht daran. Ein (sehr aufmerksamer) Blick ins Datenblatt zeigt, dass das längere Anschlussbeinchen diesmal **nicht** die Anode markiert und der größere Teil im Inneren auch nicht zur Kathode gehört. Einzig die abgeflachte Kante am Plastikoberteil weist wie sonst auch zur Kathode und gehört damit Richtung Minuspol. Wie du siehst, sollte man wirklich vor der Benutzung jedes neuen Bauteils das Datenblatt studieren. In dem Fall ist es sogar oft auf Deutsch verfügbar, weil die Hersteller meistens die (deutschen) Firmen Osram oder Siemens sind – noch so eine exotische Ausnahme. Aber du kannst beruhigt sein: Selbst Profis stolpern über diese exotische Ausrichtung und sind verzweifelt, warum ihre Schaltung nicht funktioniert.

≫ Nachdem du alles zusammengesteckt hast, sei nicht enttäuscht, wenn du auf den Taster drückst.

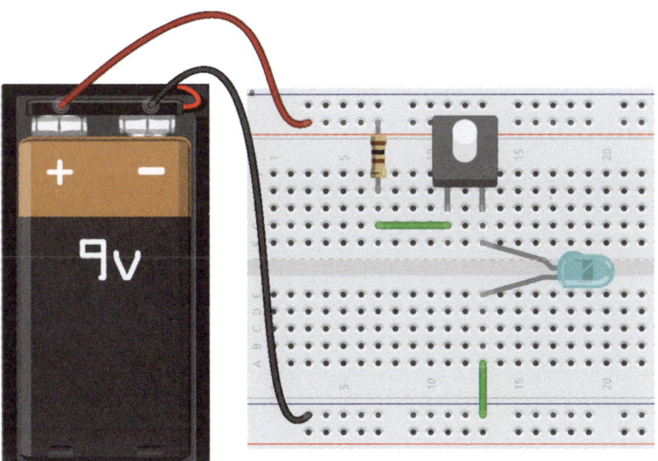

Nur die abgeflachte Seite dient als Ausrichtungsmerkmal: Sie weist zum Minuspol

Die Schaltung scheint nicht zu funktionieren. Aber keine Sorge, es soll ja spannend bleiben und dich nicht frustrieren. Was du jetzt brauchst, ist ein Handy mit Kamera. Es kann irgendeins sein (billiger ist fast sogar besser) und es kommt in keiner Weise auf die Qualität der Bilder an. Sicher kannst du eins in deiner Familie auftreiben. Was nicht geht (oder nur eventuell), sind digitale Fotoapparate. Schalte die Handydigicam ein und halte sie auf deinen Aufbau gerichtet. Jetzt drücke auf den Taster.

Mit der Digicam vom Smartphone siehst du mehr, sobald du auf den Taster drückst.

Hast du ein Zauberhandy, was an den Augen oder wo ist der Trick? Der Trick ist ganz einfach: Es gibt Licht, das das menschliche Auge nicht sehen kann. Wenn du einen Regenbogen siehst, ist der schön bunt, weil in den Wassertropfen das Sonnenlicht gebrochen wird. Das Sonnenlicht enthält aber auch ultraviolette (UV) Strahlung (die dich im Sommer bräunt) und infrarotes (IR) Licht. Wir Menschen können das nicht sehen – Tiere dafür teilweise schon.

Das Farbspektrum des (sichtbaren) Lichts. Am linken Rand fängt die UV-Strahlung an und rechts der IR-Anteil – beides ist nicht sichtbar.

Die LED sendet genau dieses Infrarotlicht aus, das du nicht sehen kannst – deine Augen sind also so weit völlig in Ordnung. Die elektronischen Chips in Digicams fangen aber ein viel breiteres Spektrum an Licht ein und decken auch den Infrarotbereich ab. Weil das bei hochwertigen Fotos stören kann, haben digitale Fotoapparate meistens einen Filter dagegen eingebaut, der dieses Licht auch für den Sensor blockiert. Deshalb funktioniert der Trick nur mit dem Handy, weil dort so ein Filter fast immer fehlt.

Mit Infrarotlicht arbeitet auch jede Fernbedienung für Fernseher & Co. Probier es aus und ziele mit einer Fernbedienung auf die Handykamera. Sobald du eine Taste an der Fernbedienung drückst, wirst du es blinken sehen. Je nachdem, welche Taste du drückst, ändert sich der Blinkcode. Du wirst die Unterschiede nicht erkennen können, aber dein Fernseher kann das sehr wohl und weiß daher, welche Taste du gedrückt hast.

Erinnerst du dich an deinen ersten Morseapparat? Jetzt kannst du ihn wieder verbessern. Verlängere die Anschlüsse für die LED und du kannst geheime, unsichtbare Botschaften senden. Ein Außenstehender sieht die scheinbar nicht leuchtende LED und denkt sich nichts weiter. Dein eingeweihter Freund weiß, dass er nur seine Kamera am Handy einschalten muss, damit er deine Morsezeichen sehen kann.

Später werden wir mit der IR-LED auch noch eine Lichtschranke für eine Alarmanlage bauen. Vorher musst du aber noch ein paar weitere Bauteile kennenlernen.

Zusammenfassung

Dioden dienen dazu, den Stromfluss in eine Richtung zu verhindern. In Durchlassrichtung fließt der Strom zwar durch die Diode, aber es fällt auch eine Spannung von etwa 0,7 V an ihr ab. Leuchtdioden eignen sich nicht dazu, in Sperrrichtung betrieben zu werden. Dafür können sie in vielen verschiedenen Farben und sogar unsichtbar leuchten. Auf keinen Fall darf dabei ein Vorwiderstand vergessen werden.

Ein paar Fragen ...

1. Welches Licht ist nicht sichtbar?
2. Welche Diode bezeichnet man oft als Schaltdiode?
3. Wenn du zwei Leuchtdioden in Reihe an einer Spannungsquelle mit 8 V betreiben willst und jede LED 20 mA und 1,8 V benötigt, welchen Vorwiderstand musst du benutzen?
4. Du möchtest die gleichen LEDs parallel betreiben, aber nur einen Widerstand benutzen. Wie geht das und wie groß muss der Widerstand sein?
5. Jetzt musst du rechnen: Wie hoch ist die Verlustleistung der beiden Widerstände?
6. An welcher Seite befindet sich der Markierungsring bei einer Diode?
7. Welchen Anschluss bezeichnet man bei einer Diode als Anode?

... und ein paar Aufgaben

1. Werte die Datenblätter für die Diode 1N4148 und 1N4004 aus und trage die wichtigen Größen in die Tabelle ein:

Wert	Bezeichnung	1N4148	1N4004
V_F	Vorwärts-/Durchlassspannung		
I_F	Vorwärts-/Durchlassstrom		
V_R	Sperrspannung		
t_{rr}	Sperrverzögerungszeit		

2. Zeichne die Schaltpläne passend zu den Fragen 3 und 4.
3. Ermittle aus Datenblättern die Kennwerte für deine LEDs. In den Onlineshops, die als mögliche Bezugsquelle im ersten Kapitel aufgeführt sind, findest du bei den Bauteilbeschreibungen auch Datenblätter, wenn du nach den Bestellnummern suchst. Trage deine Erkenntnisse in die Tabelle, dann hast du die Werte immer griffbereit:

Farbe/Typ	V_F Durchlassspannung	I_F Durchlassstrom
SFH 484 (IR)		
Rot (Standard)		
Grün (Standard)		
Gelb (Standard)		
Rot (Low Current)		

4. Baue die Schaltungen auf, die du bei den Aufgaben durchgerechnet hast.

7

Zwei Dioden sind ein Transistor

In diesem Kapitel lernst du:

- wie ein Transistor als Schalter arbeiten kann
- wie du damit dann einen Lügendetektor baust
- die Stromverstärkungsfunktion des Transistors kennen
- wie du Personen durch den Fußbodenteppich hindurch erkennen kannst
- feststellst, dass Post da ist, ohne den Briefkasten zu öffnen

Ohne Transistoren geht fast gar nichts in der Elektronik. Schon bevor man Transistoren kannte, wusste man, dass man sie braucht, und hat sie auch genutzt. Während wir uns noch mit einzelnen Transistoren für unsere Experimente begnügen, nutzt du tagtäglich Milliarden davon, denn sie sind die Basis eines jeden Computers, Handys und Taschenrechners und vielem mehr.

Lügendetektor: Dein Körper als Stromleiter

Fangen wir gleich mal mit einem Experiment an, das dir zeigen wird, wie empfindlich eine elektrische Schaltung sein kann und dass selbst deine

Haut Strom leiten kann, was durchaus gefährlich sein kann, aber wir wollen es ja nicht übertreiben.

Eine kleine Auswahl verschiedener Transistortypen

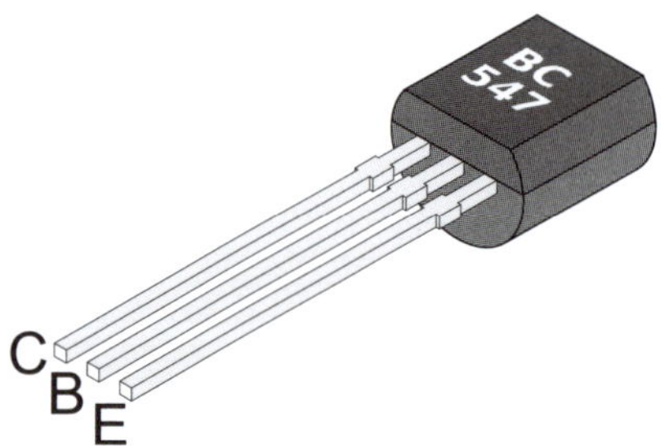

Transistoren haben drei Anschlüsse, die als Kollektor (C), Basis (B) und Emitter (E) bezeichnet werden.

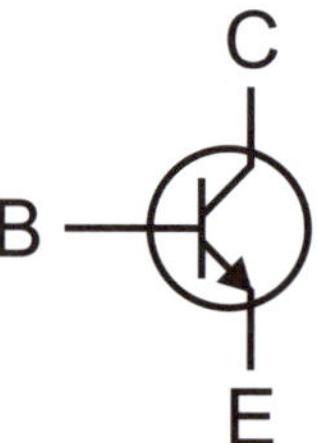

Im Schaltbild sind die drei Anschlüsse normalerweise nicht beschriftet, sondern werden nur an ihrem Platz im Symbol erkannt. Damit es einfacher ist, werden hier anfangs noch die Buchstaben benutzt. Den Kreis um den Transistor zeichnet man heute eigentlich nicht mehr unbedingt. So sieht das Symbol aber einprägsamer aus.

Experiment

- Du hast zwei verschiedene Transistorentypen auf deiner Einkaufsliste, die beide ziemlich gleich aussehen. Auf dem Gehäuse ist die Typnummer aufgedruckt. Achte darauf, den richtigen Typ zu benutzen: BC547. Die »Vier« in der Zahlenfolge ist dabei von entscheidender Bedeutung.

BC547 in TO-92-Bauform. Die Buchstaben davor und danach sind für uns nicht von Bedeutung.

Transistoren können theoretisch durch statische Aufladung beschädigt werden. Wenn du synthetische Kleidung trägst, die beim Ausziehen knistert, oder Schuhe mit Gummisohle und du gelegentlich eine »gewischt« bekommst, wenn du Metall berührst, dann bist du statisch aufgeladen. Diese Ladung kann Halbleiter zerstören. Es ist also besser, wenn du die gefährliche Ladung abbaust, bevor du den Transistor anfasst. Dazu kannst du ein blankes Stück Heizkörper oder einen Wasserhahn berühren. Es gibt für Elektroniker auch spezielle Antistatikmatten (Stichwort ESD: englisch: *Electro Static Discharge*, deutsch: elektrostatische Entladung) für den Arbeitsplatz. Aber wenn ich ehrlich bin: Ignorier es einfach. Die Wahrscheinlichkeit ist gering, dass du wirklich einen Transistor auf diese Weise beschädigst. Ich wollte nur, dass du Bescheid weißt und keiner sagen kann, ich hätte was vergessen.

- Achte auf die Ausrichtung der Low-Current-LED und des Transistors: Die halbrunde Seite weist nach hinten.

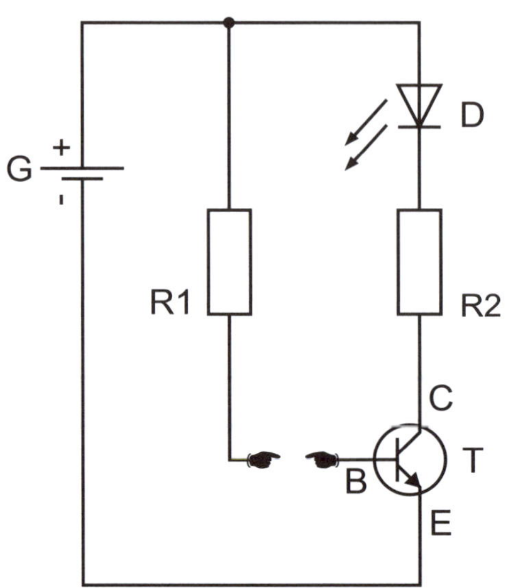

Bauteil	Wert
G	9-V-Blockbatterie
R1	1 kΩ (braun-schwarz-rot)
R2	2,2 kΩ (rot-rot-rot)
D1	LED rot; 3 mm; 1,7 V; 2 mA
T	Transistor BC547

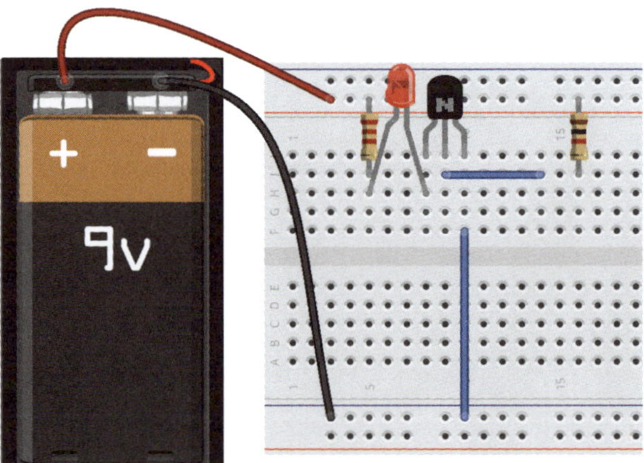

≫ Im Schaltbild siehst du die zwei nicht gerade genormten Symbole für zwei Kontaktpunkte, die du mit deinem Finger berühren sollst. Stecke dazu einfach zwei Stücke Draht in zwei nebeneinanderliegende Reihen der Steckboardkontakte.

- Wenn du die Batterie angeschlossen hast, ist erst einmal nichts zu sehen. Lege jetzt einen Finger vorsichtig auf die zwei Kontakte.
- Nachdem du deine Scheu überwunden und gesehen hast, dass die LED schwach leuchtet, aber dir selbst nichts passiert, drücke deinen Finger etwas fester auf die Kontakte (aber nicht so doll, dass es blutig wird). Was ändert sich?
- Feuchte deinen Finger mit etwas Spucke an und berühre dann wieder die Kontakte.

Auch deine Haut kann offenbar Strom leiten. Der Aufbau am Anfang des Buches, als du Leiter und Nichtleiter ausprobiert hast, war nicht empfindlich genug, um das zu beweisen. Mit dem Transistor ist es aber möglich. Genau betrachtet ist es weniger deine Haut, die den Strom leitet, als eher die Feuchtigkeit auf und in ihr. Deshalb leuchtet die LED auch wesentlich heller, wenn du den Finger anfeuchtest. Ein Lügendetektor funktioniert nach dem gleichen Prinzip: Wer lügt, schwitzt mehr und das Gerät zeichnet diese Feuchtigkeit auf.

Lerne deinen Transistor kennen

Um die Funktionsweise eines Transistors besser zu verstehen, benötigen wir eine Schaltung, die nicht ganz so mystisch ist und die wir besser unter Kontrolle haben.

Experiment

- Der Schaltplan zeigt dir, welchen Aufbau wir benötigen. Die zwei Voltmeter sind nur schon vorsorglich eingezeichnet und werden im ersten Schritt noch nicht benötigt.

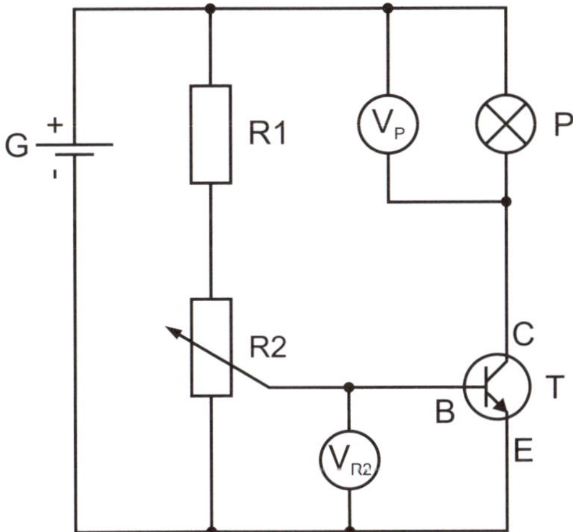

Bauteil	Wert
G	9-V-Blockbatterie
R1	1 kΩ (braun-schwarz-rot)
R2	1-kΩ-Trimmer
P	Lampe 12 V
T	Transistor BC547

- Sobald du die Batterie angeschlossen hast, kannst du am Poti drehen und damit die Helligkeit der Glühbirne regeln.

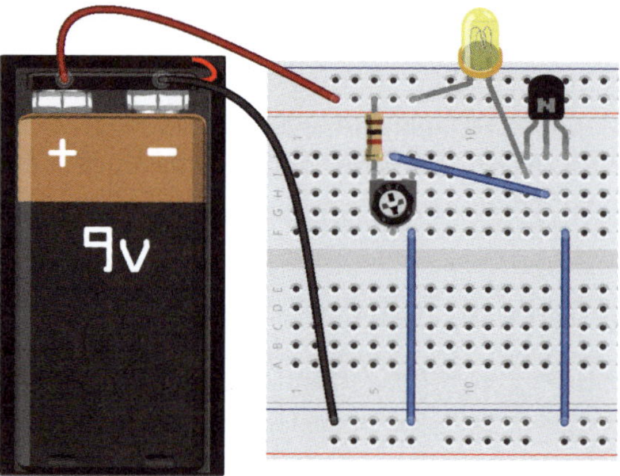

- Im Bereich des einen Endanschlages der Trimmereinstellung bleibt sie immer dunkel, während sie in der Nähe des anderen Anschlages immer gleich hell bleibt. Der Regelbereich erstreckt sich also nur auf den mittleren Potibereich.

Fragst du dich, was das gerade soll? Eine Schaltung zum Regeln der Lampenhelligkeit hast du doch schon kennengelernt. Stimmt, wir wollen auch eigentlich nicht unbedingt die Helligkeit verstellen, sondern etwas messen: die Spannung am Trimmpoti und die Spannung an der Lampe. Dafür wurden auch schon die beiden Voltmeter eingezeichnet.

Wir wollen eigentlich auch nicht die Spannung messen, sondern den Strom. Interessant ist nämlich, wie der Strom an der Basis des Transistors den Strom durch die Lampe beeinflussen kann. Allerdings ist Strommessen immer etwas aufwendig, weil wir dazu den Stromkreis unterbrechen und das Amperemeter einsetzen müssen. Weil du nur ein Multimeter hast, müsstest du dann andauernd das Multimeter an der einen Stelle einbauen und eine Drahtbrücke an der anderen – und das etwa zehnmal. Das macht keinen Spaß. Deshalb messen wir die Spannung. Das ist viel einfacher und lässt Rückschlüsse auf den Strom zu, denn wir wissen ja, dass Strom und Spannung einander beeinflussen. So wie die Spannung steigt, steigt auch der Strom in dieser Schaltung.

Experiment

Wir wollen eine Messreihe aufnehmen. Hast du so etwas schon mal im Physikunterricht gemacht? Wir führen mehrere Messungen durch und notieren uns die Werte.

- Drehe dein Poti ganz zum Anschlag, bei dem die Lampe nicht leuchtet.
- Miss die Spannung über den Mittelabnehmer des Poti gegen den Minuspol (V_{R2}). Trage die Spannung in die Messtabelle ein.
- Miss ebenfalls die Spannung über der Glühbirne (V_P) und notiere den Wert.
- Drehe das Poti ein klein wenig weiter. Etwa so viel, dass du in zehn weiteren Schritten am anderen Ende angelangt sein wirst. Solange die Lampe noch nicht leuchtet oder nur schwach, sind die Werte wichtiger als bei leuchtender Lampe. Wähle in diesem Bereich also lieber etwas kleinere Schritte beim Drehen.
- Miss wieder beide Spannungen und notiere die Werte.
- Wiederhole die Schritte, bis du etwa zehn Werte und den Endanschlag des Potis erreicht hast. In der Tabelle sind auch die Werte eingetragen, die im Testaufbau gemessen wurden.

Potistellung	Deine Werte		Werte Testaufbau	
	V_{R2} [V]	V_P [V]	V_{R2} [V]	V_P [V]
1 (dunkel)			0,01	0,01
2 (dunkel)			0,023	0,01
3 (dunkel)			0,123	0,01
4 (dunkel)			0,491	0,01
5 (schwaches Glimmen)			0,695	2,25
6 (Glimmen)			0,718	4,12
7			0,802	6,6
8			0,840	6,7
9			0,853	6,8
10 (hell)			0,860	6,9

Die ersten Werte mit 0,01 V für V_P entsprechen keiner messbaren Spannung, also 0 V. Bis zu einem Wert von etwa 0,6...0,7 V für V_{R2} tut sich an der Lampe also nicht wirklich was. Wenn keine Spannung an der Lampe abfällt, kann auch kein Strom fließen. Die Lampe bleibt also dunkel. Danach wird die Spannung an R2 kaum noch größer, aber schlagartig steigt die Spannung an der Lampe an. Ab etwa 0,8 V über R2 ändern sich die Werte kaum noch. Die Lampe erstrahlt mit maximaler Helligkeit und an ihr fällt so gut wie die ganze Batteriespannung ab.

Offenbar kannst du den Transistor durch die Spannung an seinem Basisanschluss steuern. Solange die Spannung unterhalb von etwa 0,7 V liegt, fließt kein Strom durch die Lampe. Wird die Spannung erreicht oder überschritten, fließt auf einmal der Strom. In einem kleinen Bereich (so zwischen 0,7...0,8 V an der Basis) fließt noch nicht der maximal mögliche Strom durch die Lampe, aber sind die 0,8 V erst einmal überschritten, scheint der Transistor den ganzen Strom durchzulassen, sodass die Lampe hell leuchtet.

So ein wenig hört sich das wie bei einem Relais an: Solange die Spannung an der Spule nicht ausreicht, passiert nichts. Sobald die Spannung an der Spule groß genug ist, zieht das Relais an und schaltet um.

In der Tat ist ein Transistor zum Teil mit einem Relais zu vergleichen. Nicht ohne Grund ist der Transistor auch Teil der technischen Entwicklung der Computertechnik. Zuerst gab es Computer aus Relais. Diese wurden von einem Bauteil ersetzt, das wir hier im Buch nicht mehr behandeln:

der Elektronenröhre. Diese konnte schneller arbeiten als ein Relais, brauchte aber viel Strom. Dann kam der Transistor: Er war klein, schnell und brauchte kaum noch Strom. Heute sind wir beim **Integrierten Schaltkreis** (ICs, englisch: integrated curcuits): Auf einer Fläche so groß wie dein Daumennagel sind Millionen von Transistoren untergebracht. Der Begriff *Transistor* ist eine Kurzform des englischen *transfer resistor*, was in der Funktion einem durch eine angelegte elektrische Spannung oder einen elektrischen Strom steuerbaren elektrischen Widerstand entspricht.

Elektronenröhren waren die Vorstufe zum Transistor.

Anders als ein Relais kann der Transistor aber nicht einfach nur zwischen Aus und Ein umschalten, sondern er hat einen Übergangsbereich, in dem er geregelt werden kann und ein wenig Strom fließen kann. Dieser Bereich liegt bei den besagten etwa 0,7 V. Ein Wert, der dir bekannt sein dürfte: Es ist die gleiche Spannung, die bei einer Diode als Durchbruchspannung bezeichnet wird. Ein Transistor ist nämlich auch nicht viel anders aufgebaut als eine Diode, an die eine zweite »angeklebt« wurde.

Dämmerungsschalter gegen Nachtgespenste

Der Lügendetektor funktionierte schon ganz gut. Aber wie oft willst du schon deinen Freunden derart auf den Zahn fühlen? Mit der Prüfschaltung aus dem vorherigen Abschnitt konntest du den sogenannten **Arbeitspunkt** des Transistors ermitteln. Darunter wird die Spannung an der Basis verstanden, die benötigt wird, damit der Transistor leitend wird, sodass die Lampe leuchtet. R1 und R2 bilden einen Spannungsteiler, wobei R1 hauptsächlich als Vorwiderstand für den Transistor agiert. Ohne R1 könntest du den Trimmer ja auf 0 Ω drehen, wenn der Schleifer ganz am Anschlag der einen Seite steht. Dann läge die Batteriespannung (ca. 9 V) komplett an der Basis des Transistors an. So wie eine LED auch, mag der das aber gar nicht und würde schnell heiß werden und dann aufgeben, sprich kaputtgehen. Das wurde dir auch schon kurz bei der Einführung des Potis mit auf den Weg gegeben. Also benötigt auch ein Transistor immer einen Widerstand an seiner Basis.

Die Größe des Basiswiderstands kann man natürlich exakt ausrechnen. Dazu solltest du wieder einmal das Datenblatt studieren. Damit dir das Datenblatt aber weiterhilft, müssten wir noch einige technische Details klären, die hier jetzt erst einmal einfach vernachlässigt werden sollen. Zum Glück sind unsere Standardtransistoren sehr tolerant in Hinblick auf Spannung und Strom – in gesunden Grenzen. Es ist zwar nicht wissenschaftlich, aber Pi mal Daumen genügt ein Widerstand von 1...5 kΩ an der Basis.

Du hast früher schon mal einen speziellen Widerstand kennengelernt, der sich so in etwa in diesem Bereich verändern kann. Zusammen mit dem Spannungsteiler sollte sich doch daraus etwas basteln lassen. Weißt du, welchen Widerstand ich meine?

Experiment

- Im Schaltplan kannst du den Spezialwiderstand sehen. Er sieht ein wenig aus wie eine LED, ist aber keine. Es handelt sich um den Fotowiderstand (LDR).

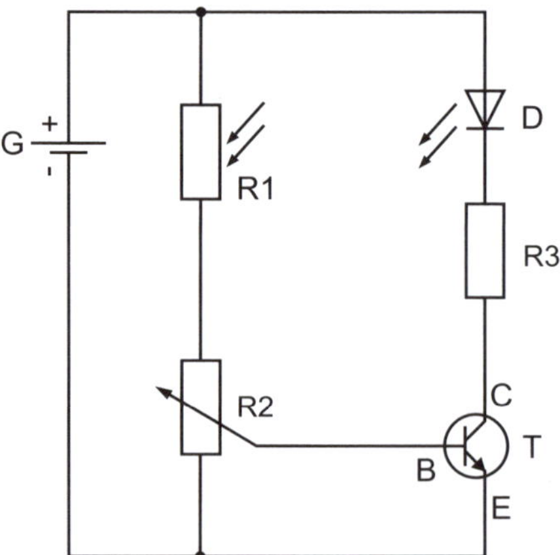

Bauteil	Wert
G	9-V-Blockbatterie
R1	Fotowiderstand 4...500 kΩ
R2	1-kΩ-Trimmer
R3	2,2 kΩ (rot-rot-rot)
D	LED grün, 25 mA
T	Transistor BC547

- Nach dem Aufbau kommt der sogenannte Abgleich der Schaltung. Du musst den Arbeitspunkt für den Transistor einstellen.

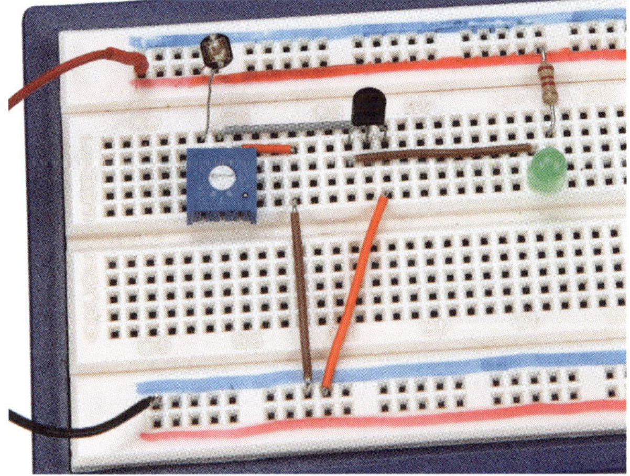

- Drehe bei normalem Lichteinfall auf den LDR am Poti, bis die LED verlischt.
- Drehe das Poti dann ein wenig zurück, sodass die LED wieder leuchtet.

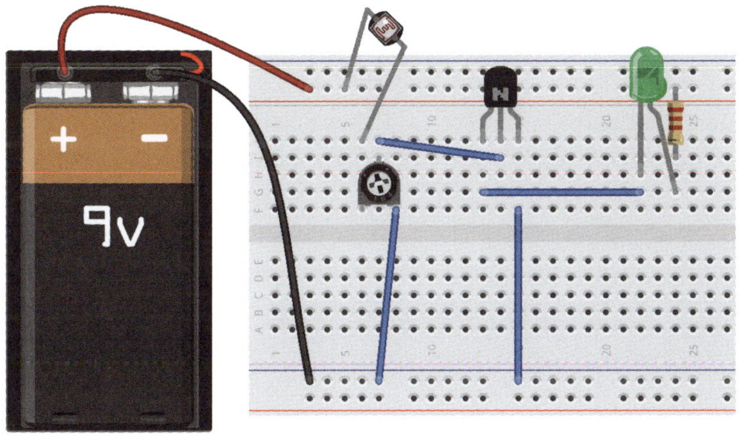

- Schatte den LDR mit der Hand ab. Die LED sollte erlöschen.
- Wenn wieder Licht auf den Fotowiderstand fällt, geht die LED wieder an. Du kannst den Trimmer so lange fein justieren, bis du die gewünschte Helligkeitsschwelle erreicht hast, bei der zwischen An und Aus gewechselt wird.

Gespenster vertreibt diese Schaltung aber irgendwie noch nicht. Wenn es hell ist, geht die LED an und bei Dunkelheit ist sie aus. Praktischer wäre es ja, wenn die LED oder Lampe angeht, wenn es dunkel wird und die Geisterstunde näherrückt. Kein Problem, es ist nur eine kleine Ergänzung erforderlich:

Experiment

- Ergänze den Aufbau um das Relais. Zu einem Relais gehört auch immer die Freilaufdiode. Der Transistor könnte ansonsten nämlich durch die hohe Spannung bei der Selbstinduktion der Spule beim Abschalten des Relais zerstört werden. Der Aufbau wird also schon etwas komplexer.

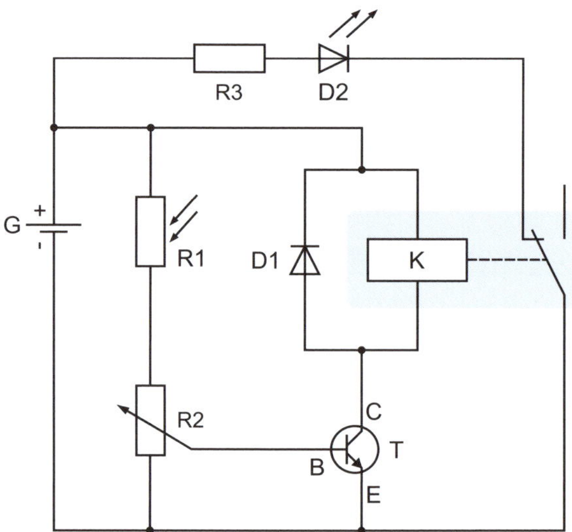

- Du benötigst vom Umschalter im Relais den mittleren Kontakt und den Anschluss, der im Ruhezustand mit dem mittleren Kontakt verbunden ist.

Bauteil	Wert
G	9-V-Blockbatterie
R1	Fotowiderstand 4...500 kΩ
R2	1-kΩ-Trimmer
R3	2,2 kΩ (rot-rot-rot)
D1	1N4148
D2	LED grün, 25 mA
T	Transistor BC547
K	Relais 6 V

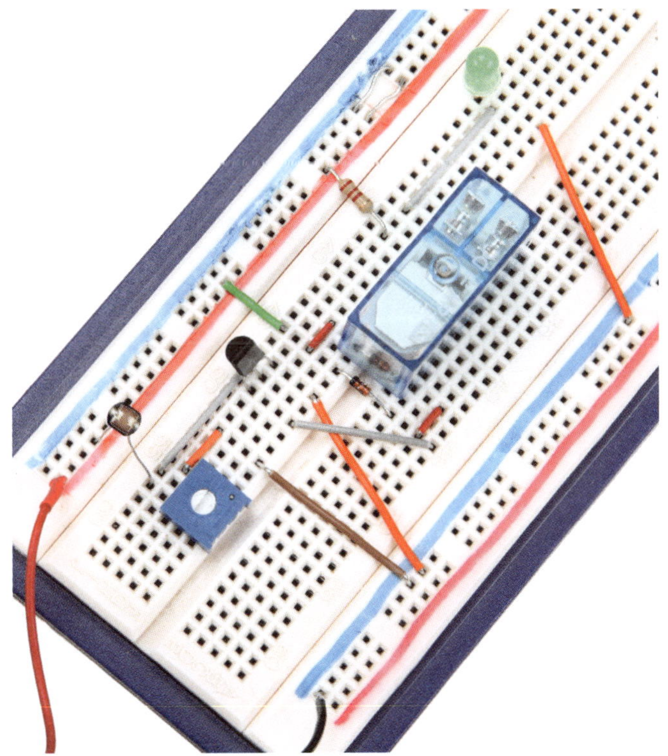

- Bei Dunkelheit sperrt der Transistor wie bisher auch. Das Relais bekommt keinen Strom und befindet sich deshalb in Ruhestellung. An den jetzt geschlossenen Ausgangskontakten ist die LED angeschlossen, die deshalb leuchtet.
- Bei Lichteinfall schaltet der Transistor durch, das Relais bekommt Strom und schaltet um. An den dann geschlossenen Kontakten ist nichts angeschlossen. Die Kontakte, an denen die LED angeschlossen ist, sind geöffnet, die LED geht aus.

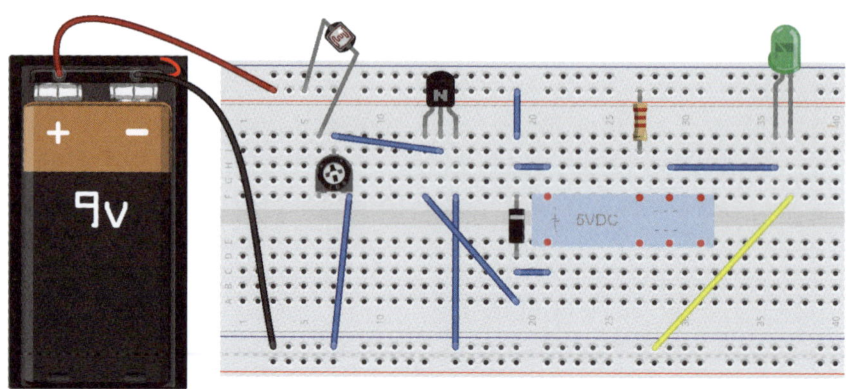

Beachte die Ausrichtung der LED und der Freilaufdiode. Achte auch darauf, dass die gelbe Drahtbrücke wirklich mit der Minus-Verteilerleiste verbunden ist, wenn du ein breites Breadboard benutzt, bei dem die Verteilerleisten auf halber Länge unterbrochen sind.

Der BC547-Transistor kann bis zu 45 V und 100 mA schalten und verkraftet das Relais problemlos. Sollte dich das Relais aus irgendeinem Grund stören – vielleicht weil es zu laut ist und deinen Schlaf stört –, dann musst du dich noch ein wenig in Geduld üben. Sobald du mehr über Transistoren gelernt hast, werden wir es rausschmeißen.

Wer »Ja« sagt, bekommt »Nein« als Antwort

Es gibt fast unzählige Varianten, wie man einen Transistor betreiben kann. Einige Modi haben sogar klangvolle Namen wie *Emitterfolger* oder *Kollektorschaltung*. Dicke Bücher werden mit all diesen Betrachtungen gefüllt. Natürlich kann es nichts schaden, das alles zu wissen, aber wenn wir uns erst einmal auf ein paar einfache typische Schaltungen beschränken, dann reicht das auch für den Anfang.

Der stille Schalter: Transistor statt Relais

Es wurde bereits erwähnt: Ein Transistor soll in der Lage sein, ein Relais zu ersetzen. Für viele Anwendungen stimmt das auch. Lediglich wenn es darum geht, besonders hohe Ströme zu schalten, wird die Luft für Transistoren dünn und Relais sind das Mittel der Wahl. Da wir aber nicht mit 100 und mehr Volt arbeiten, interessiert uns das jetzt nicht.

Probieren wir aus, wie wir eine LED (oder Lampe) mit einem Transistor schalten können. Mit dem Lügendetektor und den Folgeschaltungen hast du bereits die LED geschaltet. Allerdings ging es da auch um den Arbeitspunkt: Wir wollten einstellen können, wann die Schaltschwelle erreicht ist. Jetzt soll stur ein- und ausgeschaltet werden, wenn ein Taster gedrückt wird.

Experiment

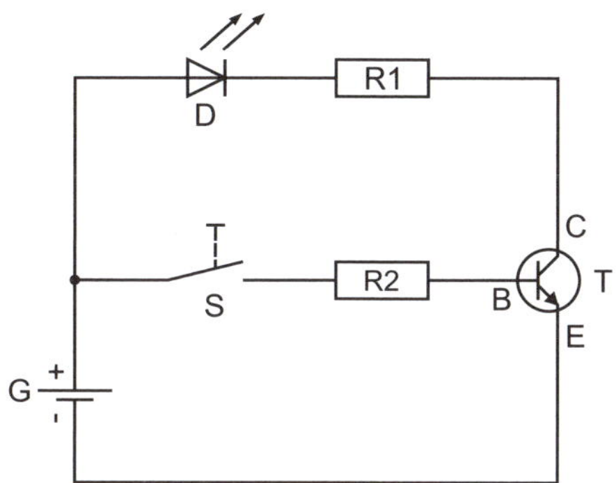

Bauteil	Wert
G	9-V-Blockbatterie
R1	2,2 kΩ (rot-rot-rot)
R2	1 kΩ (braun-schwarz-rot)
D	LED grün, 25 mA
T	Transistor BC547
S	Taster

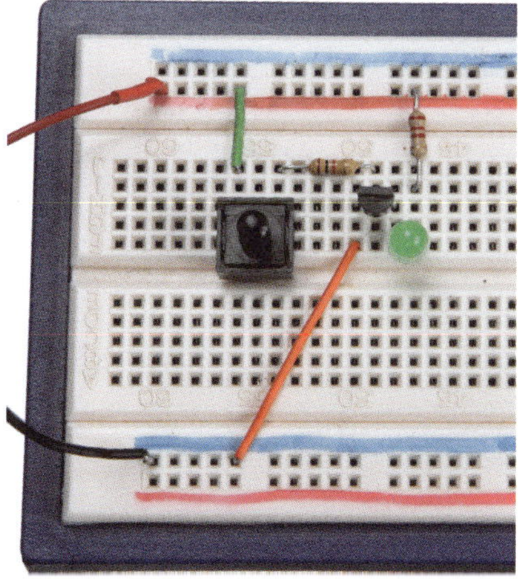

Um weniger Drahtbrücken zu benötigen, wurde der Transistor um 180 ° gedreht eingebaut. Hauptsache, du achtest darauf, die Anschlüsse B, C und E nicht zu verwechseln.

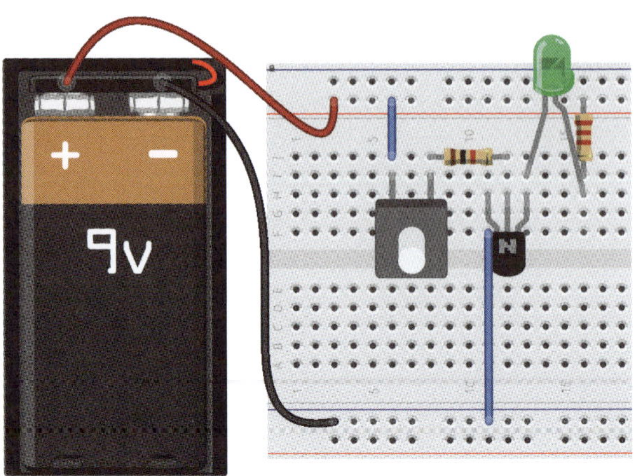

Ein Druck auf den Taster lässt die LED leuchten. Der Basiswiderstand R2 schützt den Transistor und lässt die benötigte Durchbruchspannung von etwa 0,7 V an die Basis gelangen, woraufhin der Transistor durchschaltet und der Strom über die Kollektor-Emitter-Strecke fließen kann – die LED leuchtet.

Bei vielen Beispielen zum Transistor nutzt man nur eine Spannungsquelle, weil das leichter aufzubauen ist. Als das Relais neu war, haben wir aber zwei Batterien benutzt und so mit dem einen Schaltkreis die Lampe im anderen gesteuert. Das geht auch mit dem Transistor, immerhin soll er ja das Relais (weitestgehend) ersetzen.

Experiment

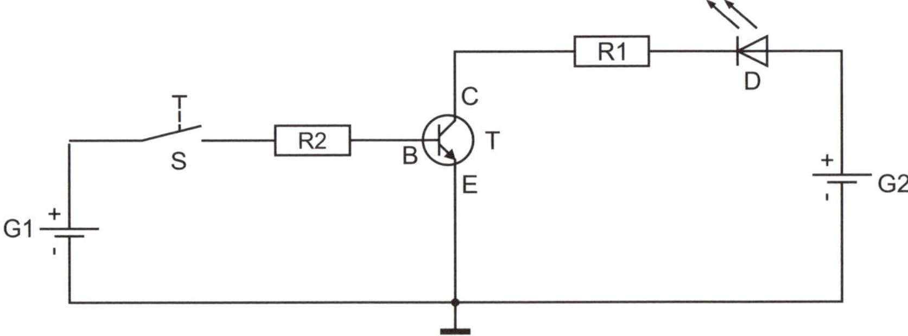

Weil die Minuspole von zwei Batterien miteinander verbunden sind, wurde zusätzlich das Massesymbol am unteren Verbindungsstrang eingezeichnet.

≫ Die Schaltung ähnelt der vorherigen fast genau. Es werden aber zwei Batterien benutzt.

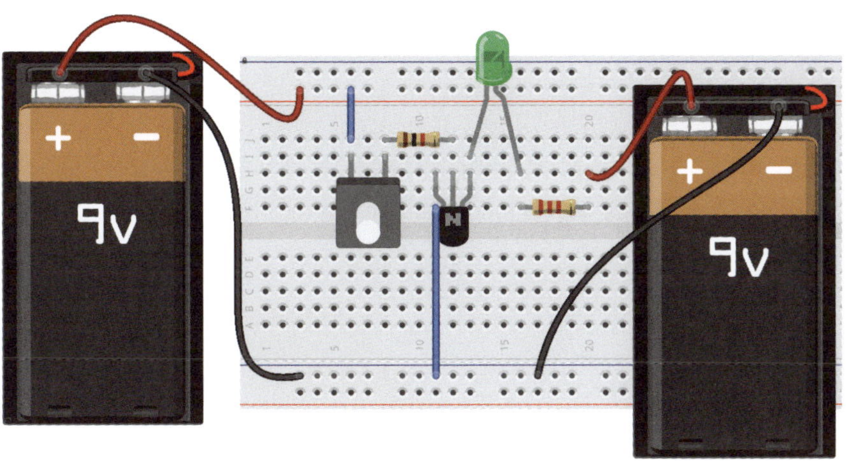

≫ Bei dieser Schaltung müssen die Minuspole beider Batterien verbunden werden. Aber nur diese!

Die Schaltung macht das Gleiche wie die vorherige. Aber trotzdem ist es eine ganz andere, denn der linke Stromkreis steuert die Funktion des rechten. Im Gegensatz zur Relaisschaltung, als das Gleiche gemacht wurde, sind hier aber die Minuspole beider Schaltkreise verbunden, weil beide an den Emitter des Transistors angeschlossen sein müssen. Deshalb sind die beiden Schaltkreise diesmal **nicht** galvanisch getrennt: Es besteht eine Verbindung über Masse (die Minuspole), die beim Relais nicht notwendig war.

Ein Anschauungsmodell, damit es verständlich wird

Es wird Zeit für ein Funktionsmodell, um die Arbeitsweise des Transistors näher zu beleuchten. Wenn dir die bisherigen Experimente schon deutlich gemacht haben, was du mit dem Transistor machen kannst, und du eine ungefähre Vorstellung hast, wie der Strom im Inneren fließt, dann haben sich die Versuche doppelt gelohnt.

Wie so oft in der Elektrotechnik probiert man, die Abläufe anhand von Wasserläufen zu beschreiben. Die übliche Analogie für den Transistor zeigt die Abbildung, bei der ein kleiner Wasserlauf in einen größeren mündet.

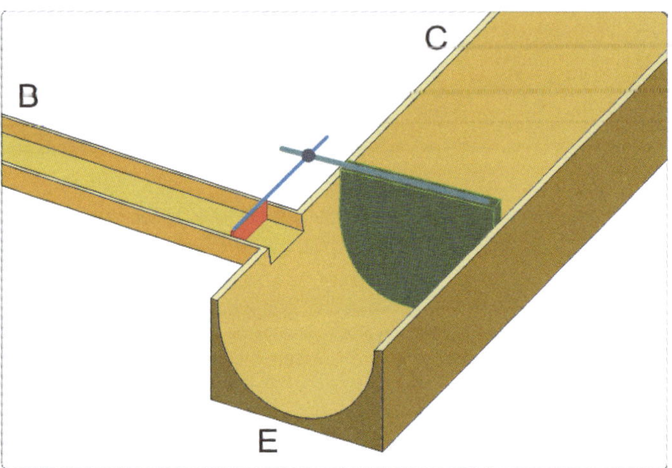

Ausgangsmodell für einen Transistor: Ein kleiner Wasserlauf mündet in einen großen. In beiden befindet sich je eine Klappe, die mechanisch miteinander verbunden sind. Die rote Klappe kann im Wasser hin und her schwenken. Die grüne nur nach oben und unten. Bewegt sich die rote Klappe, hebt und senkt sich dadurch die grüne. Der kleine Zufluss entspricht der Basis (B). Der große Kanal verläuft zwischen dem Kollektor (C) und dem Emitter (E).

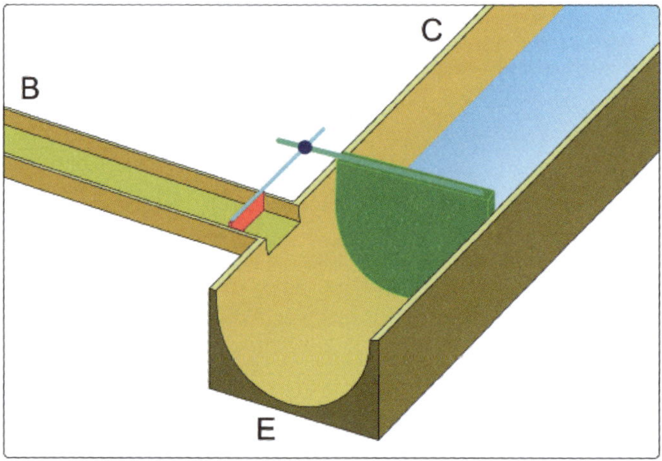

Kommt vom Kollektor Wasser, staut es sich an der grünen Klappe, weil diese geschlossen ist. Am Emitter kommt kein Wasser an.

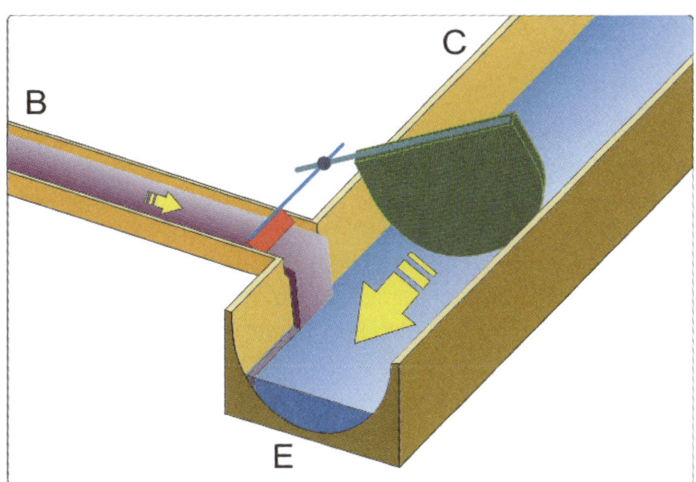

Fließt zusätzlich von der Basis her (ein wenig) Wasser auf die rote Klappe zu, dreht sich die rote Klappe und über die mechanische Verbindung wird dann auch die grüne Klappe nach oben geschwenkt. Jetzt kann das Wasser vom Kollektor (blau) zum Emitter fließen. Das (wenige) Wasser von der Basis (violett) vermischt sich mit dem anderen Wasser und fließt auch zum Emitter.

Bei Transistoren wird oft von Strecken gesprochen. Die Basis-Emitter-Strecke (B-E), die Kollektor-Emitter-Strecke (C-E) usw. Sicher wird es dir am Anfang auch etwas schwerfallen, die drei neuen Bezeichner richtig zuzuordnen. Das Wort »Kollektor« bedeutet so viel wie »Sammler« (im englischen: *to collect* – (auf-)sammeln). Du kennst sicher auch die Kollekte in der Kirche: das Einsammeln von Geld als milde Gabe. Am Kollektor wird also die Spannung gesammelt, die dann durch den Transistor hindurchgeschleust werden soll. »Emitter« kommt von »emittieren«: *aussenden.* Im Wort LED steckt das auch drin: light emitting diode (Licht aussendende/abstrahlende Diode). Am Emitter wird alles aus dem Transistor herausgesendet, was (irgendwo) hineingelangte.

Ein sehr kleiner Strom an der Basis genügt, um den (beliebig) großen Strom vom Kollektor fließen zu lassen. Am Emitter addieren sich die Spannung der Basis und die des Kollektors, sodass aus dem Transistor die Summe beider Zuläufe herauskommt. Die Spannung, die benötigt wird, damit die Basis den Kollektor vollständig öffnet, beträgt etwa 0,7 V. Es ist aber auch möglich, dass an der Basis eine geringere Spannung anliegt. Dann wird auch der Kollektor nur ein wenig geöffnet. Weil aber am Kollektor trotzdem eine deutlich größere Spannung anliegt, fließt schon bei kleiner Öffnung relativ viel Spannung zur Basis. Kleine Veränderungen an der Basis bewirken also große Änderungen am Emitter.

Transistor als Inverter

Mit dem Beispiel am Anfang dieses Kapitels hast du zwar eine LED angesteuert, diese leuchtete aber immer dann, wenn auch die Taste gedrückt wurde. Das macht irgendwie noch nicht wirklich Sinn, denn dazu brauchst du ja keinen Transistor. Damit das Beispiel an Bedeutung gewinnt, benötigst du ein wenig Fantasie. Der Taster wird stellvertretend für alle möglichen Signale verwendet. Du könntest beispielsweise stattdessen auch eine Signalleitung aus deinem Computer benutzen, die den Transistor steuert und dadurch dann die LED. Das ist ein spannendes Themengebiet, aber leider führt es uns zu weit weg vom Inhalt dieses Buches. Dennoch: Halte dir immer vor Augen, dass all diese scheinbar einfachen Schaltungen wirklich nützlich sind, und sobald du das Prinzip verstanden hast, kannst du viel mehr damit machen.

Eine weitere wesentliche Funktion ist es, ein Signal zu invertieren – so wie es die Kapitelüberschrift auch verspricht: Dein Schalter soll »Ja« sagen und die LED zeigt ein »Nein« an.

Damit machen wir auch gleich einen kleinen Abstecher in die digitale Logikwelt. Auch ein Computer kann wirklich nur diese zwei Zustände unterscheiden – egal, wie schnell, teuer oder neu er ist. Für »Ja« kann man auch *Wahr* (engl.: true), *Eins* oder *Ein* sagen. Ein »Nein« entspricht *Falsch* (engl.: false), *Null* oder *Aus*. Eins und Null wird im Computer durch den Zustand *Strom fließt* und *Strom fließt nicht* dargestellt. Jede Null oder Eins wird als 1 Bit bezeichnet. Daten (Textdateien, E-Mails, Musik, Videos usw.) und Programme (Spiele, Malprogramme etc.) auf einem USB-Stick oder einer Festplatte bestehen aus Millionen dieser Bits.

Experiment

≫ Damit der Transistor den Zustand des Schalters umdreht, muss die bisherige Schaltung nur ein wenig umgebaut werden. Die Bauteile bleiben die gleichen.

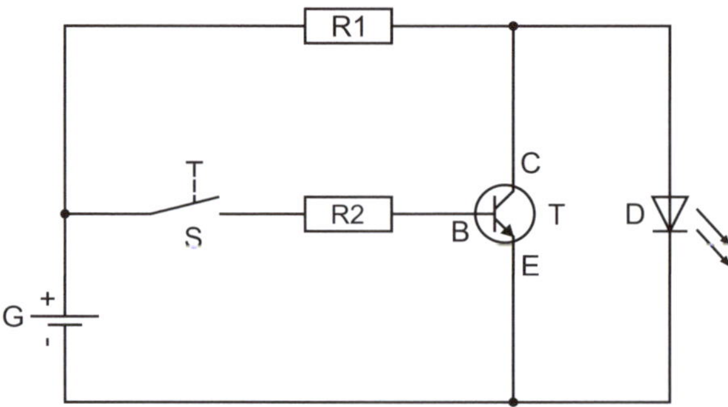

- Damit es etwas einfacher wird, verzichten wir wieder auf die zweite Batterie – auch wenn es immer möglich wäre, sie zu benutzen.

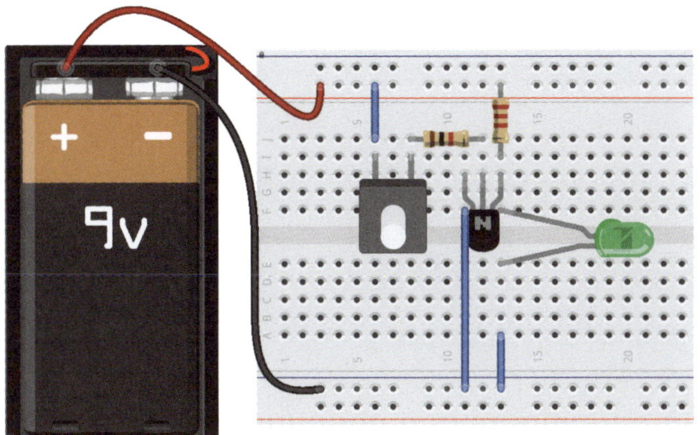

- Der Transistor ist mit der bedruckten Fläche »nach oben« (Norden) ausgerichtet, um Brücken zu sparen.

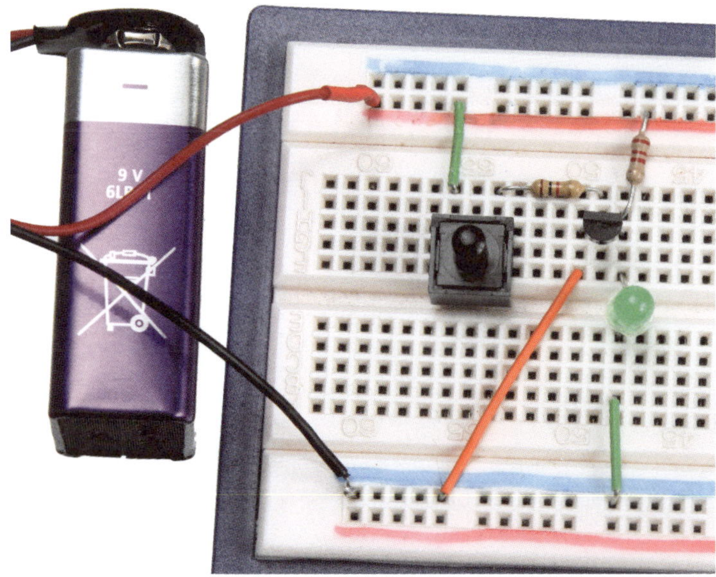

Lediglich die LED wurde an einer anderen Stelle eingebaut und schon ändert sich die Funktion erheblich. Die LED leuchtet, solange du den Taster nicht drückst. Drückst du ihn, schaltest also den Strom an der Basis ein, geht die LED aus – sie macht das Gegenteil vom Taster, sie arbeitet invers. Wieso das so ist, kann leicht erklärt werden:

- Bei geöffnetem Schalter fließt kein Strom an die Basis des Transistors – er sperrt.

- Weil die C-E-Strecke gesperrt ist, fließt kein Strom durch den Transistor. Es ist so, als wäre der Transistor gar nicht vorhanden.

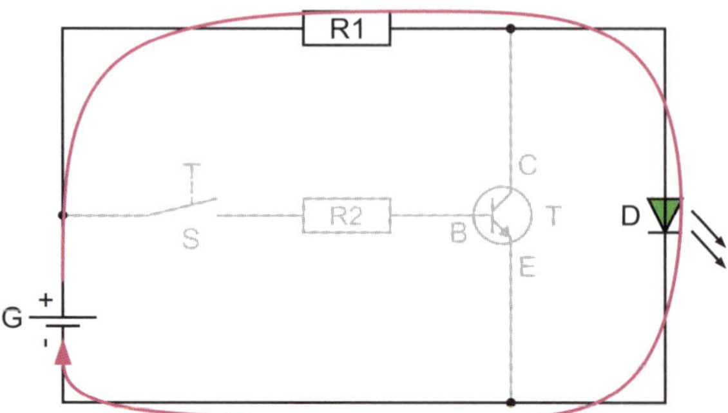

Bei offenem Schalter sperrt der Transistor und es ist so, als wäre er nicht vorhanden.

- Wird der Schalter geschlossen, gelangt Strom an die Basis, der Transistor steuert (komplett) durch.
- Die C-E-Strecke wird leitend und verhält sich annähernd wie ein Kurzschluss. Für den Strom ist es nun einfacher, durch den Transistor zu fließen, statt durch die LED, weil der Widerstand auf der C-E-Strecke fast null ist.

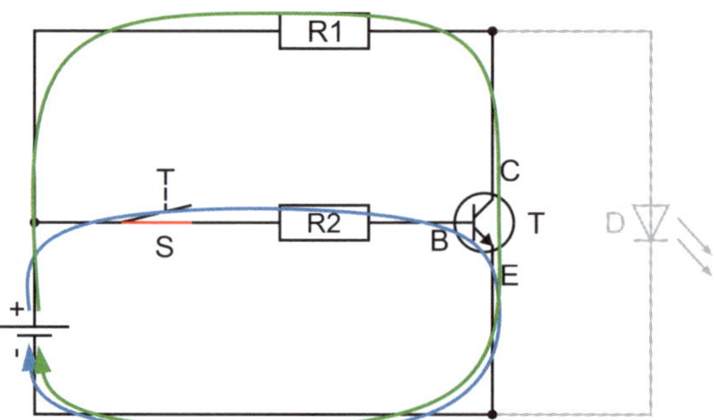

Der Strom fließt bei geschlossenem Taster (rot) über die Strecke B-E und C-E, aber nicht mehr über die LED – sie erlischt.

- Es ist wichtig, dass R1 in der C-E-Strecke liegt, weil ansonsten kein Vorwiderstand auf dieser Strecke den Transistor schützen würde, wodurch es tatsächlich zu einem Kurzschluss der Batterie käme und der Stromfluss extrem stark ansteigt, was weder die Batterie noch der Transistor mögen.

Genau der richtige Moment, um das gegebene Versprechen einzulösen und dir zu zeigen, wie du den Dämmerungssensor ohne Relais umsetzen kannst. Eigentlich kannst du versuchen, das Problem auch selber zu lösen. Du benötigst die Schaltung für den Dämmerungsschalter mit dem

LDR. In der ersten Version (ohne Relais) funktionierte er ja schon, nur leider »verkehrt herum«. Wenn es hell war, leuchtete auch die LED. Eine Idee, wie du das Verhalten *invertieren* könntest?

Experiment

- Teilen wir uns die Arbeit: Du überlegst dir, wie du die Schaltung nur minimal zu ändern brauchst, um den Transistor anders zu beschalten und die LED leuchten zu lassen, wenn es dunkel ist.
- Bei den Aufgaben findest du eine Übung dazu.
- Damit es nicht zu schwer, aber auch nicht zu leicht wird, hier nur die Bilder vom Aufbau.

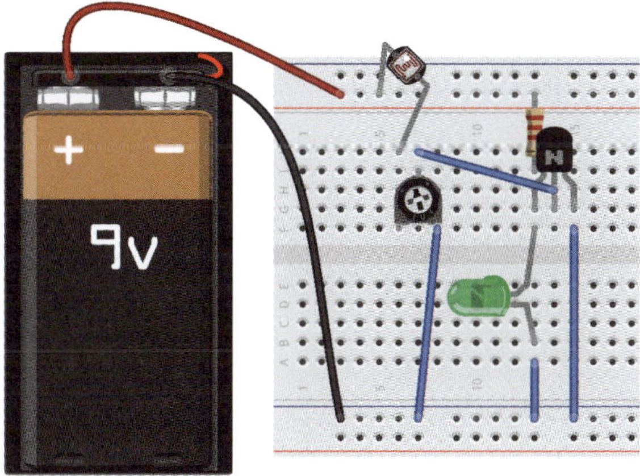

So kann der Aufbau aussehen.

- Du benötigst: Batterie, LDR, Trimmer, Transistor BC547, 2,2-kΩ-Widerstand, LED.

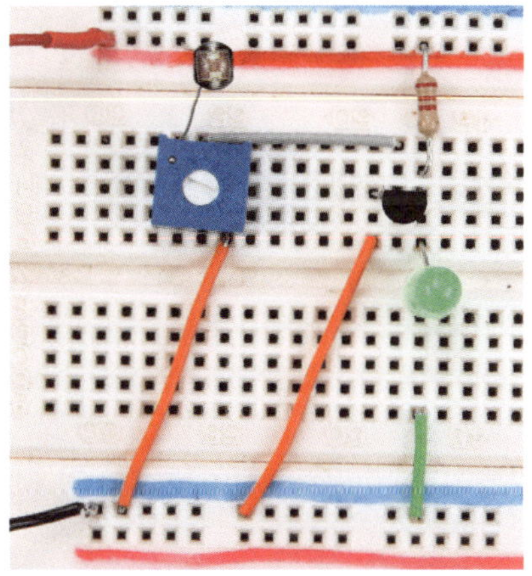

Die gleiche Schaltung, anders aufgebaut

Superempfindlicher Einbrecheralarm und Blumenwächter

Ein Transistor alleine ist schon gut. Zwei zusammen können noch viel besser sein. Hättest du vor etwa 50 Jahren die Idee gehabt, einfach zwei davon hintereinander zu schalten, würden wir deinen Namen für diese Schaltung benutzen. Weil du es nicht warst, nennt sich die Schaltung seitdem *Darlington-Schaltung* – so leicht kann man sich einen bleibenden Namen machen.

Experiment

≫ Die Schaltung an sich ist nicht sonderlich aufwendig. Baue sie zuerst einmal auf.

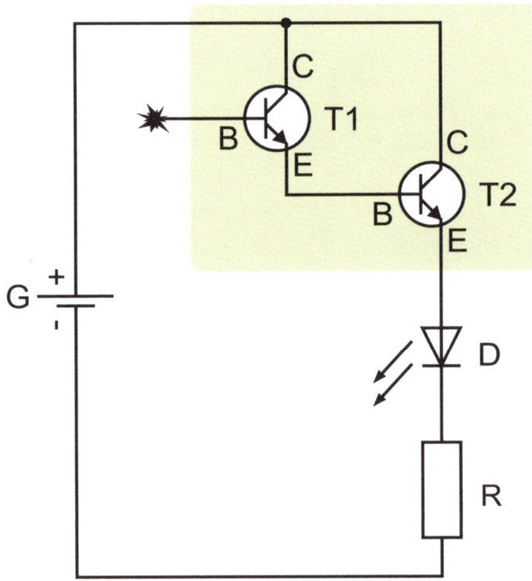

Der »Fleck« an der Basis von T1 ist natürlich kein richtiges Schaltzeichen, sondern soll den Anschluss für die Alufolie symbolisieren. Gelb hinterlegt ist der Teil, der als Darlington-Schaltung bezeichnet wird.

Bauteil	Wert
G	9-V-Blockbatterie
R	2,2 kΩ (rot-rot-rot)
D	LED rot, 2 mA, Low Current
T1, T2	Transistor BC547

≫ An der Basis von T1 musst du eine Krokoklemme anbringen können. Es dürfte hilfreich sein, wenn du dazu ein Stück blanken Draht in die Steckkontaktreihe setzt, damit du die Krokoklemme nicht direkt am Beinchen vom Transistor anklemmst und dann eventuell einen Kurzschluss mit einem benachbarten Beinchen erzeugst.

- Du kannst die Funktion schon mal testen, indem du die Krokoklemme an der Basis berührst. Wenn du ein wenig statisch aufgeladen bist, sollte die LED kurz aufblitzen.

Wenn du die Basis von T1 berührst und dir dabei mit einer Kunststoffbürste durch die Haare kämmst, sollte die LED immer wieder aufblitzen. Durch die Reibung deiner Haare an der Bürste wandern Elektronen aus dem Haar in den Kamm. Die so erzeugte statische Ladung fließt durch die Schaltung ab.

- Du benötigst ein Stück ganz gewöhnliche Haushalts-Alufolie in der Größe von ungefähr einem DIN-A4-Blatt.
- Versteck die Alufolie unter einen Teppich. Wenn ihr keinen Teppich habt oder der Teppichboden festgeklebt ist, kannst du auch ein Handtuch, einen Kopfkissenbezug oder irgendetwas Ähnliches benutzen.
- Klemme das freie Ende der Krokoklemme an die Alufolie. Fertig ist dein Einbrecheralarm.

Die Alufolie liegt unter dem (grünen) Teppich (vielleicht sollte ich bei der Gelegenheit auch mal wieder Staub saugen?) und ist mit der Schaltung verbunden.

Sobald jemand über den Teppich läuft, blitzt die LED auf und er ist in die Falle getappt. Wichtig ist, dass er sich bewegt und nicht einfach nur gelangweilt herumsteht. Durch die Bewegung verschiebt sich der Teppich ein klein wenig und es werden durch die Reibung wieder ein paar Elektronen zwischen Alufolie und Teppich ausgetauscht. Die genügen schon, um die Transistoren anzusteuern.

Die Idee von Darlington

Im vorherigen Schaltplan sind zwei Neuheiten zu sehen. Zuerst werfen wir einen kurzen Blick auf die LED. Diese ist diesmal am Emitter angeschlossen, was als **Emitterfolger** oder (etwas verwirrend) **Kollektorschaltung** bezeichnet wird. Der einzige Unterschied zum Einbau der Last am Kollektor besteht darin, dass jetzt zusätzlich noch der winzig kleine Strom von der Basis zusätzlich durch die LED fließt, weil sich die beiden Ströme der B-E- und der C-E-Strecke am Emitter addieren. Wenn du T2 isoliert betrachtest, dann ist auch dieser als Emitterfolger von T1 aufgebaut.

Wesentlich wichtiger ist aber die Hintereinanderschaltung der beiden Transistoren. Jeder Transistor besitzt einen Stromverstärkungsfaktor, der mit dem griechischen Buchstaben β (Beta) bezeichnet wird. In Datenblättern steht oft »h_{FE}«, was dem entspricht. Eine weitere Angabe zu jedem Transistortyp ist der maximal zulässige Strom (und die Spannung) auf der Kollektor-Emitter-Strecke. Für unseren Standard-BC547-Typ sind dies:

Symbol	Wert
V_{CEO} (max. Spannung C-E)	45 V
I_C (max. Strom Kollektor)	100 mA
β (h_{FE})	110...800

Ein kleiner Strom an der Basis kann einen Strom zwischen Kollektor und Emitter fließen lassen, der um das Einhundert- bis Achthundertfache größer ist. Wenn also die rote Klappe in unserem Anschauungsbild nur einen winzig kleinen Spalt geöffnet wird, weil wirklich nur ein Rinnsal von der Basis her in den Transistor hineinfließt, öffnet sich die grüne Schleuse merklich und viel Wasser beziehungsweise Strom kann auf der Kollektor-Emitter-Strecke fließen. Die Grafiken im Datenblatt zeigen, dass schon 50 µA (also 0,00005 A) an der Basis ausreichen, um ca. 12 mA Strom über den Kollektor fließen zu lassen.

So kräftig diese Verstärkung auch schon sein mag: Die elektrostatische Aufladung, die du durch ein wenig Reibung erzeugst, würde noch nicht ausreichen, um bei nur einem Transistor eine LED zum Leuchten zu bringen. Vor diesem Problem stand man auch vor etwa 50 Jahren. Damals wollte man schwache Signale verstärken. Allerdings waren die (Leistungs-)Transistoren noch nicht so gut wie heutige und der Verstärkungsfaktor lag nur bei etwa 5 bis 10 für hohe Spannungen und Ströme.

Die Überlegung lautet daher: Wenn ein Transistor schon bei einer kleinen Spannung beziehungsweise einem kleinen Strom an seiner Basis ein wenig leitend wird und man dann mit dem so verstärkten Wert einen zweiten Transistor »füttert«, dann kann dieser den Strom noch einmal verstärken. Genau das macht die Darlington-Schaltung. Der Stromverstärkungsfaktor steigt dadurch wie bei einer Lawine an: Ein kleiner Schneeball genügt, um einen ganzen Hang in eine Lawine zu verwandeln. Der Gesamtverstärkungsfaktor entspricht dabei in etwa dem Produkt beider einzelnen Verstärkungsfaktoren:

$$\beta_{Ges.} \approx \beta_{T1} \times \beta_{T2}$$

Kann der erste Transistor den Strom beispielsweise um das 50-Fache verstärken und der zweite um den Faktor 600, dann ergibt sich ein Gesamtfaktor von 30.000! Aus diesem Grund genügt schon leichte Reibung bei deinem Experiment, um ein paar Elektronen freizusetzen, die dann die Kettenreaktion auslösen.

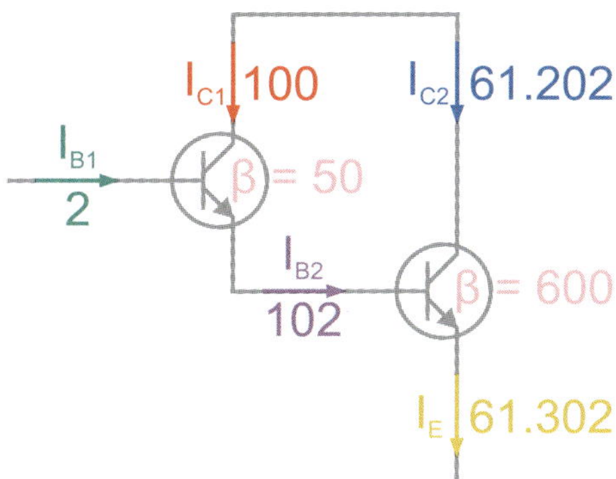

Ströme bei der Darlington-Schaltung mit beispielhaften Werten

Die Grafik zeigt, wie sich ein kleiner Strom I_{B1} von 2 in der Darlington-Schaltung vervielfachen kann. Die Maßeinheit spielt dabei keine Rolle, solange die Leistungsgrenzen des Transistors nicht überschritten werden. Nehmen wir einfach mal an, es sind 2 µA an der Basis des ersten Transistors. Dieser hat einen Verstärkungsfaktor von 50. Dadurch fließt das 50-Fache an Strom vom Kollektor in den Transistor. Das sind dann 100 µA für I_{C1}, die sich zu den 2 µA von der Basis addieren und I_{B2} ergeben. Der zweite Transistor hat einen exemplarischen Verstärkungsfaktor von 600. Die 102 µA an der Basis des rechten Transistors lassen also das 600-Fache fließen; das ergibt für I_{C2} 61.202 µA beziehungsweise 61,202 mA.

Dazu addiert sich noch der (fast vernachlässigbare) Strom von der Basis. Am Emitter fließt dann ein Gesamtstrom I_E von 61,302 mA.

Blumengießerinnerungsautomat

Vergisst du manchmal, dich um deine Zimmer- oder die Balkonpflanzen zu kümmern? Die meisten Pflanzen mögen es weder zu feucht noch knochentrocken. Eine Darlington-Transistorschaltung kombiniert mit der invertierenden Funktion bei richtiger Beschaltung erinnert dich in Zukunft als elektronische Schaltung an den richtigen Zeitpunkt fürs Gießen.

Experiment

- Die Schaltung nutzt den Trimmer mit 100 kΩ, den wir bisher noch nicht benutzt haben.

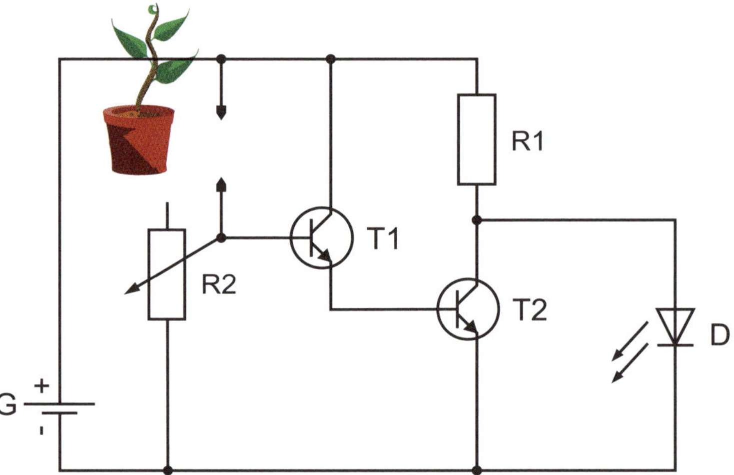

Bauteil	Wert
G	9-V-Blockbatterie
R1	220 Ω (rot-rot-braun)
R2	100-kΩ-Trimmer
D	LED grün, 25 mA
T1, T2	Transistor BC547

- Als Fühler für die Feuchtigkeit werden zwei Drähte benutzt, die an der Basis von T1 und dem Pluspol der Batterie angeschlossen sind.
- Die Drahtenden müssen etwa einen Zentimeter am Ende abisoliert sein.

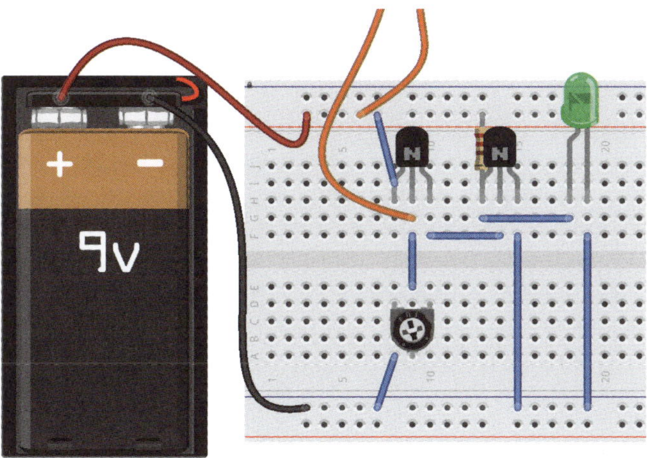

- Steck die Drähte mit den abisolierten Enden in die Erde eines Blumentopfes. Der Abstand zwischen den Drahtenden sollte etwa 2 cm (eine Daumenbreite) betragen. Je nachdem, wie tief du die Drähte hineinsteckst, wird die Feuchtigkeit in dieser Tiefe gemessen. Die blanken Drähte dürfen sich nicht berühren.

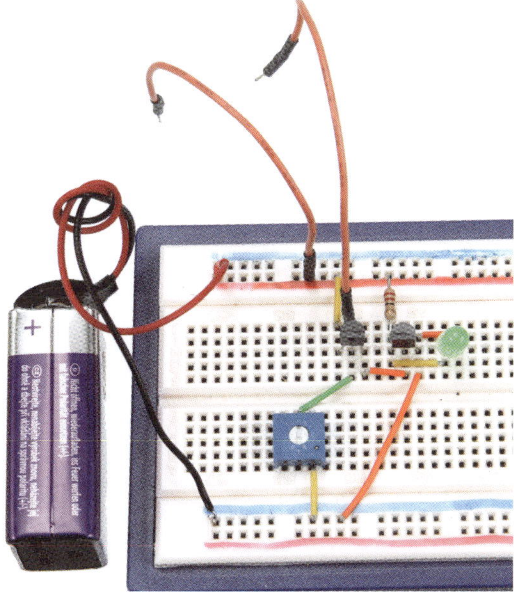

- Feuchte die Erde so weit an, wie sie im Idealfall sein soll.
- Drehe am Potiregler, bis die LED erlischt.
- Ziehe probeweise den Draht, der zur Basis von T1 führt, am Steckboard raus. Die LED sollte dann aufleuchten. Stecke den Draht wieder ein.

Wenn die Erde trocken wird, leuchtet die LED auf und erinnert dich daran, dass es Zeit wird, Wasser nachzugießen. Die (feuchte) Erde bildet einen elektrischen Widerstand. Das Poti bildet mit diesem Widerstand in Reihe einen Spannungsteiler, den du justieren kannst. Bei Feuchtigkeit fließt ein kleiner Strom durch die Erde an die Basis von T1. Der Transistor verstärkt das kleine Signal und steuert damit den zweiten Transistor, der ebenfalls durchsteuert. Weil wir T2 als Inverter betreiben, erlischt die LED, denn bei durchgeschaltetem T2 fließt der Strom über R1 durch T2 auf der Strecke C-E anstatt durch die LED. Wird die Erde trocken, kommt kein Strom mehr bei T1 an die Basis und der Transistor sperrt, T2 sperrt auch und der Strom fließt jetzt über die LED, die dann leuchtet.

Mache Unsichtbares hör- und sichtbar

Für verschiedene Anwendungen gibt es natürlich auch viele spezielle Transistoren und ähnlich funktionierende Bauteile, die hier nicht alle vorgestellt werden können. Ein besonderer Transistor soll aber noch mal beleuchtet werden – und zwar im wortwörtlichen Sinn. Wir wollen einen Infrarot-Transistor mit dem uns schon bekannten unsichtbaren Licht beleuchten und sehen, was es sonst nicht zu sehen gibt.

Neu ist der Fototransistor. Dieser sieht zwar aus wie eine winzige LED, ist aber keine. Das Schaltbild macht schon deutlich, wie er funktioniert: Anstatt eines Basisanschlusses steuert einfallendes Licht die Durchlassstrecke C-E, weshalb viele Fototransistoren nur zwei Pins haben. Viel mehr Unterschiede gibt es eigentlich auch gar nicht. Natürlich ist die Kennlinie prinzipiell wichtig, aber wir können erst einmal darauf bauen, dass sie der unseres Standard BC547 recht ähnlich ist.

Experiment

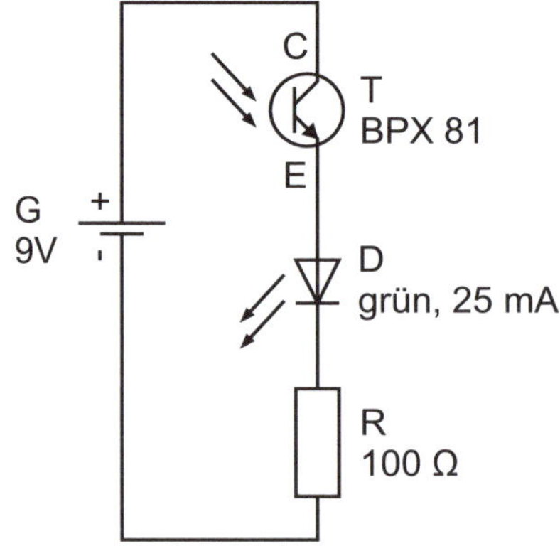

- Der Aufwand an Bauteilen hält sich wirklich sehr in Grenzen. Schwer zu erkennen ist lediglich, wie herum der Fototransistor einzusetzen ist.

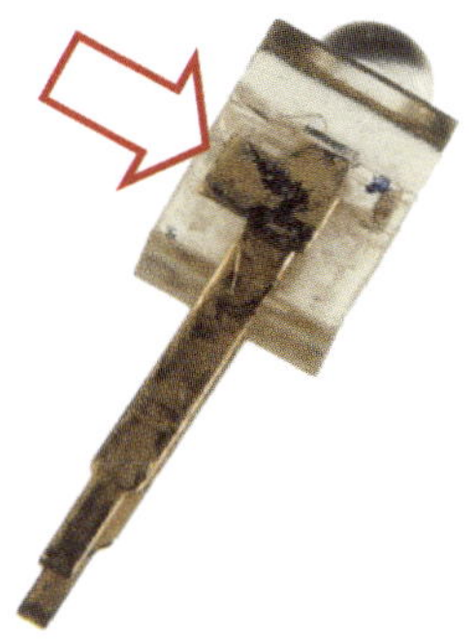

Der Kollektor des BPX 81 ist dadurch gekennzeichnet, dass am Anschlussbeinchen eine kleine »Fahne« vorhanden ist. Eventuell ist die Seite auch noch mit einem kleinen Farbklecks markiert.

- Die Beinchen des BPX 81 sind sehr kurz und dünn, weshalb sie eventuell etwas locker im Breadboard sitzen.
- Du kannst den Sitz verbessern, wenn du die Drahtbrücken in die gleichen Löcher steckst wie die Anschlüsse des Transistors.

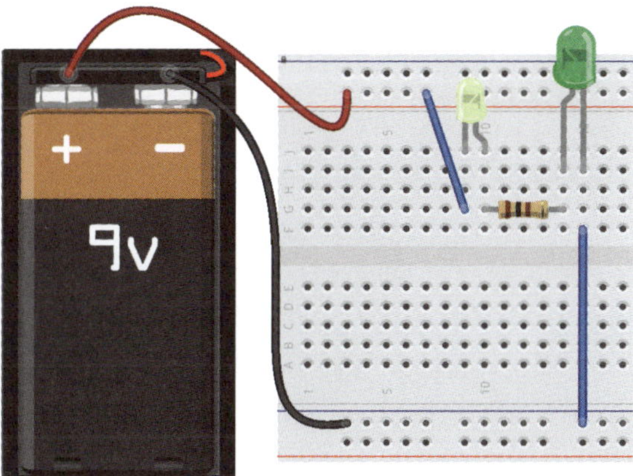

- Nach dem Aufbau benötigst du wieder einmal die Fernbedienung für euren Fernseher oder ein anderes Gerät.
- Halte die Fernbedienung mit der Front (und der eventuell erkennbaren Öffnung für die Sende-LED) genau über den Fototransistor in einem Abstand von etwa 10 cm.

Der Einfallwinkel des Fototransistors ist recht eng. Das bedeutet, dass es nicht genügt, die Fernbedienung von der Seite her auf den Empfänger zu richten. Du musst sie ziemlich genau senkrecht über den Transistor halten und gut zielen.

- Wenn du eine Taste auf der Fernbedienung drückst, blinkt die LED rhythmisch auf.

Die Fernbedienung sendet Impulse mit infrarotem Licht aus. Der Fototransistor empfängt dieses Licht, mit dem seine Basis genauso gesteuert wird, als würde es sich dabei um Strom handeln: Wenig Licht entspricht einem kleinen Steuerstrom und viel Licht lässt ihn durchsteuern, wodurch die LED in der C-E-Strecke zum Aufleuchten gebracht wird.

Experiment

- Ersetze die LED durch deinen kleinen Lautsprecher.

Anstatt der LED kannst du auch einen Lautsprecher verwenden.

- Steuere wieder mit der Fernbedienung den Fototransistor an. Du hörst ein regelmäßiges Knacken.
- Probiere verschiedene Fernbedienungen und Tasten darauf aus, um unterschiedliche Töne zu hören.

Eine Schranke aus Licht meldet neue Post

Wenn wir die IR-LED und den IR-Fototransistor kombinieren, dann entsteht eine Lichtschranke aus unsichtbarem Licht. Die LED sendet (wie bisher die LED in der Fernbedienung) Licht aus, das vom Transistor »gesehen« werden kann, der dann dafür sorgt, dass die grüne LED leuchtet. Schiebt sich ein Hindernis zwischen Sender und Empfänger, dann erlischt die grüne LED.

Experiment

- Erweitere deine vorherige Schaltung um die IR-LED und den notwendigen Vorwiderstand.

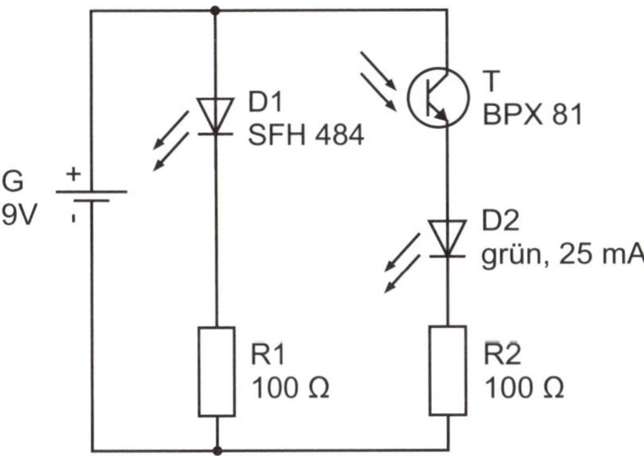

- Denke daran, dass bei der SFH 484 nur die abgeflachte Seite die Kathode markiert.

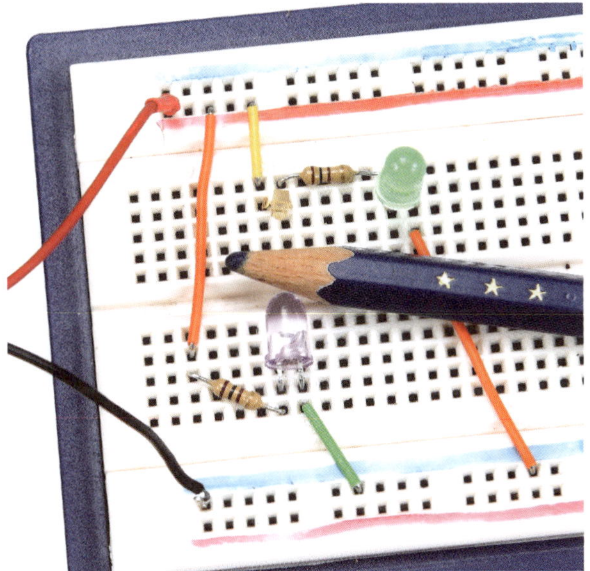

Wenn ein Objekt wie der Buntstift den Lichtstrahl unterbricht, erlischt die LED.

- Der Abstand zwischen LED und Empfänger kann etwa 5 cm betragen.

Damit der Fototransistor in das Steckbrett passt, müssen die Beinchen vorsichtig um 90 ° gebogen werden. Die halbkugelförmige Empfängeroberseite soll in Richtung LED ausgerichtet sein.

Größere Abstände zwischen Empfänger und Sender sind mit der einfachen Schaltung nicht möglich. Zum einen liegt das daran, dass die Sende-LED nicht stark genug leuchtet und der Transistor nicht so empfindlich ist. Das andere Problem ist, dass auch im Tageslicht ein Infrarotlichtanteil enthalten ist, der den Fototransistor natürlich ebenso steuert. Professionelle Lichtschranken nutzen deshalb ein pulsmoduliertes Licht. Dabei blinkt die LED die ganze Zeit schnell in einer bestimmten Frequenz. Der Fototransistor ist auch an diesen Takt gekoppelt, sodass er fremde Lichtanteile ignoriert.

Trotzdem kannst du mit dieser Schaltung schon etwas Nützliches anfangen. Wenn du sie in euren Briefkasten einbaust, kann sie signalisieren, wenn der Postbote etwas in den Kasten eingeworfen hat.

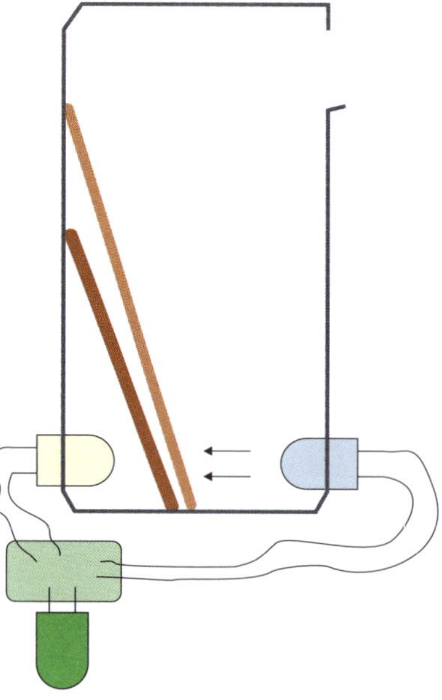

Eingeworfene Briefe unterbrechen die Lichtschranke im Briefkasten (hier von der Seite gezeichnet) und die LED zeigt an, dass der Kasten gefüllt ist.

Nicht hysterisch werden

Wenn die gegeneinander versetzte Schalthysterese angibt, bei welchem Signalpegel die elektronische Komparator-Schaltung mit Mitkopplung aus einem analogen Eingangssignalverlauf eindeutige binäre Schaltzustände erzeugt, dann handelt es sich um einen, nach seinem Erfinder Otto Schmitt benannten, Schmitt-Trigger.

Keine Panik![1] Ich wollte nur mal testen, ob du noch ganz bei der Sache bist. Bei solchen Sätzen kann einem ja die Lust an der Elektronik vergehen. Aber wir wollen mit Freude sehen, wie die Technik funktioniert und wozu wir sie nutzen können. Also schauen wir uns das Ganze lieber schrittweise und verständlich an.

Die Transistorschaltungen, die wir bisher benutzt haben, funktionieren alle ganz wunderbar. Allerdings haben einige einen kleinen Schönheitsfehler, wenn man genauer hinsieht. Solange wir den Transistor nicht als Verstärker nutzen wollen, sondern als Schalter, bekommen wir oft kein eindeutiges Ergebnis. Ein Schalter erzeugt zwei Zustände: Ein oder Aus. Diese werden auch als binäre Zustände bezeichnet (von lateinisch *bini*, für »je zwei«). Der Transistor kann aber auch Zwischenzustände annehmen und ein wenig (oder mehr) Strom fließen lassen. Immer dann, wenn er nicht vollständig durchgeschaltet ist, sondern die Spannung an der Basis um etwa 0,6...0,7 V Durchbruchspannung herum schwankt, folgt die Spannung auf der Kollektor-Emitter-Strecke diesen Änderungen. Dies ist der Bereich, in dem der Transistor als Verstärker arbeitet. Bei der Lichtschranke oder dem Helligkeitssensor für das Nachtlicht wollen wir aber nur zwei Zustände wissen: Ja oder Nein. In den bisherigen Schaltungen kommt es jedoch vor, dass die LED oder Lampe auch ein wenig leuchten kann. Immer dann, wenn etwas Umgebungs- oder Streulicht vorhanden ist, verstärkt der Transistor das (ungewollte) Signal und lässt die Anzeigelampe schwach glimmen. Schöner wäre es, wenn wir diese Zwischenzustände irgendwie unterdrücken könnten.

1. »Keine Panik!«, ist immer ein guter Leitsatz. Im Buch »Per Anhalter durch die Galaxis« von Douglas Adams hilft er der Hauptfigur auch immer wieder weiter. Es lohnt sich unbedingt, diesen Science-Fiction Klassiker zu lesen, denn dort findest du auch die Antwort auf die Frage »nach dem Leben, dem Universum und dem ganzen Rest«.

Experiment

Wir bauen noch einmal eine Schaltung auf, wie wir sie schon früher in ähnlicher Form benutzt haben. Mit dem Potenziometer kannst du einstellen, wie hell die LED leuchtet.

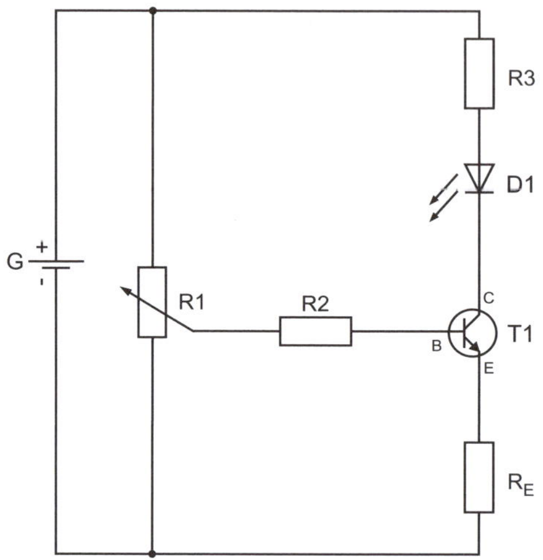

Bauteil	Wert
G	9-V-Blockbatterie
R1	1 kΩ (Trimmer/Poti)
R2	47 kΩ (gelb-violett-orange)
R3	1 kΩ (braun-schwarz-rot)
R_E	100 Ω (braun-schwarz-braun)
D1	Low-Current-LED rot, 2 mA
T1	Transistor BC547

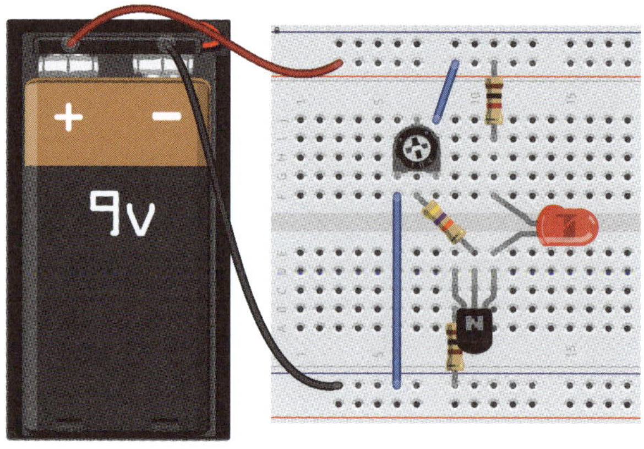

Werfen wir einen Blick auf die einzelnen Teile der Schaltung. Mit R1 und R2 stellst du den Arbeitspunkt für den Transistor ein. R2 sorgt dafür, dass die Basis von T1 nicht direkt an den 9 V der Batterie liegt, wenn du den Trimmer ganz auf Anschlag drehst und so 0 Ω einstellst. Der zwischen dem oberen Anschluss des Trimmers und seinem mittleren Schleifkontakt eingestellte Widerstandswert bildet einen variablen Spannungsteiler zwischen Plus- und Minuspol.

R3 dient hauptsächlich als Vorwiderstand für die empfindliche LED, begrenzt aber auch den Strom, der durch den Transistor fließt, wenn er durchgesteuert ist.

R_E am Emitter hat bisher keine wirkliche Funktion. Bei durchgeschaltetem Transistor addiert sich aus Sicht der LED sein Wert natürlich zu R3 (Reihenschaltung zweier Widerstände auf der C-E-Strecke). Weil R_E im Vergleich zu R3 sehr klein ist, spielt das aber für die Helligkeit der LED kaum eine Rolle. Die wirkliche Bedeutung von R_E wird erst bei der nächsten Schaltung deutlich, derzeit soll er einfach schon mal da sein, damit das Verständnis gleich leichter wird.

Bis hierher eigentlich nichts Neues: Die LED geht nicht nur an oder aus, sondern lässt sich dimmen, was aber eben nicht immer gewünscht ist. Mit dem Schmitt-Trigger, können wir das ändern. Sobald ein Schwellenwert über- oder unterschritten wird, soll er umschalten.

Experiment

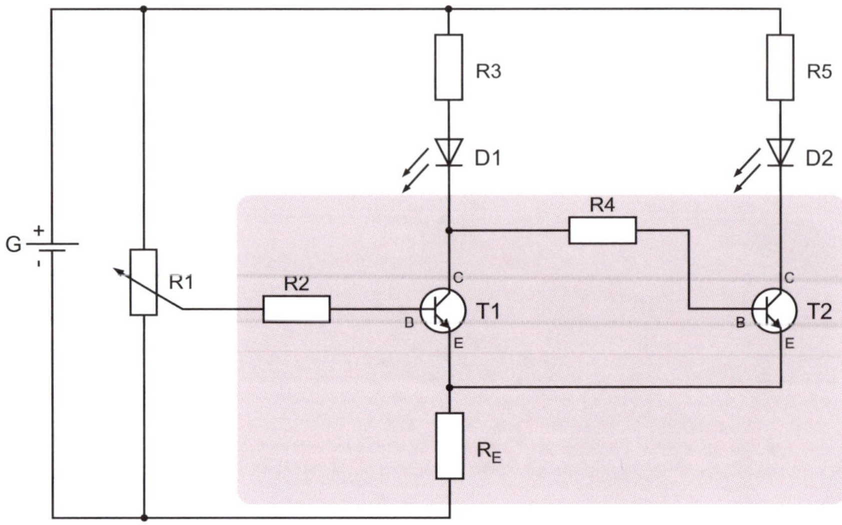

Der farbig markierte Bereich ist der eigentliche Schmitt-Trigger.

Bauteil	Wert
G	9-V-Blockbatterie
R1	1 kΩ (Trimmer/Poti)
R2, R4	47 kΩ (gelb-violett-orange)
R3, R5	1 kΩ (braun-schwarz-rot)
R_E	100 Ω (braun-schwarz-braun)
D1, D2	Low-Current-LED rot, 2 mA
T1, T2	Transistor BC547

- Die Schaltung von eben wird nur um ein paar Bauteile erweitert.
- Achte vor allem darauf, dass der Emitter von T2 mit dem Emitter von T1 verbunden wird und der Widerstand R_E zwischen dieser Verbindung und Minus liegt.
- Wenn du am Poti drehst, dann wirst du den gewünschten Effekt schnell nachvollziehen können: Während sich D1 weiterhin dimmen lässt und Zwischenzustände annehmen kann, gibt es für die zweite LED nur noch genau zwei Zustände: Ein oder Aus.

- D1 dient nur der Kontrolle und du kannst die Leuchtdiode auch gerne entfernen und durch eine Drahtbrücke ersetzen. Der Widerstand R3 muss aber bleiben. Weil die LED die Schaltung beeinflusst, wirst du den Arbeitspunkt mit dem Trimmer wieder ein wenig verstellen müssen.

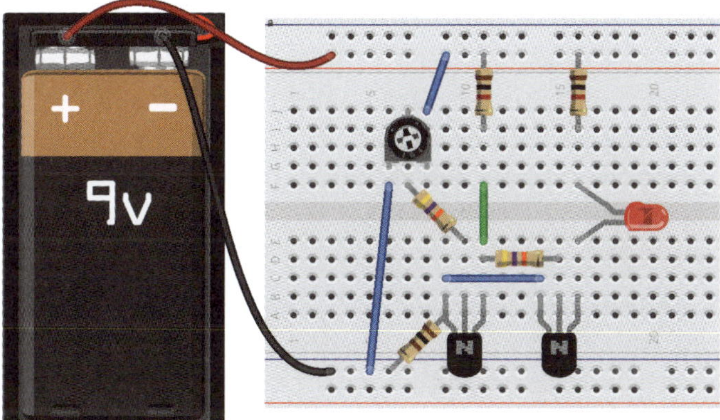

Hier wurde die erste LED durch eine Drahtbrücke (grün) ersetzt.

Der Schmitt-Trigger sieht auf den ersten Blick einer Darlington-Schaltung recht ähnlich. Der alles entscheidende Unterschied ist der gemeinsame Emitterwiderstand R_E und dass der Emitter von T2 mit dem Emitter von T1 verbunden ist und nicht wie sonst direkt mit dem Minuspol. Dies realisiert die Mitkopplung und damit das gewünschte Schmitt-Trigger-Verhalten.

Die zwei Zustände des Schmitt-Triggers

Weil die LED D1 bei der Erklärung eher für Verwirrung sorgt, ersetzen wir sie wie beschrieben durch die Drahtbrücke, denn diese LED ist im Grunde uninteressant, da es ja nur darum geht, dass D2 sich zuverlässig in einem von zwei Zuständen befindet und nicht D1. Werfen wir zuerst einen Blick auf die Schaltung, wenn die Spannung an der Basis von T1 niedrig ist und T1 vollständig sperrt.

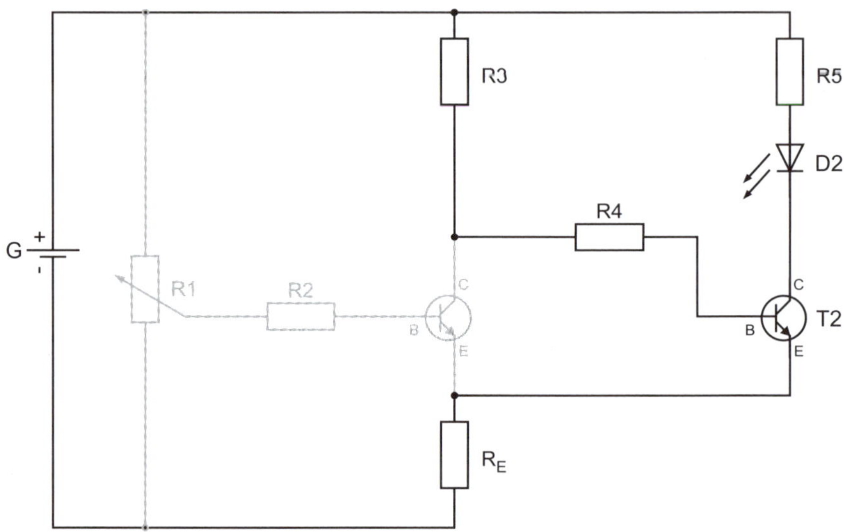

T1 sperrt, T2 leitet und die LED leuchtet.

T1 sperrt, weshalb eine Spannung an T2 anliegt. Die sich aus R3 und R4 ergebende Spannung ist groß genug, um T2 vollständig leiten und den Strom (grün) über die Basis fließen zu lassen. Der leitende Transistor T2 lässt dann Strom (orange) über seine Kollektor-Emitter-Strecke fließen und die LED leuchtet.

Wenn T1 vollständig leitend wird, weil die Spannung an seiner Basis hoch genug ist (blau), dann fließt der Strom über seine Kollektor-Emitter-Strecke (rot), weil der Basiswiderstand R4 vor T2 deutlich größer ist als die Summe aus R3 und R_E und der Strom lieber den Weg mit dem geringeren Widerstand nimmt. T1 schließt praktisch die Basis-Emitter-Strecke von T2 kurz und T2 bekommt an seiner Basis keine Spannung ab und sperrt komplett, sodass die LED nicht leuchten kann.

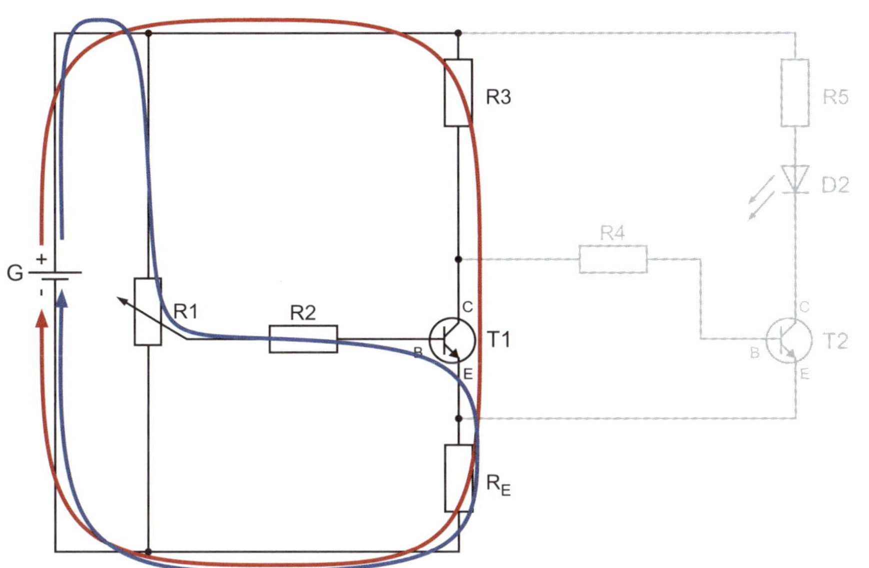

Wenn T1 leitet, sperrt T2 und die LED ist dunkel.

Mitgegangen, mitgefangen: die Mitkopplung

Jetzt kommt der Trick mit R_E hinzu. An diesem Widerstand fällt eine (relativ kleine) Spannung ab. Diese Spannung fällt immer ab, denn egal, in welchem Zustand sich der Schmitt-Trigger befindet: Aus irgendeinem Emitter kommt auf jeden Fall Strom heraus und fließt durch R_E hindurch. Entweder kommt der Strom aus dem Emitter von T1 oder aus T2. Selbstverständlich kann der Strom genau berechnet werden und auch die Werte aller anderen Widerstände sind wichtig, doch das führt hier zu weit. In unserem Fall sind es etwa 0,5 V, die an R_E abfallen, sobald einer der beiden Transistoren vollständig leitet.

Damit der Transistor T1 durchsteuert, ist eine Durchbruchspannung von etwa 0,6...0,7 V an der Basis erforderlich. Weil aber an R_E auch eine Spannung abfällt, muss die Spannung zwischen Basis und dem Minuspol um diesen Betrag größer sein. Erst wenn die Spannung an der Basis von T1 größer als die Summe beider Spannungen (0,5 V + 0,7 V) wird, kann T1 leitend werden. Es sind also etwa 1,2 V notwendig.

Das Gleiche gilt für T2: Sein Emitter liegt ebenso an R_E. Zwischen der Basis von T2 und dem Minuspol muss also auch eine Spannung von etwa 1,2 V anliegen, damit dieser durchsteuert. Bei diesen 1,2 V ist der Transistor aber bereits weit übersteuert, denn schon ab den bekannten 0,6...0,7 V fängt ein Transistor an, leitend zu werden.

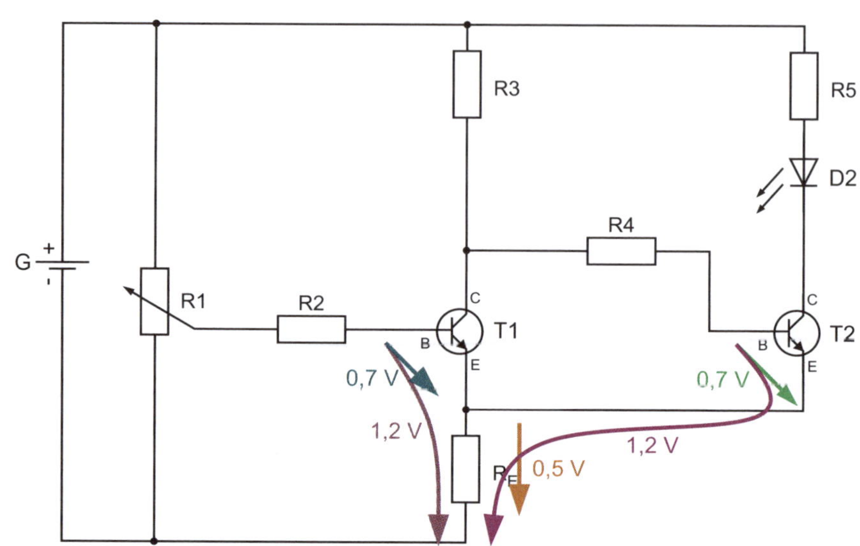

Theoretisch notwendige Spannungen. R_E verschiebt (entsprechend der Spannung, die an ihm abfällt) die für das vollständige Durchschalten der Transistoren erforderliche Spannung an deren Basis.

Schauen wir uns das Verhalten der Schaltung in kleinen Schritten an:

- Nehmen wir an, du hast den Trimmer fast oder ganz zum oberen Anschlag gedreht. Damit ist der Widerstand sehr klein.
- Als Folge leitet T1, T2 sperrt und die LED ist aus.
- Drehst du nun das Poti langsam in die andere Richtung, wird der Widerstand R1 immer größer und »klaut« damit der Basis von T1 zunehmend den Strom an der Basis.

Was jetzt passiert, geht rasend schnell vor sich. Wir nehmen uns Zeit, als würden wir mit einer superlangsamen Zeitlupe die Szene filmen.

- Der Punkt kommt, an dem T1 ein klein wenig sperrt und nicht mehr optimal auf der Kollektor-Emitter-Strecke leitet.
- T2 bekommt nun etwas Strom ab und wird auf seiner Kollektor-Emitter-Strecke ein wenig leitend. Weil ein Transistor deutlich mehr Strom auf dieser Strecke fließen lässt, als er an der Basis bekommt, fließt bereits ein merklicher Strom durch die LED und auch durch R_E.
- Der Strom, der nun zusätzlich durch R_E strömt, lässt die Spannung ansteigen, die an R_E abfällt.

Dafür sorgt das Ohm'sche Gesetz: Steigt der Strom durch einen gleichbleibenden Widerstand (R_E), dann fällt am Widerstand mehr Spannung ab, weil U=R * I gilt.

- Das hat genau die gleiche Wirkung, als ob das Potenzial an der Basis von T1 um diesen Wert weiter gesunken wäre. So als hätten wir das Poti ein wenig verstellt.
- Wenn aber die Basis auf einem niedrigeren Potenzial liegt, also weniger Spannung abbekommt, wird T1 ohne äußeres Zutun weiter sperrend.
- Je weiter T1 sperrt, desto mehr Spannung fällt auf seiner Kollektor-Emitter-Strecke ab und T2 bekommt gleichzeitig immer mehr Strom an die Basis geliefert und es fließt immer mehr Strom über R_E, was das Potenzial an der Basis von T1 immer weiter absinken lässt.
- Die Schaltung schaukelt sich auf: T1 sperrt immer mehr, T2 wird leitend.

Aufgrund der Stromverstärkung von T2, die bei 100...600 liegt, reicht schon ein kleines Absinken des Stroms an T1, damit T2 ein Vielfaches dieses Stroms fließen lässt. Während also an der Basis von T1 der Strom nur ein klein wenig abfällt, steigt der Strom durch R_E gewaltig an. Damit steigt auch die Spannung über R_E gewaltig an und an der Basis von T1 fällt die Spannung rasend schnell ins Bodenlose.

- Irgendwann ist der Punkt erreicht, an dem T2 schlagartig vollständig leitet und die LED aufleuchtet.
- Diese Kettenreaktion läuft so schnell ab, dass wir es nicht erkennen können und für uns T2 schlagartig vom einen in den anderen Schaltzustand wechselt.

Fängst du mit einer niedrigen Eingangsspannung an (T1 sperrt, die LED ist an) und erhöhst sie, dann werden die Vorgänge in umgekehrter Reihenfolge ablaufen: Bei einem genügend großen Wert wird T1 anfangen zu leiten. T2 bekommt weniger Strom an der Basis ab, sperrt ein klein wenig und der Strom durch R_E sinkt um den Stromverstärkungsfaktor ab. Das wiederum lässt das Potenzial an der Basis von T1 deutlich steigen und fördert den Durchbruch von T1, und die Schaltung kippt schließlich wieder in den anderen Zustand.

Es ist für den Kippvorgang nicht gleichgültig, ob du die Eingangsspannung an der Basis von T1 mit dem Poti von niedrigen zu höheren oder von einem hohen zu niedrigeren Werten hin änderst. Wenn du am Trimmer drehst, dann geht die LED bei einer anderen Position aus, als sie wieder angeht. Die Differenz der beiden Eingangsspannungen, die den Kippvorgang in der einen beziehungsweise anderen Richtung bewirken, wird als **Hysteresespannung** bezeichnet.

Tut der Pfeil der Basis weh, handelt's sich um PNP

Ein einfacher Merksatz gleich als Kapitelüberschrift, da muss doch mehr dahinterstecken? Um Licht ins Dunkel zu bringen, werfen wir einen erneuten Blick auf das Schaltzeichen des von uns bisher benutzten Transistors.

Der NPN-Transistor

Schaltzeichen für einen NPN-Transistor (z. B. BC547).

Der Pfeil in dem Symbol weist **nicht** auf die Basis und tut ihr also auch nicht weh. Es handelt sich deshalb um einen NPN-Transistor. Mit den Buchstaben »N« und »P« ist wie auch schon bei der Diode die Dotierung gemeint. Bei N-Dotierung herrscht ein Elektronenüberschuss (Donatoren) und bei P-Dotierung gibt es einen Elektronenmangel, der sich in Form von Defektelektronen als »Löcher« bemerkbar macht. Transistoren werden oft als ein Bauteil verstanden, das aus zwei eng aneinander montierten Dioden besteht. Das ist zwar insofern richtig, als dass man damit die Dotierung erklären kann, aber leider ist die Funktionsweise nicht wirklich logisch.

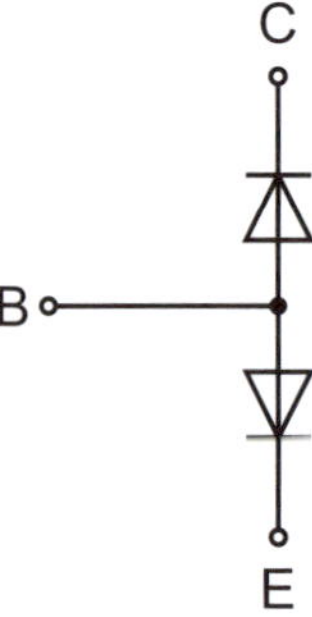

Ersatzschaltbild als Anschauungsmodell für einen NPN-Transistor, der aus zwei Dioden besteht

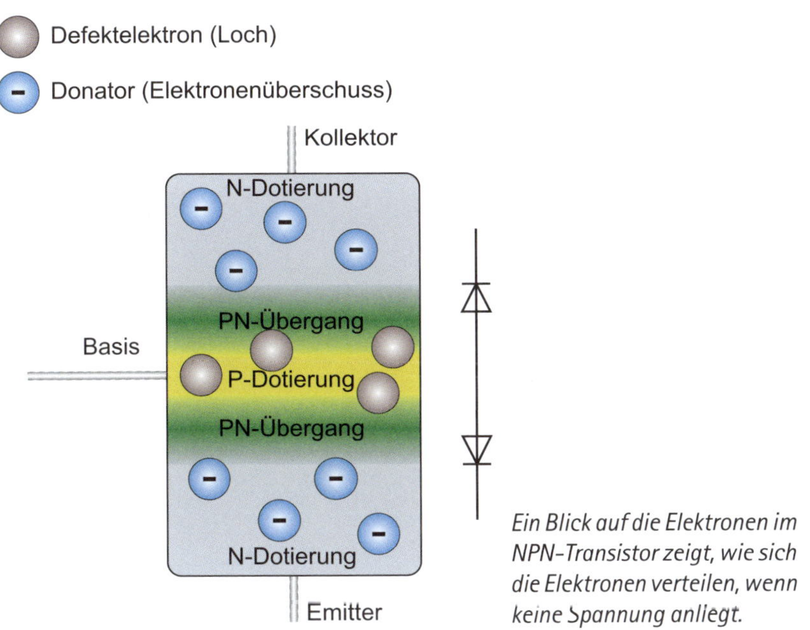

Ein Blick auf die Elektronen im NPN-Transistor zeigt, wie sich die Elektronen verteilen, wenn keine Spannung anliegt.

Die Schicht mit der P-Dotierung befindet sich in der Mitte zwischen den beiden N-Schichten, sodass sich zwei PN-Übergänge ausbilden. Würde der Transistor in Sperrrichtung betrieben, würden die Schichten wie bei der Diode reagieren und breiter werden, sodass kein Strom fließen würde.

Legt man an die Basis eine positive Spannung, dann verhält sich die Basis-Emitter-Strecke wie bei einer Diode. Die Elektronen fließen wie gewohnt vom Emitter in den Transistor, füllen die Löcher und fließen weiter über die Basis hin zum Pluspol (physikalische Stromrichtung). Gleichzeitig kommt es aber zu einem Nebeneffekt, der aus dem Bauteil einen Transistor macht: Die meisten Elektronen (etwa 99 %) sind so sehr in Bewegung, dass sie einfach durch die sehr schmale P-Schicht hindurchbewegt werden und nicht an der Basis abfließen. So als wärst du schnell mit dem Fahrrad unterwegs und würdest es nicht schaffen, an einer roten Ampel anzuhalten, sondern beim Bremsen einfach weiterrutschen. Sind die Elektronen aber erst einmal in die N-Schicht auf der Kollektorseite gelangt, gibt es keinen Weg mehr zurück. Die Elektronen können nur noch aus dem Kollektor hinaus- und zum Pluspol weiterwandern.

Je dünner die P-Schicht in der Mitte ist, desto mehr Elektronen überspringen die Schicht und gelangen zum Kollektor. So lässt ein kleiner Strom an der Basis einen großen Strom zwischen Kollektor und Emitter fließen. Dieser Stromverstärkungsfaktor hängt von der Bauart ab und ist in weiten Bereichen eine Konstante. Er verstärkt zwar nicht wirklich Ströme, wie die Bezeichnung Stromverstärkung vermuten lässt, denn ein Transistor kann ja keinen Strom erzeugen, aber der Kollektor-Emitterstrom folgt mit hoher

Präzision einem kleinen Steuerstrom, der in die Basis fließt. Ist die Spannung an der Basis deutlich größer, als für eine Steuerung notwendig wäre, arbeitet der Transistor wie ein verschleißfreier Schalter.

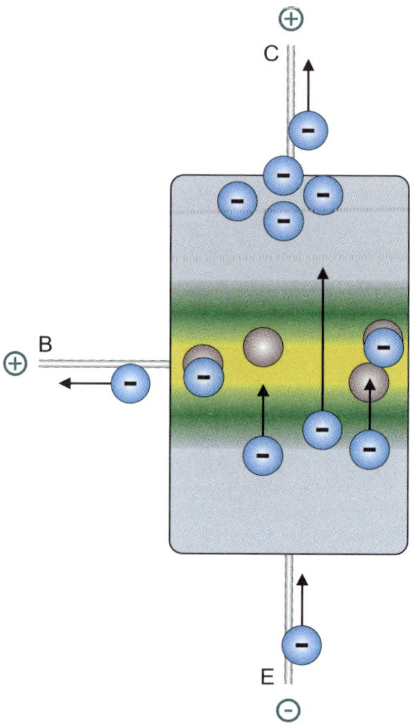

Wird eine positive Spannung an die Basis angelegt, lässt der NPN-Transistor den Strom zwischen Basis und Emitter und zwischen Kollektor und Emitter fließen (technische Stromrichtung).

Der PNP-Transistor

Es ist naheliegend: Wenn man einen Transistor aus NPN-Schichten aufbauen kann, dann doch vielleicht auch aus PNP-Schichten. Tatsächlich ist dies möglich und der BC557 ist ein solcher Typ. Weil es früher deutlich aufwendiger war, PNP-Transistoren herzustellen, sind die NPN-Varianten viel verbreiteter. Es gibt natürlich Anwendungsfälle, in denen ein PNP notwendig ist. Damit du die grundlegenden Unterschiede kennenlernst, bleiben wir aber bei einer kurzen Einführung.

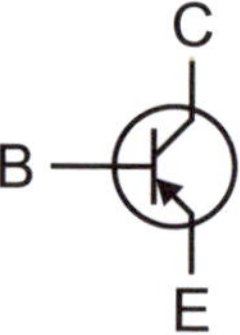

Schaltzeichen PNP-Transistor (z. B. BC557).

Auch wenn das Schaltzeichen einem NPN-Transistor sehr ähnlich ist, so funktioniert die PNP-Variante gänzlich anders.

1. Um den Transistor zu steuern, ist eine Spannung notwendig, die negativ ist.
2. Der Strom fließt vom Emitter zum Kollektor.

Experiment

Die Schaltung ist sicher schnell nachgebaut. Achte aber darauf, dass du den BC557-Transistor benutzt. Wenn du auf den Taster drückst, leuchtet die LED auf. Der Schalter ist aber nicht wie sonst mit dem Pluspol verbunden, sondern diesmal mit dem Minuspol der Batterie.

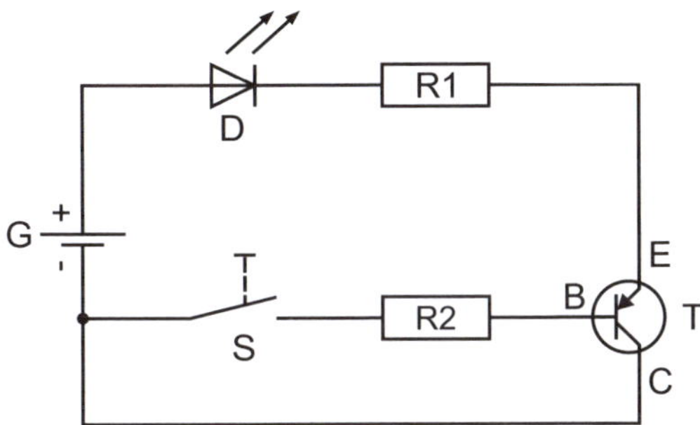

Schaltplan für eine einfache Schaltung mit PNP-Transistor. Beachte die Anordnung des Schaltzeichens für den PNP.

Bauteil	Wert
G	9-V-Blockbatterie
S	Taster
R1	220 Ω (rot-rot-braun)
R2	1 kΩ (braun-schwarz-rot)
D	LED grün, 25 mA
T1	Transistor BC557

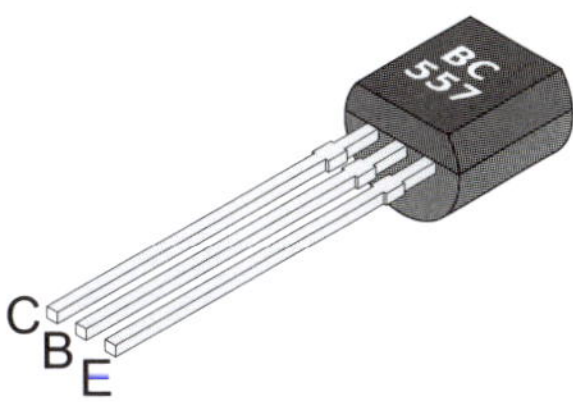

Die Anschlüsse beim BC557 sind wie bei seinem Bruder, dem BC547, belegt.

Die Fotografie zeigt einen alternativen Aufbau. Bei den gleich folgenden Fragen findest du hierzu auch eine Problemstellung und eine Aufgabe.

Eine Besonderheit ist im Schaltplan zu sehen. Weil beim PNP der Strom vom Emitter zum Kollektor fließt, der Pluspol im Schaltplan aber üblicherweise oben liegt, werden die beiden Anschlüsse C und E in der Zeichnung häufig vertauscht. Dadurch ändert sich aber nichts an der Funktion oder daran, wie das Bauteil in der Praxis angeschlossen werden muss. Bei PNP-Transistoren ist auf diese Darstellungsform besonders zu achten. Der Emitter ist immer der Anschluss, an dem der Pfeil auf die Basis zeigt (beziehungsweise von ihr weg beim NPN).

Zusammenfassung

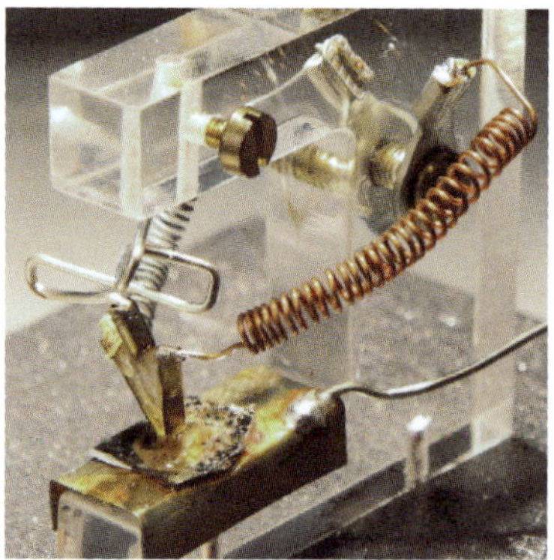

Modell des ersten Transistorprototyps von 1947 als Nachbau im Heinz Nixdorf MuseumsForum.

Transistoren sind auf den ersten Blick etwas befremdlich, vielleicht sogar unverständlich. Bei näherer Betrachtung zeigt sich aber, dass sie recht einfach benutzt werden können und viele praktische Funktionen bieten. Als einfache Schalter helfen sie, wenn mit einem kleinen Strom ein größerer ein- und ausgeschaltet werden soll. Zusätzlich kann der Transistor auch als Verstärker benutzt werden. Dabei folgt der Ausgangsstrom unmittelbar kleinsten Schwankungen an der Basis. Stellt man sich den Transistor wie eine Schleuse vor, dann wird sein Funktionsprinzip leichter verständlich und bei genauer Beobachtung der Elektronen wird auch klar, warum er so funktioniert, wie er es macht. Für die meisten Schaltungen ist die NPN-Ausführung praktisch und leichter verständlich als die etwas exotische und weniger gängige PNP-Variante. Neben den Standardtransistoren gibt es noch weitere Typen – je nach Einsatzgebiet. Epitaxialtransistoren sind Transistoren, mit einer höheren Leistung und einem großen Verstärkungsfaktor. Die meisten Standardtransistoren, werden inzwischen als solche Epitaxialtypen gerfertigt. Für Anforderungen mit höheren Strömen und Spannungen gibt es spezielle Feldeffekttransistoren (FETs), die wir nicht betrachtet haben. Dank der genialen Idee mit der Darlington-Schaltung, bei der zwei Transistoren hintereinander geschaltet sind, lassen sich selbst die allerkleinsten Ströme zur Steuerung benutzen.

Ein paar Fragen ...

1. In Abschnitt »Der PNP-Transistor« zeigt der Schaltplan eine etwas andere Schaltung als das Foto vom realen Aufbau. Wo ist der Unterschied?

2. Die folgende Schaltung zeigt in Variante 1 die Schaltung, wie du sie schon in Abschnitt »Der PNP-Transistor« kennengelernt hast. Worin unterscheidet sich die gezeigte Variante 2 elektrisch beziehungsweise in der Funktion?

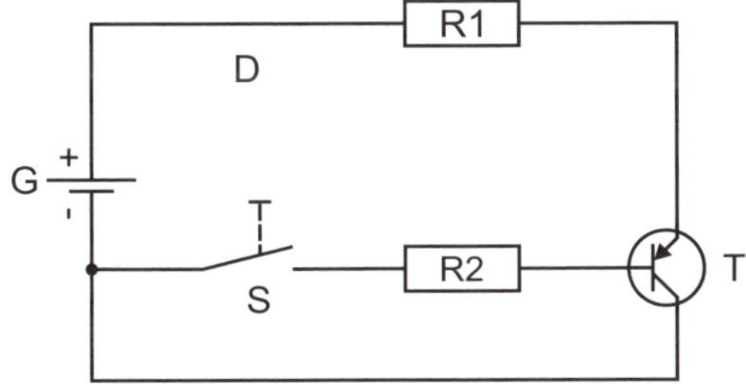

Variante 1

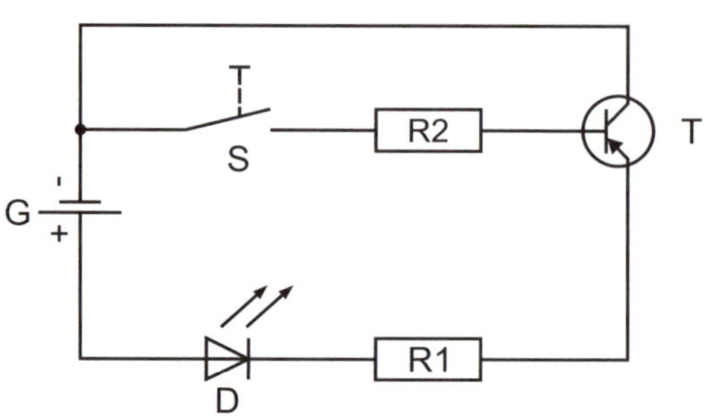

Variante 2

3. Wie hoch ist die Durchbruchspannung eines BC547-Standard-NPN-Transistors in etwa und wieso?
4. Womit wird die fehlende Basis eines Fototransistors gesteuert?
5. Welche Bauteile weisen ähnliche Funktionen auf wie ein Transistor?
6. Wozu wird ein Schmitt-Trigger und wozu wird eine Darlington-Schaltung verwendet?

... und ein paar Aufgaben

1. Zeichne den Schaltplan passend zum Aufbau mit dem LDR, der bei Dunkelheit die LED leuchten lässt, (siehe Abschnitt »Transistor als Inverter«). Bei den Lösungen findest du ein Muster zum Vergleichen.
2. Baue die gezeigte Lichtschranke so um, dass die LED leuchtet, wenn der Lichtweg zwischen IR-LED und Fototransistor unterbrochen wird. Bisher geht in dem Fall die LED aus. Der Trick besteht darin, dass die LED durch einen durchgeschalteten Transistor (bei Lichteinfall) kurzgeschlossen wird. Wenn der Transistor sperrt, dann soll der Strom durch die LED fließen. Die Lösung gibt's wie immer am Ende.
3. Wenn du die erste Aufgabe bereits (richtig) beantwortet hast, dann baue die Variante nach, die du bisher noch nicht realisiert hattest: LED am Kollektor oder am Emitter.

Wie es weitergehen kann

Ich hoffe, es hat dir Spaß gemacht, in die Welt der Elektronik einzutauchen. Du hast bereits viele der wichtigsten Bauteile kennengelernt. Aber natürlich gibt es im Elektronikkosmos noch viel mehr zu entdecken. Nur einige Beispiele:

1. Kondensatoren, um den Faktor "Zeit" in die Schaltungen zu bringen.
2. Wechselstrom. Wir haben immer nur mit Gleichstrom gearbeitet.
3. Spulen und wie man damit Filter und Schwingkreise baut
4. Spezielle Dioden (Zener-, Schottkydiode) und Transistoren (FET, Power-MOSFET, Triac)
5. Integrierte Schaltkreise (allen voran der beliebte Timer NE555 und OpAmp-Operationsverstärker)
6. Netzteile und Spannungsstabilisierung
7. Mikrocontroller und Robotertechnik (mit Arduino)
8. Löten und Platinenherstellung

Im Buchhandel gibt es dazu viele Bücher für Erwachsene. Mit ein wenig Mut und Tatendrang kannst du dich eigentlich an diese wagen, denn du bist gut gerüstet und kennst die Grundlagen. Wenn der Stil dann etwas trockener oder theoretischer ist, kannst du dir vielleicht von jemandem helfen lassen oder überspringst die unverständlichen Abschnitte erst einmal. Eins meiner ersten Bücher war eins über Elektronik für Modelleisenbahnen – beides Themen, die mich damals interessierten und die so den Einstieg interessanter machten. Vielleicht hast du ja auch ein Hobby, das durch Elektronik vielfältiger werden kann. *Lego Mindstorms* ist zum Beispiel die, leider teure, aber sehr faszinierende Möglichkeit, den alten Bauklötzen Leben einzuhauchen und sie mit Elektronik und Computer zu steuern.

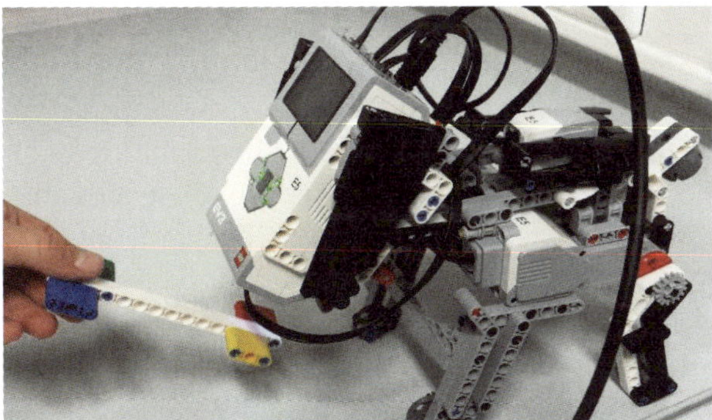

Lego-Roboterhund. Urheber: Klaus-Dieter Keller, CC BY-SA 4.0

Auf dem deutschen Markt gab es vor etwa zwanzig Jahren leider ein Massensterben an Elektronikzeitschriften, die sich teilweise auch an

Jugendliche richteten. Vielleicht findest du in einer großen Bibliothek noch alte Ausgaben der legendären Zeitschrift *Elex* oder *Elrad*. Eher für Erwachsene sind die Zeitschriften *Funkamateur*, *Elektor* und *Make:*. Du kannst dir ja mal probeweise eine davon kaufen (führt aber nicht jeder Zeitschriftenkiosk).

Sehr praktisch (und gute Geburtstags- und Weihnachtswünsche) sind auch die zahlreichen Experimentierkästen. Sie sind allerdings recht teuer und auch teilweise etwas unflexibel, wenn es darum geht, eigene Ideen umzusetzen. Dafür sind sie meistens komplett ausgestattet und die Anleitung ist genau auf den Kasten zugeschnitten. Bei vielen Kästen wird indes mehr Wert auf eine große Zahl an Experimenten gelegt als auf die Erklärung – da muss jeder selber wissen, was er will.

Historischer Experimentierkasten. Urheber: Caroline, CC BY 2.0

Begrüßenswert ist der derzeitige neue Maker-Trend (engl. *to make*: machen). Dabei wird aus meist einfachen und preiswerten Bauteilen ein mehr oder weniger sinnvolles neues Gerät oder ein Spaßmodell gebaut. In vielen Städten entstehen DIY (engl. *do it yourself*: Mach es selber) FabLabs (engl. *fabrication laboratory*: Fabrikationslabor), in denen du Gleichgesinnte treffen kannst und die teilweise auch Kurse anbieten. Toll an diesen Bastelbuden ist auch, dass es dort professionelle Geräte gibt, die man nach einer kurzen Einführung für kleines Geld nutzen kann. Standbohrmaschinen, Lasercutter, Portalfräsen, 3D-Drucker, Schweißgeräte sind nur einige der Geräte, die man sich sonst kaum zu Hause hinstellen kann.

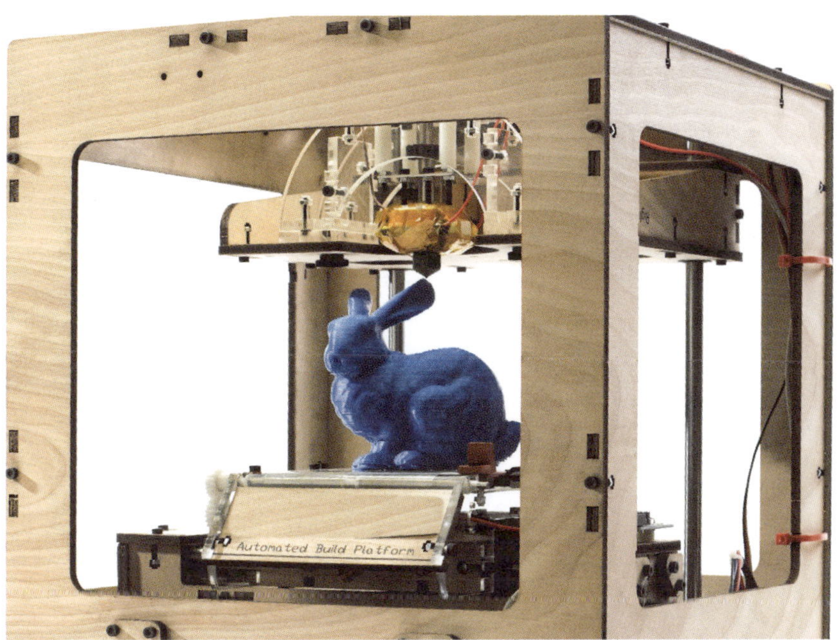

Selbstbau 3D-Drucker. Urheber: Makerbot Industries, CC BY 2.0

Fortbildungskurse findest du auch bei der örtlichen Volkshochschule (VHS). Für Schüler sind die Kursgebühren sehr günstig, und selbst wenn in vielen Kursen mehr Erwachsene sitzen, freuen sich die Schulen über junges Publikum. Vielleicht kannst du ja auch ein Elternteil überreden, mitzugehen.

Viel Spaß!

Maßeinheiten

Wert	Potenz-schreibweise	Größe	Abkürzung Größe
1.000.000.000	10^9	Giga	1 G
1.000.000	10^6	Mega	1 M
1.000	10^3	Kilo	1 k
1	10^0	*Grundeinheit*	
0,001	10^{-3}	Milli	1 m
0,000.001	10^{-6}	Mikro	1 µ
0,000.000.001	10^{-9}	Nano	1 n
0,000.000.000.001	10^{-12}	Piko	1 p

A

Physikalische Größen

Physikalische Größe	Grundeinheit	Einheiten-zeichen	Formel-zeichen
Spannung	Volt	V	U
Strom	Ampere	A	I
Widerstand	Ohm	Ω	R
Leistung	Watt	W	P
Kapazität	Farad	F	C
Frequenz	Herz	Hz	f
Kapazität	Amperestunde	Ah	Q

Formeln

Berechnung	Formel
Leistung	$P = U \times I$
Ohmsches Gesetz, Widerstand	$R = \frac{U}{I}$
Ohmsches Gesetz, Strom	$I = \frac{U}{R}$
Ohmsches Gesetz, Spannung	$U = R \times I$
Gesamtwiderstand Reihenschaltung	$R_G = R_1 + R_2 \ldots R_n$
Gesamtwiderstand Parallelschaltung	$R_G = \frac{R_1 \times R_2}{R_1 + R_2}$
Gesamtkapazität Reihenschaltung	$C_G = \frac{C_1 \times C_2}{C_1 + C_2}$
Gesamtkapazität Parallelschaltung	$C_G = C_1 + C_2 \ldots C_n$

Widerstandsfarbcode

Farbe	1. Ring	2. Ring	3. Ring Zahl der Nullen	4. Ring Toleranz
Schwarz	0	0	keine Null	
Braun	1	1	0	± 1 %
Rot	2	2	00	± 2 %
Orange	3	3	000	
Gelb	4	4	0.000	
Grün	5	5	00.000	± 0,5 %
Blau	6	6	000.000	± 0,25 %
Violett	7	7	0.000.000	± 0,1 %
Grau	8	8	00.000.000	± 0,05 %
Weiß	9	9	000.000.000	
Gold				± 5 %
Silber				± 10 %
ohne				± 20%

Wichtige Merksätze

1. Die physikalische Stromrichtung beschreibt die tatsächliche Richtung der Elektronenbewegung vom Minus- zum Pluspol.
2. Bei der technischen Stromrichtung fließt der Strom vom Plus- zum Minuspol. Diese Betrachtung wird in den allermeisten Fällen benutzt.
3. Spannung wird parallel zum Bauteil gemessen.
4. Strom wird in Reihe gemessen.
5. Die Spannung ist in einer Parallelschaltung überall gleich groß.
6. In der Parallelschaltung addieren sich die Teilströme zum Gesamtstrom.
7. In der Reihenschaltung addieren sich die Teilspannungen zur Gesamtspannung.
8. In einer Reihenschaltung fließt überall der gleiche Strom.

9. Knotenregel (1. Kirchhoffsches Gesetz): In einem Knotenpunkt eines elektrischen Netzwerkes ist die Summe der zufließenden Ströme gleich der Summe der abfließenden Ströme.
10. Maschenregel (2. Kirchhoffsches Gesetz): Alle Teilspannungen eines Umlaufs beziehungsweise einer Masche in einem elektrischen Netzwerk addieren sich zu null.
11. Widerstände in einer Reihenschaltung addieren sich.
12. Der Gesamtwiderstand einer Parallelschaltung ist kleiner als der kleinste Einzelwiderstand.
13. Strom wählt den Weg des geringsten Widerstands.
14. Tut der Pfeil der Basis weh, handelt's sich um PNP.
15. Bei der Reihenschaltung von Kondensatoren ist die Gesamtkapazität kleiner als die kleinste Einzelkapazität.
16. Bei der Parallelschaltung von Kondensatoren addieren sich die Kapazitäten.

Schaltzeichen

Schaltzeichen Deutschland	Amerika und alternative Darstellungen	Bedeutung	Beschriftung (hier im Buch)	Foto
		Leitung (Kabel, Draht)		
		Kreuzung ohne Verbindung (sich nicht berührende Kabel)		
		Kreuzung/ Abzweig mit Verbindung (Lötstelle, verdrillte Kabel, Steckboard)		

Schaltzeichen Deutschland	Amerika und alternative Darstellungen	Bedeutung	Beschriftung (hier im Buch)	Foto
		Masse		
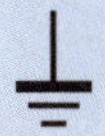		Erde		
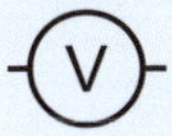	 Ω	Messgerät (der Buchstabe im/am Kreis weist auf die zu messende Größe hin: A, V, Ω usw.)	keine, Buchstabe gibt Messgröße an	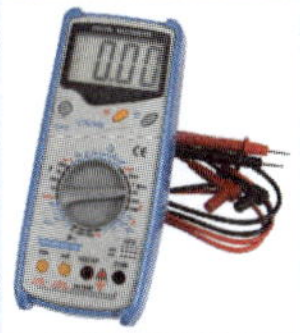
	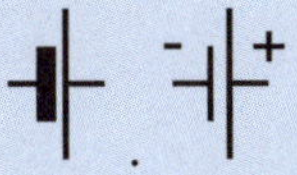	Batterie	G	
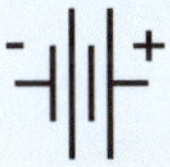		Mehrzellige Batterie (Batteriefach)	G	
		Glühlampe	P	
		Schalter	S	
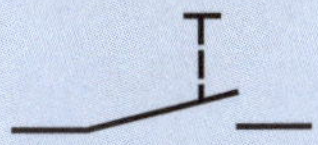		Taster	S	
		Umschalter	S	

Schaltzeichen Deutschland	Amerika und alternative Darstellungen	Bedeutung	Beschriftung (hier im Buch)	Foto
		(Schmelz-) Sicherung	F	
		Widerstand	R	
		einstellbarer Widerstand (Potenziometer)	R	
		Fotowiderstand (LDR)	R	
		Spule, Induktivität	L	
		Relais	K	
		Lautsprecher	SP	
		Motor	M	
		Diode	D	

Schaltzeichen Deutschland	Amerika und alternative Darstellungen	Bedeutung	Beschriftung (hier im Buch)	Foto
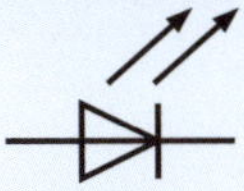		Leuchtdiode (LED)	D	
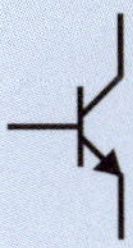	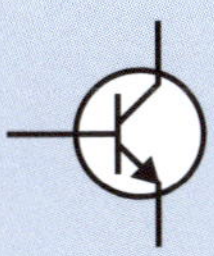	NPN-Transistor	T	
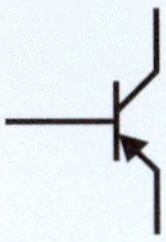	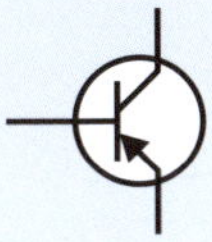	PNP-Transistor	T	
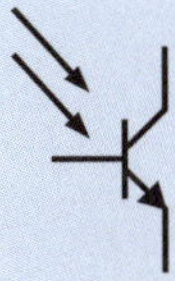	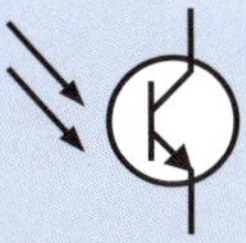	NPN-Fototransistor	T	
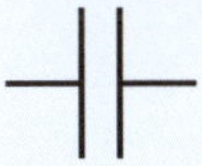		Kondensator, ungepolt	C	
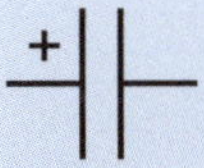 +	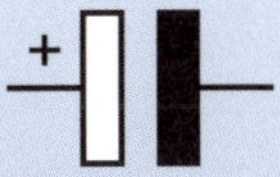 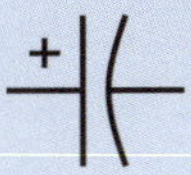 + / +	Kondensator, gepolt	C	

Stichwortverzeichnis

Q

R

S

W

Z